Claudius Mydorgius author huius examinis scripsit de
sectionibus conicis. Parisiis 1632.

L'ouvrage de Van Etten
à Pont à mousson, en 1626
in - 12.

V. 2037.

1849

EXAMEN
DV LIVRE DES
RECREATIONS
MATHEMATIQVES:
ET DE SES PROBLEMES
en Geometrie, Mechanique, Optique, & Catoptrique *par Van Et...*

Ou font auſſi diſcutées & reſtablies pluſieurs
experiences Phyſiques y propoſées.

Par CLAVDE MYDORGE *Eſcuyer Sieur de la
Maillarde, Conſeiller du Roy, & Treſo-
rier general de France en Picardie.*

A PARIS,
Chez ANTHOINE ROBINOT, au quatriéme
pillier de la grand' Salle du Palais.

M. DC. XXX.
Auec Priuilege du Roy.

LE LIBRAIRE
AV LECTEVR.

I L y a quelques années que ces Recreâ-
tions Mathematiques ont esté données au public auec quelques legeres notes tirées des premieres & particulieres
remarques de l'aucteur de cét Examen,
au moyen d'vn broüillon qu'il en auoit communi-
qué à quelqu'vn de ses amis : Et comme ce n'auoit
point esté son intention que telles notes fussent pu-
bliées, aussi n'ont elles pas passé soubs son nom. Mais
comme par apres il fut aduerty que contre son dessein il en estoit recogneu l'aucteur, n'ayant peu
comme il eust desiré en supprimer l'impression, en laquelle il a trouué son trauail si mal receu, & pour la
plus part tellement estroppié qu'à peine il l'a peu recognoistre sien, bien qu'il peut facilement desad-
uoüer en public ce qu'il n'auoit faict que pour son
particulier contentement : Jl se resolut neantmoins,
ou plustost il se laissa persuader par quelques siens
amis de reueir ce liure tout de nouueau, & à dés-
sein, afin de faire etouffer par vne seconde presse ce
premier fruict informe. Et comme il poursuiuois son
entreprise, il luy suruint vn subject de retardement,
ce fut vne nouuelle impression de ces Recreations
portât en teste promesse d'y exppliquer toutes les choses obscures & difficiles : dans laquelle d'abord sur le
premier Probleme il trouua son premier trauail ae-

ã ij

fusé, quoy qu'a tort & sans raison, d'obmission &
inaduertance, comme s'il eut manqué à son entreprise, ou qu'il n'eust assez entrepris augré & à la
fantasie de ce prompt & leger accusateur. Quoy
qu'il en soit, ce luy fut vne esperance que par la lecture de ce liure il trouueroit nouueau subiect d'a-
rester & supprimer son dessein : Mais y ayant rencontré entre quelques transcriptions d'ailleurs, qu'il
estima pouuoir passer pour vtiles, tout plein de propres notes inutiles, & la plus part nuisibles, (comme
entre autres, celle en laquelle on publie vne faulse
quadrature du cercle dont on promet ailleurs la demonstration) il iugea que l'aucteur de cette nouuelle
impression n'en estoit pas grandement considerable,
& que cet ouurage procedoit plustost d'vn dessein de
se profiter en particulier, que pour se rendre vtile au
public. C'est ce qui meut & encouragea deslors nostre
aucteur de poursuiure son entreprise, & d'examiner
les propositions de ce liure, principalement,& ce suiuant son premier dessein , celles qui concernent les
experiences physiques , & les positions geometriques y contenues,dont il en a rencontré plusieurs heur-
ter la verité , & d'autres ou mal entendues , ou mal
deduictes. En la discussion desquelles il a laissé libre
à vn chacun d'en iuger pour en establir les vrayes
causes, & s'est contenté d'en faciliter la recherche en
reduisant les choses soubs la verité des apparences.
Mais comme ce sien trauail fut pres à ietter soubs
la presse, & que pour cet effect il en eust voulu grati-
fier (comme de plusieurs autres au precedent) defunct
Maistre Jean Moreau Libraire, auquel il portoit
vne particuliere amitié, le deceds suruenu dudict
Moreau fut cause qu'il en retira sa minute , la

quelle, par diuertiffement & occupation fur autres
nouueaux fubiects, il a negligé iufques à prefent, que
par vne longue priere & importunité noftre curiofi-
té enfin l'à obtenuë pour luy faire reuoir le iour. Que
fi ces particulieres remarques que l'aucteur ne de-
faduoüera point peuuent, auec ce dont il a cy-deuant gratifié ledit deffunct Moreau, meriter quelque
fauorable accueil parmy les curieux : ce luy fera fans
doubte vne obligation de les entretenir cy-apres de
quelque chofe plus à leur gouft. A quoy fi mon en-
tremife peut eftre en quelque forte vtile, ie ne man-
queray & d'affection, & de diligence.

ROLET BOVTONNÉ

Inq ou six choses me semblent dignes
d'aduis, auant de passer outre.

Premierement, que ie n'enfonce pas
trop auant dans la demonstration specu-
latiue de ces Problemes, me contentant de la monstrer au doigt. Ce que ie faicts à dessein, par ce que
les Mathematiciens la comprendront facilement:
& les autres, pour la plus part se contenteront de
la seule experience, sans chercher la raison.

Secondement, que pour donner plus de grace à
la practique de ces ieux, il faut couurir & cacher le
plus qu'on peut la subtilité de l'artifice. Car ce qui
rauit l'esprit des hommes, c'est vn effect admirable, dont la cause est incogneuë: autrement, si on
descouure la finesse, la moitié du plaisir se perd, &
on l'appelle meritoirement cousuë de fil blanc; voire on s'en donne garde, comme font les oiseaux du
filet, & les poissons de l'hameçon descouuert. Toute la gentillesse consiste à proposer dextrement son
fait, desguiser l'artifice, & changer souuent de
ruses pour faire valoir ses pieces.

En troisiéme lieu, il faut bien prendre garde
qu'on ne se trompe soy-mesme, en voulant, par
maniere de dire, artistement tromper les autres:
par ce qu'en ce faisant on rendroit le mestier con-
temptible aux personnes ignorantes, qui reiettent
la faute plustost sur la science, que sur celuy qui

s'en veut feruir. Que fi par accident il arriue quelque faute, nommément de la part de ceux auec lefquels on practique femblables ieux, il la faut defcouurir, & monftrer que le manquement ne vient
pas des Mathematiciens, ains de quelque autre
caufe accidentelle.

En quatriéme lieu, quelques efcriuains d'A-
rithmetique nous ont laiffé des Problemes facetieux, femblables à ceux dont i'ay faict le recueil,
comme Gemma Frifius, Forcadel, Ville-franche,
& Gafpard Bachet plus que nul autre, mais ils fe
font contentez de ceux qui fe font par les nombres
feuls, ie m'eftends plus au large par toutes les parties de Mathematique, & adioufte mefme quelquo
chofe de nouueau pour les nombres.

5. Quoy que le nombre de ces Problemes ne
foit pas exceffif, i'ay trouué bon d'en faire vn recueil par forme d'indice, afin qu'on voye tout à
l'ouuerture du liure ce qu'il contient, & qu'vn
chacun puiffe choifir ce qui eft plus à fon gouft.
Tout n'y eft pas de mefme eftoffe, ny de pareille
fubtilité : mais quiconque aura tant foit peu de
patience, trouuera que la fin & le milieu du liure valent encore mieux que le commencement.

RECVEIL

DES
PRINCIPALES FACE-
CIES MATHEMATIQVES
CONTENVES EN CE LIVRET,
selon le nombre des Problemes.

En faiſt d'Arithmetique

Iuerſes façons de deuiner fort plaiſantes, partie par les nombres ſeuls, partie auec des gettons, des dames, des cartes, des dez, ou autres ſemblables corps, marquez d'vn certain nombre de poincts. Probleme 1. 8. 16. 21. 24. 25. 29. 30. 31. 35. 36. 37. 42. 43. 57. 62. 63. 64. 68.

Des proportions du corps humain : des ſtatues Coloſſales: & des Geants monſtrueux. Probleme 77.

Pluſieurs queſtions gaillardes en matiere d'Arithmetique. Du nombre des grains de ſable. Que deux hommes ont neceſſairement autant de cheueux, & de piſtoles, l'vn que l'autre.

De l'Inuention d'Archimede touchant le meſlange d'or & d'argent en la couronne. Le moyen de partager à trois hommes 21. tonneaux, 7 pleins, 7 vuides, 7 a demy pleins, en

ē

En matiere de Geometrie.

QVestion gaillarde, S'il est plus difficile de faire vn cercle sans compas, que d'en trouuer le centre. Probleme 61.

Du ieu de quilles. 72. Ieu de paume. de Billart. de Truc, &c. 78

Auec mesme ouuerture du compas, descrire des cercles inegaux. 34.

Ioly tour de passe passe, faisant passer vn mesme corps dur & inflexible, par vn trou circulaire, quadrangulaire, & ouale, a condition qu'il les emplisse en passant. 22. 23.

Descrire vn cercle par 3. poincts donnez, tels qu'on voudra, pourueu qu'ils ne soient pas tous trois en ligne droicte. 32.

Changer vn cercle en vn parfaict quarré, sans rien adiouster ou diminuer. 33.

Descrire vne ouale tout d'vn coup, auec le compas vulgaire. 59. Question ridicule. Quand vne boule ne peut passer par vn trou, est-ce la faute du trou, ou de la boule. 66.

Procez facetieux entre Caius & Sempronius, sur le faict des figures qu'on appelle Isoperimetres, ou d'egal circuit. 90.

Touchant les Mechaniques.

DIre combien pese vn coup de poing, de marteau, de hache, &c. Probleme 3. Peser la fumée qui sort de quelque corps. 13.

Deux coffres tout semblables à l'exterieur

le fontaine, &c.

En matiere d'Optique ou perspectiue.

DE MATHEMATIQVE.

De quelques Horologes bien gaillards, auec le nez, auec les herbes, auec la main; auec les miroirs, auec l'eau. 85.

Comme l'on peut faire vn pont de pierre à l'entour du centre de la terre, qui se souftiendra fans arcades; 47.

Comme toute l'eau du monde pourroit enuironner l'air ou le Ciel liquide, fans tomber. 48. Comme tous les Elements pourroient naturellement demeurer renuerfez, le feu au centre, la terre en haut, &c. 49. Comme vn homme peut auoir tout enfemble les pieds en haut, & la tefte en haut 26. Comme deux hommes peuuent monter par vne mefme efchelle, tendants neantmoins à des parties contraires. 27. Comme il fe peut faire qu'vn homme n'ayant qu'vne verge de terre, fe vante à bon droict de pouuoir marcher en droicte ligne par fon heritage l'efpace de mille fept cens lieuës 28. où eft le milieu du monde?

Quelle & combien grande eft la profondeur de la terre, la hauteur des Cieux, & la rondeur du monde?

Si le Ciel ou les Aftres tomboient, qu'en arriueroit-il?

Comment fe peut-il faire que de deux Gemeaux qui naiffent en mefme temps, & meurent puis apres enfemble, l'vn ait vefcu plus de iours que l'autre. 91.

Extraict du Priuilege du Roy.

LE Roy par ses Lettres patentes, en datte du 18.
Feburier 1630. à permis au Sieur Mydorge
Conseiller &c. de faire imprimer par tel Libraire &
Imprimeurs qu'il aduisera bon estre, vn liure par
luy fait intitulé *Examen du liure des Recreations
Mathematiques*, auec deffeces à tous Libraires, Imprimeurs, & autres, d'imprimer ny faire imprimer
ledit liure, vendre ny distribuer, ny alterer aucune chose d'iceluy : mesmes aux Estrangers d'en
apporter ny vendre en quelque sorte & maniere
que ce soit, pendant le téps & espace de neuf ans, à
cómencer du iour que ledit liure sera acheué d'imprimer, à peine de confiscation des exemplaires &
de trois mil liures d'amende, & tous despens dom-
mages & interests. & que mettant vn extraict des
presentes à la fin ou au cómencement dudit liure, elles soiét tenuës pour deuëmét signifiées, à la charge
d'en mettre deux exemplaires en nôtre Biblioteque :
ainsi qu'il est porté plus amplement ausdites patentes, données les iour & an que dessus., & signées.

    Par le Roy en son Conseil,
        RENOVARD.

Ledit Sieur *Mydorge* a choisi & eleu *Rolet
Boutonné* & *Anthoine Robinot* Marchands Libraires en l'Vniuersité de Paris, pour imprimer
ou faire imprimer ledit liure d'*Examen des Recreations Mathematiques*, & leurs a concedé la iouyssan-
ce dudit priuilege cy dessus mentionné, pendant le
temps porté par iceluy.

    Acheué d'imprimer le 27. Mars 1630.

EXAMEN
DV LIVRE DES
RECREATIONS
MATHEMATIQVES.

PROBLEME I.

Deuiner le nombre que quelqu'vn
auroit pensé.

AITES luy tripler le nombre qu'il
aura pensé, & prendre la moitié du
produit, au cas qu'il se puisse diuiser
en deux parties égales sans fraction;
que s'il ne peut estre ainsi diuisé; faictes qu'il adjouste vne vnité, & qu'ayant pris ceste
moitié il la triple. Puis demandez combien de
fois 9. en ce dernier triple; & pour chasque 9.
prenez autant de deux, vous aurez le nombre
pensé y adjoustant 1. si d'auenture la diuision ne
s'est peu faire: que si au dernier triple il ne se trouue pas vne fois seulement 9. il n'aura pensé qu'vn

A

Nombre penſé. Triplé. Diuiſé. Triplé.

  4.   12.   6.   18.

Or eſt il que 18. contient deux fois 9. prenant donc pour chaſque fois 9. chaſque fois 2. il aura penſé 4.

Il y en a qui paſſent outre, & font encore diuiſer par moitié le dernier triple, y adjouſtant 1. s'il eſt beſoin. Puis demandant combien de fois 9. en cette derniere moitié, ils prennent autant de fois quatre pour le nombre penſé, y adjouſtant 1. ſi la premiere diuiſion ne s'eſt peu faire ſans adionction de l'vnité, 2. ſi la ſeconde ſeulement 3. ſi la premiere & la ſeconde diuiſion, ne s'eſt peu faire. Que ſi 9. n'eſtoit pas vne fois contenu en la derniere moitié, & qu'on n'ayt peu faire la premiere diuiſion, l'on aura penſé 1. ſi la ſeconde ſeulement, on aura penſé 2. ſi l'on n'a peu faire ny l'vne ny l'autre, on aura penſé 3.

Autrement.

Dictes-luy qu'il double le nombre penſé, qu'il adjouſte 4. à ce double, & qu'il multiplie toute la ſomme par 5. Puis apres faictes qu'il adjouſte 12. à ce dernier produict, & qu'il multiplie le tout par 10. Ce qui ſe fera ayſément, mettant vn zero au bout des autres chiffres. Pour lors demandez la ſomme totale de ce dernier produit, & ſouſtrayez en 320. il aura penſé autant de fois vn, qu'il reſtera de fois cent.

Nombre penſé 7. Doublé 14. adjouſtant 4. viennent 8. multiplié par 5. viennent 90. adjouftant 12. viennent 102. multiplié par 10. viennent 1020. eftant ofté 320. refte 700. dont le nombre penfé eft 7.

Encore autrement.

Dictes qu'il double le nombre penfé, & qu'il adjoufte au double 6. 8. ou 10. & tel nombre que vous voudrez, dictes qu'il prenne la moitié de la fomme & qu'il la multiplie par 4. puis demandez la fomme du dernier produict, & fouftrayez-en le double du nombre que vous luy aurez fait adioufter, reftera le quadruple du nombre penfé.

Aduertiffement.

En matiere de nombres, afin qu'il ne femble pas qu'on nous defcouure chofe quelconque, il eft expedient de les colliger dextrement & tafcher à les fçauoir par induftrie, faifant faire des fubftractions, multiplications, diuifions, en demandant toufiours combien de fois 9. ou qu'eft-ce qui vous refte; mais combien de fois 10. combien de fois 100. ou bien difant oftez 10, du nombre qui vous refte, oftez en 8. &c. venant iufques à l'vnité, où à tel nombre qu'il eft neceffaire de cognoiftre, pour deuiner celuy qu'on a penfé.

Quant aux démonftrations des faceties qui fe font par les nombres, elles dependent principalement du fecond 7. 8. & 9. liures d'Euclide & Gafpard Bachet les a defduites fort folidement.

Le Lecteur fera aduerty fur ce premier proble-
me qu'il ne fe doibt promettre dans cette impreffion

A ij

aucune note ou examen sur aucun Probleme qui
concerne les nombres; l'examen en sera aisé à quiconque sçachant tant soit peu d'Arithmetique, s'en
voudra donner la patience, le manque si aucun y a
luy sera facile a descouurir & à restablir: mais
pour la speculation des choses Physiques ou Geometriques proposées en la plus part des Problemes
de ce liure, c'est à quoy nous nous sommes particulierement arrestez, & ce que nous nous sommes seulement proposez d'examiner. C'est pourquoy ce ie
ne sçay quel nouueau Censeur qui s'est meslé de
mettre le nez dans ce liure, & d'y corriger à sa fantasie, a eu tort dans vne sienne note sur ce premier
Probleme d'Arithmetique de nous y accuser d'inaduertance & d'obmission. Comme si qui entrant
dans vn jardin, & faisant rencontre de plusieurs
plantes couchées par terre, en releueroit en passant
quelques vnes, & negligeroit de donner pareil secours aux autres seroit blasmable de mègarde &
d'obmission. Or tel auoit esté nostre dessein à la premiere venüe de ce ramas de Problemes, & auions
seulement examiné quelques experiences physiques, ausquelles pour nostre particulier contentement, nous auions ce nous sembloit lors apporté
quelque sorte de secours: mais pour les Problemes
que nous y rencontrasmes tomber soubs la subtilité
des nombres, nous en auions mesmes negligé la lecture, & comme par importunité nos particulieres
remarques ou plustost fantasies ont esté communi-
quées à quelques vns de nos amis, & de là iettées
à nostre desçeu soubs la presse, encores voyons nous
que le Libraire a eu plus de discretion que ce re-

graffier de liures & escripts d'autruy, en ce que
d'abord il a donné aduis de nostre dessein & faict
cognoistre qu'il estoit seul l'aucteur de cette impression, laquelle outre que nos brouillons ny
estoient pas disposez & preparez, a encores esté si
malheureusement conduite qu'à peine y auons nous
peu entendre ce qui estoit du nostre, tant nous l'a-
uons trouué estroppié & balaffré de fautes, beaucoup plus lourdes & importantes que celles que ce
Docteur remarque pour telles sur ce Probleme, quele
moindre correcteur d'imprimerie auroit esté capable de restablir s'il l'eust entrepris. Aussi n'y a-il
que telles fautes d'impression a restablir sur tels
Problemes, dont la demonstration en a ja esté publiée ailleurs par vn personnage sur lequel il
ne faut rien entreprendre, comme a fait cét escu-
meur ordinaire des escripts & du trauail d'autruy.
Lequel si lesdites demonstrations luy eussent manqué, comme aussi les escripts d'vn personne assez
cogneuë pour son sçauoir, dont il cite souuent & le
nom & les passages tous entiers, nous croyons qu'il
seroit demeuré aussi muet sur ces curiositez que en
plusieurs autres rencontres, quand il ne trouue
rien d'ailleurs à propos, ou plustost selon son goust
& sa portee, pour y reciter ou transcrire.
D.A.L.G.

PROBLEME. II.

Representer en vne chambre close tout ce qui se passe par dehors.

C'Es t icy l'vne des plus belles experiences d'Optique, & se fait en cette maniere. Choisissez vne chambre qui regarde sur quelque place, ou ruë frequentee, sur quelque beau bastimét, ou parterre florissant, pour auoir plus de plaisir:

Fermez la porte, & les fenestres, bouchez toutes les aduenuës à la lumiere, fors vn petit trou qu'il faut laisser à dessein, cela fait, toutes les images, ou especes des objects exterieurs entreront à la foule par ce trou, & vous aurez du contentement à les voir, non seulement sur la paroy, mais beaucoup plus sur quelque feüille de papier blanc, ou sur vn linge que vous ferez tenir à deux, ou trois pres dudit trou : & encore bien plus, si vous appliquez au trou vn verre conuexe : c'est à dire vn peu plus espois au milieu qu'au bord, tels que les miroirs ardens, & les verres de lunettes dont se seruent les vieillards. Car pour lors les figures qui paroissent comme noires ou auec des couleurs mortes sur le papier, paroistront aysément auec les couleurs naturelles, voire plus viues que le naturel, & d'autant plus agreables, que le Soleil éclairera mieux ces objects, sans esclairer du costé de la chambre.

PROBLEME II.

EXAMEN.

LEs termes dont le compilateur de ces Recreations Mathematiques a vsé sur ce subject d'Optique, nous font croire d'abord qu'il n'estoit pas grand Mathematicien, estant vne impertinence de s'ymaginer que les especes des objects passent à la foule, & comme contraintes, par le trou d'vne fenestre pour prendre place à l'enuy l'vne de l'autre

sur vne paroy, carte, ou feüille de papier opposés,
car comme ainſi ſoit que chaque objeſt, ou de ſoy
lumineux, ou illuminé d'ailleurs & terminans
en ſoy la lumiere, meſme chaque poinſt imaginable en tel objeſt rayonne de ſoy en Sphere entiere, ou
reflechit du moins en Hemiſphere dans vn medium
libre, ſi tel rayonnement ou reflexion n'eſt préocu-
pée par aucun autre objeſt interpoſé, ains paſſe &
paruient libre juſques à la feneſtre, nous diſons
qu'en chacun eſpace en toute la feneſtre, égal au
trou dont eſt queſtion, & en tout autre eſpace égal
imaginable dans le meſme medium libre & non preo-
ocupé en equidiſtance de celuy auquel la feneſtre
eſt ſituée, il y a, & ſe trouuera ſi l'on en fait eſpreu-
ue, autant d'eſpeces ou pluſtoſt autant de rayons
directs ou reflechis que dans l'eſpace du meſme
trou : mais comme ce Compilateur n'a pas eu bonne cognoiſſance de la nature particuliere de ce noble ſubjeſt vn peu trop releué pour luy, l'apparence luy a faiſt imaginer que l'admiſſion des eſpeces
ou rayons pluſtoſt par vn ſeul trou que par toute la
feneſtre alloit à l'effeſt d'en ramaſſer & reſſerrer
plus grande quantité, ce qui eſt bien eſloigné de la
nature de la choſe & de la verité.

    Or comme il y a deux choſes principales à conſi-
derer en ce noble effeſt, ſçauoir l'illumination &
la diſtinction en l'apparence des objeſts, quiconque ſçaura ou s'eſtudiera à rechercher la raiſon
pourquoy plus le trou eſt petit & plus l'apparence
diſtincte & eſt mieux formée, quoy que plus obſcure, il trouuera dequoy ſe mettre l'eſprit en repos
ſur ce ſubjeſt. D. A. L. G.

Sur tout il y a du plaisir à voir le mouuement des oyseaux, des hommes, ou autres animaux, & le tremblement des plantes agitées du vent : car quoy que tout cela se face à figure renuersée, neât-moins cette belle peinture , outre ce qu'elle est racourcie en perspectiue, represente naïfuement bien ce que iamais peintre n'a peu figurer en son tableau, à sçauoir le mouuement continué de place en place.

Mais pourquoy est-ce que les figures parois-sent ainsi renuersées? Parce que leurs rayons s'en-trecoupent aupres du trou, & les lignes qui par-tent du bas montent en haut ; celles qui viennent d'enhaut, descendent en bas. Là où il faut remar-quer, qu'on les peut representer droittes en deux manieres, 1. auec vn miroir caue, 2. auec vn autre verre conuexe, disposé dans la chambre, entre le trou & le papier, comme l'experience, & la figu-re vous enseigneront mieux qu'vn plus long dis-cours.

I'adjousteray seulement en passant, pour ceux qui se meslent de peinture, ou pourtraicture, que cette experience leur pourroit bien seruir à faire des tableaux racourcis de païsages, de cartes to-pographiques, &c. Et pour les Philosophes, que c'est icy vn beau secret pour expliquer l'organe de la veuë : Car le creux de l'œil est comme la chambre close, le trou de la prunelle respond au trou de la chambre , l'humeur cristaline à l'en-tille du verre, & le fond de l'œil à la paroy, ou feüille de papier.

EXAMEN.

CETTE methode & pratique de racourcir des
tableaux de printure & pourtraicture est bien
assez prompte & plaisante ; mais non pas des plus
exactes, & plus elle donne d'admiration, moins est
elle iuste & reglée, comme quand on se sert d'vne lentille de verre connexe : car les images des
objects exterieurs se figureront & formeront sur le
papier, carte, ou paroy, tout ainsi que l'œil les verroit au travers de quelque lentille concaue, esquels
cas outre la diminution en l'apparence, il s'y rencontre tousiours necessairement vne grande dis-
proportion entre les parties ; differente neantmoins
selon le plus ou moins de connexité ou concauité
desdites lentilles : en sorte que les parties de l'apparence ou de l'image, qui auoisinent l'axe, c'est à
dire le rayon ou l'espece, comme parle le vulgaire,
passant selon l'axe, ou par le poinct milieu de la lẽ-
tille, sont plus vaïfuement representées & mieux
proportionnées entre elles que les plus éloignées.

Mais pour operer iustement, & selon la raison de la perspectiue, en sorte que toutes les parties
de l'apparence ou de l'image soient proportionnées
entre elles, & toute l'apparence à l'object, à raison
de l'éloignement du trou (selon la section du cone
imaginaire, dont la poincte seroit au trou de la fenestre, & la base en l'equidistance des objects,) le
plus seur sera de se contenter d'vn seul pertuis fort
petit, comme de la grosseur d'vne espingle, mais
percé sur quelque matiere qui n'ayant que fort peu

d'eſpoiſſeur, face neantmoins vne forte & entiere
reſiſtance à la penetration de la lumiere (comme ſeroit vne petite platine de fer ou letton attachée pour boucher quelque trou aſſez ſpatieux
en vne feneſtre en laquelle platine on auroit percé
vn petit trou auec vne eguille) & prendre le temps
quand le ſoleil & la feneſtre ſeront d'vn meſme coſté à l'égard des objeets oppoſez que l'on voudra repreſenter ; car en cèt eſtat les rayons paſſans
droit par ledit pertuis depuis leſdits objeets iuſques
au plan oppoſé, & faiſans deux cones ſemblables,
l'imaginaire lineation & repreſentation deſdits
objeets eſtant ſuiuie auec vne plume, crayon ou pinceau par vne main artiſte & ſubtile, peut donner
vne iuſte & parfaiete perſpeetiue.

Il eſt bien vray, qu'en telle maniere l'apparence repreſente les objeets renuerſez à celuy qui ayant
le dos tourné à la feneſtre ou au trou d'icelle, voudroit les ſuiure & tracer auec vn crayon ou pinceau, mais la choſe n'eſt pas de grande importance,
car il ne giſt apres qu'à renuerſer la carte ou papier
pour redreſſer le tout. Que ſi l'on veut auoir le contentement de voir vne repreſentation droiete des objeets, il ſe pourra faire par pluſieurs manieres, dont
l'aueteur n'en touche que deux, & encores bien legerement. Auec vn ſimple trou nuëment & ſans autre
ayde, il n'y a qu'vne ſeule voye : ſelon laquelle le
ſpeetateur eſtant couché ſur vn plan au deſſus du
trou & du papier, regarde la preſentation au deſſous, car en cette maniere le tout luy ſera repreſenté
droiet & en l'eſtat naturel des objeets. Auec vn ſeul
verre, ſi le trou eſt fort petit, ce redreſſemēt ſe pourra

effectuer sur le papier, pourueu que le verre soit esta-
bly en vne deuë distance entre le trou & la carte ou
papier, mais si le trou est tant soit peu spatieux,
vn seul verre ne rendra que côfusion. Que si le trou
est ja garny d'vne lentille, il en sera besoin d'vne
seconde, establie aussi en deuë & proportionnee distance entre la premiere & le papier, selon les differences des lentilles entre-elles.

Le mesme effect se fera encores d'vne autre maniere mais plus simple, vn miroir concaue opposé au trou en distance conuenable:
car si l'on oppose à la fenestre vne carte, papier, ou linge blanc, en sorte toutesfois que le
trou n'en soit conuert, le miroir opposé au trou reflechira sur iceux vne droicte apparence des objects
exterieurs: mais à vray dire en toutes ces manieres auec verres & miroirs; il y aura tousiours tel
manque en la representation des objects que nous
auons cy-dessus remarqué.

Au reste on sera aduerty qu'en la deuxiéme figure sur ce Probleme, le trou figuré en
la muraille n'est pas bien situé à l'egard de l'object exterieur, & de son image interieure; car
il faut que toutes les lignes qui joingnent les poincts
homologues de l'object & de son image passent toutes par ledit trou, ce qui ne se trouuera pas en cette
figure. D. A. L. G.

PROBLEME. III.

Dire combien pese vn coup de poing, de marteau, ou de hache, au prix de ce qu'il peseroit s'il estoit en repos, & sans frapper.

IVles de l'Escale en son exercitation 331. contre Cardan, raconte que le Mathematicien de Maximilian Empereur proposa vn iour cette question, & promit d'en donner la resolution, neantmoins Scaliger ne la donne pas, & ie la conçois en ces termes. Prenez vne balance, & laissez poser le poing, le marteau, ou la hache dessus vn plat, ou sur vn bras de la balance, & mettez dans l'autre bassin autant de poids qu'il en faut pour contrepeser; puis surchargeant tousiours le bassin, & frappant dessus l'autre costé, vous pourrez experimenter combien chaque coup pourra faire leuer de poids, & consequemment combien il vaut pesant. Car comme dit Ari-

ſtote , le mouuement qui ſe fait en frappant , adjouſte vn grand poids, & ce d'autant qu'il eſt plus
viſte : & en effect qui mettroit mille marteaux ou
le poids de mille liures deſſus vne pierre , voire
meſme qui les preſſeroit à force de vis, de le-
uiers, & d'autres machines, ne feroit comme rien
au prix de celuy qui frappe. Ne voyons nous pas
qu'vn couſteau mis ſur du beurre, & vne hache
ſur vne fueille de papier ſans frapper ne l'entame
point : Frappez vn peu, meſmes ſur du bois, vous
verrez quel effect elle aura. Cela vient de la viteſſe
ou laſcheté du mouuement qui briſe tout ſans reſiſtance quand il eſt extrememêt viſte , comme
nous experimentons aux coups de fleſches , aux
coups de canon, aux carreaux de foudre, &c.

EXAMEN.

*L*E *Compilateur de ces Problemes ne s'eſt gue-*
res monſtré meilleur Philoſophe ſur ce ſubject,
que Mathematicien ſur le precedent : mais bien a
il vſé d'vne grande diſcretion & reſpect enuers ſon
aucteur Iule Scaliger , dont il a tiré ce Probleme,
en ce qu'il n'a recherché autre raiſon de ce qu'il a
propoſé, que celle que ledit Scaliger a rapporté ſur
le meſme ſujet tirée d'Ariſtote mais bien cruemêt.
Ce noble effect d'vne petite coignée frappie medio-
crement ſur vne piece de bois, qui operera plus qu'v-
ne forte compreſſion d'vne autre ſemblable, mais
beaucoup plus puiſſante & en volume & en peſan-
teur, n'a autre raiſon, diſent-ils, que le mouuement,
lequel ſelon qu'il ſera viſte ou laſche, adiouſte cet

auteur, produira differents effects, en telle sorte
qu'estant extremement visse, il brisera tout sans resistance. Doncques selon la seule qualité du mouuement, sans autre consideration, les corps agiront
& feront violence & impressions differentes les
vns sur les autres : par ainsi vn bien petit marteau
meu de grande vistesse pour frapper sur vn mesme
coing, sera plus d'effect sur vn mesme bois qu'vn
plus fort marteau meu d'vne mediocre & proportionnée force, ce qui est absurde & contraire à
l'experience ordinaire.

    Il est bien vray que le mouuement est
cause de l'effect, mais non pas cause immediate
& prochaine ou specifique, & qu'ainsi ne soit,
l'experience nous faict voir souuent que deux forces égales auec mouuement égal & d'vne égalle
vistesse agiront differemment sur deux subjects
égaux & semblables, comme, pour exemple,
sur deux coings de fer semblables pour fendre deux
pieces d'vn mesme bois & semblables, ou sur deux
clouds semblables, que l'on voudra chasser dans lesdites pieces de bois, dont l'vne sera tellement suspenduë en l'air quelle puisse en quelque sorte obeyr
au coup, & l'autre sera ou scellée en terre, ou
appuyée sur quelque chose de ferme & stable :
car il est tres certain que l'effect sera plus grand
sur la piece suspenduë, que sur celle que l'on aura
ou scellee ou appuyée. Ainsi d'ordinaire les ouuriers pour emmancher leurs outils tiennent l'outil
en l'air d'vne main & frappent de l'autre, ou bien,
selon la pesanteur, les poseront de plat en terre, ou
sur quelque autre chose, afin qu'ils puissent aisément

reculer & obeyr au coup, de sorte qu'à raison dī
cette obeyssance, on en peut dire ce paradoxe, neantmoins veritable, qu'en cuisant le coup ils en reçoiuēt
vne plus forte impression & vne moindre en faisant
resistance entiere.

Il y a donc icy autre chose à considerer
outre le mouuement, n'en desplaise à Scaliger,
Cardan auoit eu meilleur nez que luy pour ce subject, mais faute d'auoir bien cognu la nature de
la chose, il en a parlé en termes si doubteux & obscurs, que Scaliger en a pris occasion de le re-
prendre. si Cardan ou autre eut objecté à Scaliger,
& demandé la raison pourquoy vne pierre tombant
de la fenestre du grenier, offensera moins celuy qui
sera à la fenestre du plus prochain estage, que celuy qui sera à la fenestre de la salle ou dans la cour:
mais encores plus simplement, pourquoy le boulet
de canon, balle d'harquebuse ou pistolet, vne fleche, vn carreau de foudre, qui sont les exemples
qu'apporte cet aucteur, & generalement tout mis-
sile (comme vne pierre à coup de main ou auec fronde, & vne balle dans vn tripot) offensent moins &
font moins d'effect à vne certaine distance plus
prochaine, qu'à vn autre espace plus éloigné, veu
mesmes que le mouuement est plus viste & violent
au lieu plus proche du canon, harquebuse, arc,
main, fronde & raquette qu'en aucun autre plus
éloigné. Nous estimons que Scaliger se fut autant
debattu pour se desuelopper de cette difficulté qu'il
a faict sur beaucoup d'autres dans ses exercita-
tions, dont auec l'ayde de Dieu nous le desuelop-
perons quelque iour, aussi bien que Cardan embarrassé

barraſſé en pluſieurs endroits de ſa Subtilité , & de
ſes Proportions. **D. A. L. G.**

PROBLEME IIII.

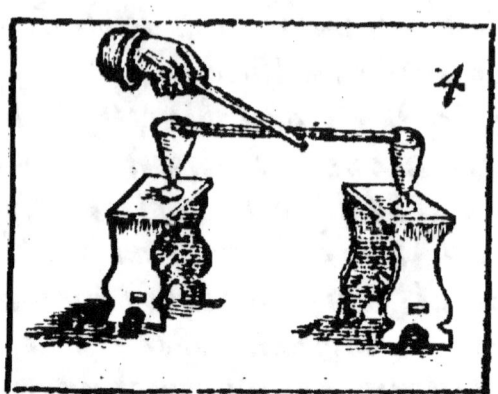

*Rompre vn baſton poſé ſur deux verres pleins d'eau
ſans les caſſer ny verſer l'eau ; ou bien ſur deux feſtus ou brins de paille ſans les rompre.*

MEttez les deux verres ſur 2. ſieges auſſi
hault l'vn que l'autre & diſtans d'vn à 2.
ou 3. pieds. II. poſez voſtre baſton ſur le bout de
deux verres. III. frappez de toutes vos forces auec
vn autre baſton ſur le milieu du r̄ vous le rompe-
rez en deux ſans caſſer les verres, & tout de meſme le romperiez vous ſur deux feſtus tenus en
l'air , ſans les briſer. De meſme auſſi les valets de
cuiſine rompent quelquefois des os de mouton ſur
la main , ou ſur la nappe , ſans l'endommager,
frappans ſur le milieu auec le dos d'vn couſteau. La
raiſon de cecy eſt , que les deux bouts du baſton
rompu quittent en ſe rompant les deux verres ſur
leſquels ils eſtoient appuyez : d'où vient qu'ils ne
les offenſent poiſt , non plus que les baſtons qu'on

B

rompt fur le genoüil , parce qu'ils ceffent de les
preffer en fe rompant, comme remarque Ariftote
en fes queftions Mechaniques.

EXAMEN.

CE *Probleme eft affez plaifant comme il eft
propofé, mais il veut eftre practiqué auec plus
grande difcretion & precaution que l'aucteur de ce
liure ny en a rapporté , & peut eftre cogneu, s'en
donne de garde qui ne vouldra faire gaigner les
verriers.*

*Eft donc a remarquer en la practique, qu'il
faut que le bafton foit tellement pofé fur les verres,
que fes deux extremitez foient fimplement pofées
fur les bords des verres, afin que felon la violence du
coup, receuant plus ou moins de courbure, & confe-
quemment diminué d'eftenduë, il puiffe auoir libre
efchappée entre les deux verres, foit qu'il fe rompe
ou non. Mais fi le bafton eft vn peu gros , crainte
que le coup ne rencontrant pas bien precifement fur
le milieu , & partant la courbure du bafton & fa
diminution en eftenduë, ne fe faifant pas égalle-
ment à l'egard de fes extremitez , & qu'eftant preffé
il n'efchappe plus librement d'vn cofté que d'autre, &
preffant plus fur vn verre que fur l'autre, il ne caf-
fe le plus preffé : Ou bien paffant inégalement &
obliquement, il ne heurte par la fuperieure partie de
l'vne de fes extremitez le bord du verre fur lequel
elle fera pofée. Il fera à propos en ce cas, pour éui-
ter ces inconueniens, d'amennifer les extremitez du
bafton & les reduire comme en pointe, & faire que
la feule extremité de chaque pointe porte fur le bord*

de chaque verre, afin qu'auec la moindre courbure que le baston pourra receuoir par l'effort du
coup, l'vne & l'autre extremité puisse facilement
échapper entre les verres fans les offenser.

Ainfi il fe pourroit faire que tel baston portant affez auant fur le bord des verres (pourueu
qu'il ait quelque longueur, c'est à dire que les verres foient en fenfible diftance l'vn de l'autre) a
raifon de la promptitude & violence du coup, re-
ceueroit vne telle & fi prompte courbure que fes
extremitez s'efleuantes comme en vn moment
échapperoient facilement entre les verres, quand
bien ledit baston ne fe romperoit pas, & felon le
plus ou moins d'eftenduë qu'aura le baston que
l'on voudra rompre, on luy pourra bailler plus ou
moins de portée fur le bord des verres, pourueu
que l'on ayt égard à la force & violence neceffaire pour le rompre, ou du moins affez ployer en le
frappant auec vn autre : Car tel baston pourroit
eftre facilement rompu auec vn plus fort qui fera
refiftance à vn moindre, lequel au contraire il
rompra auec perte de verres auffi.

Il y a plus, c'est que tel baston pourroit eftre rompu
par vn autre auec grande force, eftant fupporté par
deux apuys fermes, qui ne le fera pas aifément
fupporté par deux verres, lefquels indubitablement
il brifera. Pour donc proportionner le tout & le
difpofer à l'effect du Probleme, le plus feur fera
d'en faire premierement effay fur deux feftus ou
brins de paille, & commencer par petits bastons
fragiles, iufques à tel poinct que le baston en
main porté de violence les puiffe ayfément rompre.

*Mais comme par violence vn baston qui en
frappe vn autre, supporté sur deux verres, le
romp sans offenser les verres, & que mille fois
plus pesant ne pourroit rompre le mesme baston,
supporté d'ailleurs & plus solidement que sur lesdits verres (car ils n'y pourroient pas subsister.)
Qui conferera cét effect auec celuy du precedent
Probleme, & s'arraisonnera sur les deux con-
jointement, trouuera en fin dequoy se satisfaire sur
le subject des deux verres qui sont garentis, & demeurent entiers soubs le debris du baston qu'ils
supportent, dont l'aucteur de ce liure ne nous peut
donner pour raison autre chose que l'effect mesme,
quand il dict que c'est à cause que les deux bouts
du baston rompu quittent les verres en se rompant.
pourquoy, & comment cela se faict : Passe si ne
l'ayant sceu, il ne l'a dict : mais ce nouueau
Censeur qui se qualifie P E M. auec ses notes
seruantes à l'intelligence des choses difficiles &
obscures de ce liure, debuoit puis qu'il parle en
general, auoir releué cette difficulté, luy qui se
mesle de releuer les autres, & les accuser sans subject, de mesgarde & d'obmission. Et ce pendant
en s'en taisant, il aduoüe que la discussion de
la plus part de tels subjects ne luy est pas propre,
ny de la portee du commun, encores que le rencontre s'en face assez ordinairement & indifferemment. D. A. L. G.*

PROBLEME V.

Le moyen de faire vne belle carte Geographique, dans le parterre d'vn Prince.

C'Est le propre des grands Seigneurs de se plaire aux grandes cartes & globes Geographicques, voicy le dessein d'vne qui n'est pas des plus cheres ny des plus difficiles du monde, i'estime neantmoins qu'elle n'est pas indigne de la pensée d'vn Prince, & qu'elle apporteroit beaucoup de profit & de contentement, si elle estoit bien faicte auec la direction d'vn Mathematicien expert.

Ie dis donc qu'on pourroit faire dans le parterre d'vn Prince, ou en quelque autre place choisie, vne description Geographicque de tout son domaine, releuée en bosse, pour le moins autant que les bordures aux compartimens ordinaires, & par consequent beaucoup plus agreable, que les mappemondes, ou cartes toutes plattes. Là dedans on representeroit les villes villages, & chasteaux, auec des petits edifices de gazon, de bois ou de verdure mesme. Les montagnes, & collines auec des petites mottes de terre proportionnées à la grandeur du prototype, & de tout l'ouurage. Les forests, & les bois, auec des herbes & arbrisseaux; Les grands fleuues, les lacs & les estangs, par le cours & l'eau des fontaines, qu'on feroit couler à fleur de terre dans certains canaux, gardant les mesmes tours & retours que les riuieres principales. Chacun à son iugement, & se plaist en ses inuentions, pour moy, i'estime que cela seroit fort plaisant à voir, nommement au souuerain qui pourroit souuent, & en peu de temps visiter personnellement tout son domaine.

PROBLEME VI

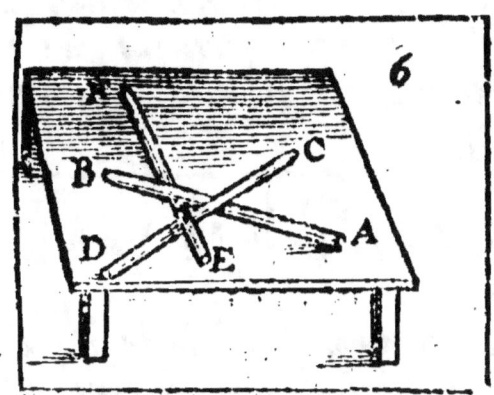

Faire que trois bastons, trois cousteaux ou semblables corps s'entresupportent en l'air sans estre liez, ou appuiez 'd'autre chose que deux mesmes.

PRenez le premier baston A. B. eleuez en l'air le bout B. dessus luy mettez en trauers le second baston C, D. Finalement disposez comme en triangle le 3. baston, E, F. de sorte qu'il passe dessoubs A, B, & posé sur C, D. ie dis que ces bastons ne sçauroient tomber & que l'espace C, B, E, s'affermira de tant plus en l'air, que plus on le pressera, si ce n'est que les bastons viennent à se rompre, & le disioindre. Car A, B, est soustenu par E, F: & E, F, par C, D: & C, D, par A, B : donc pas vn d'iceux ne tombera.

EXAMEN.

*CE Probleme semble admirable comme il est
proposé & deduit, & neantmoins la chose est
triuiale & facile à comprendre en la practiquant.
Il y a bien de la difference de proposer trois bastons
ou autres choses s'entresupporter en l'air, ou faire
voir trois bastons posez & appuyez, chacun d'vn
bout sur quelque plan, s'appuyer de l'autre extremité l'vn sur l'autre, en sorte que tous trois soient
d'vn bout élenez en l'air au dessus du mesme plan.
D. A. L. G.*

PROBLEME VII.

*Disposer autant d'hommes, ou d'autre chose qu'on
voudra, en telle sorte que reiettant tousiours d'ordre le 6. 9. 10. ou le quantiesme on voudra, tousiours a vn certain nombre, restent seulement
ceux qu'il vous plaira.*

ON propose ordinairement le cas en cette façon : 15. Chrestiens & 15. Turcs se trouuent
sur mer dans vn mesme nauire, & s'estant esleué
vne terrible tourmente. le Pilote dit qu'il est neces-
faire de ietter dans la mer la moitié des personnes
qui sont en la nef, pour descharger le vaisseau &
sauuer le reste. Or cela ne se peut faire que par sort,
& partant on est d'accord, que se rangeant tous par
ordre & contant de 9. en 9. on iette chasque neuf-
uiesme dans la mer, iusques à ce que de trente

qu'ils font, il n'en demeure que 15. Mais le Pilote
eftant Chreſtien, veut ſauuer les Chreſtiens; Comment eſt-ce donc qu'il les pourra diſpoſer, afin que
le ſort tombe ſur tous les Turcs, & que pas vn
Chreſtien ne ſe trouue en la 9. place. La ſolution
ordinaire eſt compriſe en ces vers.

> *Populeam virgam mater Regina*
>
> Ou bien. *ferebat.*
>
> cet autre. *Mort tu ne failliras pas en me liurant*
> *le treſpas.*

Car prenant garde aux voyelles & faiſant valoir
A, 1. E, 2. I, 3. O, 4. V, 5. La premiere voyelle O,
monſtre qu'il faut mettre au commencement quatre Chreſtiens de ſuitte, la 2. V. cinq Turcs. en
ſuiuāt, la 3. E, 2. Chreſtiés, & puis la 4. A. 1. Turcs,
& ainſi du reſte, rangeant alternatiuement le nombre des Chreſtiens & des Turcs, ſelon que les voyelles font cognoiſtre.

Voire mais, la queſtion propoſée de la ſorte
eſt trop contrainte, veu qu'elle ſe peut eſtendre à
toute ſorte de nombres, & peut de beaucoup ſeruir
aux Capitaines, Magiſtrats & Maiſtres, qui ont
pluſieurs perſonnes à punir, & voudroient ſeulement chaſtier les plus diſcoles, en diſmant ou prenant le 20. le 100. &c. comme nous liſons auoir
eſté ſouuent prattiqué par les anciens Romains.
Voulant donc appliquer cet artifice à toute ſorte
de nombres ſoit qu'il faille reietter le 9. 10. 4. ou
3. ſoit que l'on propoſe 30. 40. 50. perſonnes, ou
plus, ou moins, faudra ainſi proceder. Prenez autant d'vnitez qu'il y aura de perſonnes, & les diſpoſez en ordre en voſtre particulier : comme par
exemple ſoyent 24. hommes propoſez, & que de

ce nombre il n'en faille oster, ou reietter que 6. en contant de 8. en 8. Prenez 24. vnitez, ou escriuez 24. zero, & commençant à conter par la premiere de ces vnitez marquez la huictiéme, & continuant de la à conter marquez tousiours de mesme chasque huictiéme, iusques à ce que vous en ayez marqué 6. vous verrez en quelle place il faudra disposer les 6. personnes que vous desirez oster, ou reietter, & ainsi des autres. Il est croyable que Iosephe Aucteur de l'histoire Iudaïque, euita le danger de la mort, par l'artifice de ce Probleme. Car Hegesippe autheur digne de foy rapporte au chapitre 18. du liure 3. de la destruction de Ierusalem, que la ville de Iotapa estant emportée de viue force par Vespasian, Iosephe qui en estoit Gouuerneur, suiuy d'vne trouppe de 40. Soldats, se cacha en vne grotte, dans laquelle comme ils mouroient de faim, & ce pendant aymoient mieux mourir, que de tomber entre les mains de Vespasian. Ils se fussent resolus a vne sanglante & mutuelle boucherie, n'eut esté que Iosephe leur persuada de tirer par sort, afin qu'on tuast d'ordre selon que le sort tomberoit sur chacun. Or puis que nous voyons que Iosephe a survescu cet acte, il est probable qu'il se seruit de cette industrie à disposer les soldats, faisât que de 41 persónes qu'ils estoient chasque troisiéme seroit tué, & luy se mettant en la 16. ou 31. place, il pouuoit enfin demeurer sauf auec vn second auquel il osta la vie, ou persuada aisément de se rendre aux Romains.

PROBLEME VIII.

De trois choses, & de trois personnes proposees,
deuiner quelle chose aura esté prise
par chaque personne.

QVe les trois choses soient vne bague A. vn
escu E. & vn gan I. ou autres semblables que
vous designerez en vousmesme par ces trois voyelles A. E. I. Qu'il y aye pareillement 3. personnes. Pierre 1. Claude 2. Martin 3. que vous nom-
merez à part vous, premier, second, troisiéme.
Puis ayez 24. gettons, ou semblables pieces pre-
parées, & donnez au premier homme vn getton,
au second 2. au troisiesme 3. laissant les 18. gettons
de reste sur la table. Cela fait retirez vous à l'escart,
afin que chasque personne puisse cacher vne des
trois choses à vostre insçeu. Et chacun ayant pris
sa piece, dictes que celuy qui aura pris la bague, A. prenne autant de gettons que vous luy
en auiez donné auparauant, & que celuy qui aura
prins l'escu E. prenne le double de ce que luy auiez
donné; comme s'il en auoit 3. qu'il en prenne encore 6. Et finalement que celuy qui aura prins le
gan I. prenne le quadruple des gettons que luy a-
uiez donné, tellement que s'il en a 2. qu'il en prenne 8. par dessus, s'il en a 3. qu'il en prenne encore
12. Cecy estant acheué, demandez en retournant,
ou voyez le reste des gettons, & prenez garde qu'il
n'en peut rester que 1. ou 2. ou 3. ou 5. ou 6. ou 7.
& iamais 4. si ce n'est qu'on aye manqué. Or pour

ces *6.* façons differentes, souuenez-vous de ces *6.* paroles.

    1.   2.   3.   5.   6.   7.

Salue , certa anima , semita , vita , quies.

Ou bien de   1.   2.   3.   5.

celles-cy. *Par fer , Cesar , Jadis , deuint , si*

               grand Prince.

          6.   7.

Car il faudra prendre l'vn de ces mots selon le nombre des gettons restans, s'il n'y en reste que 1. vous vous seruirez du premier mot *Parfer.* S'il y en a 3. de reste, prenez la troisiesme parole *Jadis,* si 5. le mot *Deuint.* Or en chasque mot , la premiere syllabe denote le premier homme , & la voyelle de cette syllabe, monstre la chose qu'il aura cachée. La seconde syllabe , la seconde personne, & la voyelle , la chose cachée, &c. Par exemple s'il y auoit 6. gettons de reste ; prenez le mot *si Grand,* la premiere syllabe duquel , vous aduertira , que le premier homme a caché la chose designée par I. c'est à dire le Gan. La seconde syllabe monstre que le second a caché A. c'est à dire la bague , & par consequent le troisiesme aura caché E. qui est l'escu.

Quelques vns au lieu de vers, se seruent de cette petite table , qui monstre quasi tout l'artifice de ce jeu par la diuerse conjonction des 3. voyelles A, E, I.

Gettons reſtans.	Hommes.	Choſes cach.	Gettons reſtans.	Hommes.	Choſes cach.
1	1	A	5	1	E
	2	E		2	I
	3	I		3	A
2	1	E	6	1	A
	2	A		2	E
	3	I		3	I
3	1	A	7	1	E
	2	I		2	E
	3	E		3	A

Il y a auſſi qui praticquent de ce ieu en 4. perſonnes, mais celuy-cy eſt plus court.

PROBLEME IX.

Partager egalement 8. *pintes de vin n'ayant que ces*
3. vaſes inegaux, l'vn de 8. *pintes, l'autre de* 5. *&*
le dernier de 3. *pintes.*

Qve ces vases s'appellent, celuy de 8. pintes A.
celuy de 5. pintes B. celuy de 3. C. versez dedans B. du vin qui est en A. autant qu'il en peut tenir, & de B. en C. puis transuersez ce qui est en C.
dedans A. Et ce qui reste dedans B. c'est à dire 2.
pintes, mettez le dedans C. Emplissez de rechef B.
du vin qui est dedans A. & de celuy qui sera en B.
emplissez le reste de C. Puis donc que C. auoit desia
deux pintes, vous n'y en verserez qu'vne, & resteront 4. pintes dedãs B. qui sera iustement la moitié,
dont il est question.

PROBLEME X.

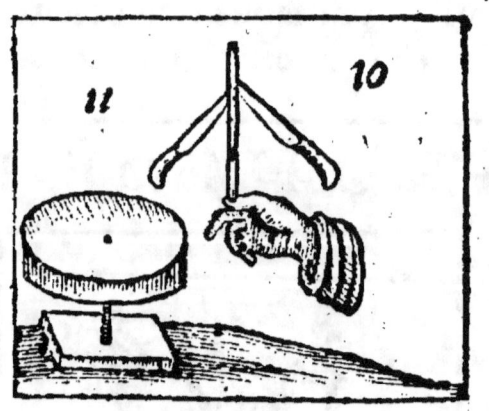

*Faire qu'vn baston se tienne droict dessus le
bout du doigt sans tomber.*

Attachez deux cousteaux ou semblables corps
penchants de part & d'autre, à guise de contrepoids, deuers l'extremité du baston, comme la figure vous monstre.

II. Mettez cette extremité dessus le bout du

doigts, ie dis qu'il demeurera droict sans tomber:
Car s'il tomboit ou il tomberoit tout ensemble, &
comme l'on dict a plomb, ou il tomberoit à costé,
vne partie deuant l'autre, le premier ne se peut,
car le centre de la pesanteur du baston est droictement supporté par le bout du doigt, & puis qu'vne
partie n'est pas plus pesante que l'autre à cause des
contrepoids, le second n'arriuera non plus, donc
il demeura tout droict. Le mesme se pourroit faire
auec des soliueaux & grosses pieces de bois, si on
leur apposoit des conttepoids à proportion : Voire
vne lance & vne picque demeureroit droicte en
l'air, soustenuë par vn doigt, ou sur le milieu d'vn
paué, si le bout de la picque estoit iustement à
plomb, dessus le centre de sa pesanteur.

EXAMEN.

Il y a quelque chose à redire en la deduction de ce
Probleme, que celuy qui l'a proposé n'a pas enten-
du : Car de s'imaginer qu'absolument vn baston ar-
mé de deux costez, auec deux cousteaux ou autre cho-
se semblable pour contrepoids, comme le monstre la fi-
gure & le discours l'enseigne, sans autre determina-
tion se puisse maintenir droict sur le bout du doigt,
l'experience conforme à la raison fera voir le con-
traire, puisque supposant ledit baston seul ainsi ele-
ué, il a de toutes parts vne infinité de differentes
prepensions pour tomber (car il n'est point icy que-
stion d'vn baston tellement vniforme & precisement
posé sur son centre de grauité, qu'il ne puisse incliner
en aucune part, auquel cas il ne seroit besoing d'y
appliquer contrepoids, & puis le bout du doig

n'est pas vn appuy trop asseuré pour telles experiences :) Pour le retenir droict, & l'empescher non seulement de tomber, mais de s'incliner mesmes, ou en cas d'inclination pour le redresser, il luy faut appliquer vn remede qui le remettant de toutes parts en equilibre, le contraigne de demeurer en cet estat; par vne plus grande pesanteur au dessoubs du bout du doigt, ou autre support, c'est à dire au dessoubs du centre du mouuement de l'inclination.

Or l'affixion de deux cousteaux, en la maniere qu'elle est icy representee & enseignee, ne peut garentir cette inclination ny empescher la cheute ; ce que ne feront pas dauantage quatre ne huict autres cousteaux semblablement affichez, qui ne seruirojent, en cas de la moindre inclination, qu'a precipiter le tout plus rapidement, d'autant qu'en ce cas la partie superieure a raison du centre du mouuement, c'est à dire du bout du doigt, est tousiours renduë d'autant plus pesante, & consequemment moins en repos.

Nous disons donc que pour pratiquer ce Probleme, il faut absolument que les deux cousteaux (car ils sufisent) ou autres choses semblable affichez pour contrepoids, excedent le bout du baston que l'on pose sur le bout du doigt, en sorte que le baston & les cousteaux, pris ensembles comme vn mesme corps, aient leur cētre de grauité, au bout du baston qui repose sur le bout du doigt, si l'on veut que le tout se tiēne horisontalement & à la hauteur du doigt, ce qui sera encore trouué plus estrange & admirable si le doigt, estant renuersé, on appuyt le bout du baston sur le bord de l'ongle, car il semblera que le tout se tiendra au bout du doigt par vn seul contact sans

aucun support : Mais si l'on faict que le centre de
la grauité du total excedde tant soit peu le bout du
baston, le tout s'en tiendra plus ou moins incline, selon le plus ou moins de distance entre ledit centre &
le bout dudict baston, Ainsi auec plus grand éloignement dudit centre, le baston estant posé d'vn
bout sur le bout du doigt & incline de l'autre, le tout
s'en redressera plus promptement, & s'en maintiedra
plus droict, & non autrement.

PROBLEME XI.

Il faut icy la figure qui a ja serui pour
le dixsiéme Probleme. pag. 29.

Mettre vne pierre aussi grosse qu'vne meule de
moulin sur la pointe d'vne aiguille, sans qu'el-
le tombe, rompe, ou plie aucunement
l'aiguille.

Qve l'aiguille soit fichée perpendiculairement
à l'horison & que le centre de la pesanteur
qu'a la pierre soit mis directement sur la pointe de
l'aiguille, ie dis que cette pierre ne tombera pas,
d'autant qu'elle sera contrebalancée de toutes parts
& partant elle ne pliera pas l'aiguille plustost d'vn
costé que de l'autre. Elle ne la rompera non plus
sans

fans plier, autrement il faudroit que les parties de
l'aiguille s'enfonçans l'vne dedans l'autre fe pene-
trañent. Chofe qui eft impofsible en la nature. L'experience qui fe faict aux afsietes ou femblables
corps plus petits rend croyable ce qui eft dict des
plus grands corps.

EXAMEN.

IL faut fuppofer en ce Probleme trois chofes ne-
ceffaires, par le manque de l'vne defquelles tout
le Probleme tombe en ruine. La premiere l'vniformité
de l'eguille & en fa matiere & en fa figure. La 2.
fon erection bien perpendiculaire fur l'horizon. La
3. le centre bien precis de la grauité de la pierre ou
autre corps. D. A. L. G.

PROBLEME. XII.

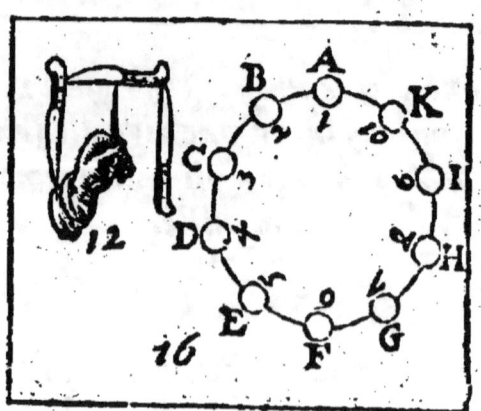

Faire danfer trois coufteaux fur la pointe d'vne
aiguille.

A Gencez les trois coufteaux en forme d'vne
balance, & tenant vne aiguille en main, met-

tez ſa poincte ſoubs le dos de celuy qui eſt en trauers, aux bouts duquel les autres deux couſteaux
ſont pendans comme les 2. baſſins d'vne balance.
pour lors vous pourrez en ſouflant tourneuirer ai-
ſemeut, & faire danſer les couſteaux ſur la pointe
d'vne aiguille.

PROBLEME XIII.

Peſer la fumée qui exhale de quelque corps con-
buſtible que ce ſoit.

POſons le cas qu'vn grand bucher, ou bien vne
chartée de foin peſant 500. liures ſoit em-
braſee, il eſt euident que tout s'en y ira en cendres,
ou en fumée. Peſez donc premierement les cendres qui reſteront du braſier, l'experience monſtre,
qu'elles pourront reuenir au poids de 50. liures ou
enuiron, & puis que le reſte de la matiere ne perit
pas, mais s'exale en fumée oſtant 50. lliures de 500.
reſteront 450. pour la peſanteur, à peu prés, du
reſte qui s'exhale, & iaçoit qu'il ſemble que la fumée ne peſe que comme rien, à cauſe qu'elle eſt eſ-
parſe & deliée en l'air, neantmoins aſſeurement ſi
elle eſtoit toute ramaſſée & reduicte à l'eſpeſſeur
qu'elle auoit auparauant, elle ſeroit bien ſenſiblement peſante.

EXAMEN.

PAr ces termes dont vſe l'autheur de ce liure, qu'il
ſemble que la fumée ne peſe que comme rien,

nous difons qu'il femble pluftoft qu'il luy venle don-
ner quelque poids, puifque il ne le luy denie pas abfo-
lument, nous le prierons volontiers de nous dire auec
quelle balance, & dans quel medium il en a faict
experience. Or il eft certain qu'en l'eau & en l'air
la fumee s'efleue, ou que ce qui s'efleue dans vn me-
dium puiffe eftre dit auoir aucune grauitation ou
pefanteur en ce mefme medium, cela eft bien nou-
ueau. La pefanteur donc eftant dicte des chofes
qui s'abaiffent, & felon la difference de leur mouue-
ment, dicte plus grande ou moindre pefanteur;
Nous difons que la legerefè doibt eftre abfolument
dicte des chofes qui s'efleuent, encores que felon la
difference de leur mouuement, elles puiffent eftre
dites les vnes plus, les autres moins legeres. Abfolu-
ment donc la fumee eft legere, & n'a aucune pefan-
teur; fauf fi l'aucteur en peut faire porter au deffus
de la moyenne region de l'air pour recognoiftre fi elle
s'y abaiffera ou eleuera encores: Car en ce cas de
changement de medium, nous changerions peut
eftre de difcours. D. A. L. G.

PROBLEME XIIII.

Des trois Maiftres & des trois Valets.

Trois Maiftres auec leurs 3. valets, fe trouuent
au paffage d'vne riuiere où ils ne rencontrent
qu'vn petit batteau fans battelier, & fi eftroit qu'il
n'eft capable que de deux perfonnes. Or ces 9. perfonnes font tellement animées que les 3. Maiftres

s'accordent bien par enfemble, & les 3. valets auffi,
mais chafque maiftre veut mal de mort aux 2. valets
des autres. On demande comme ces 6. perfonnes
pafferont 2. à 2. tellement que iamais aucun feruiteur ne demeure en la compagnie d'vn ou de deux
autres Maiftres que le fien, autrement il feroit ba-
tu. Refponfe I. deux Seruiteurs paffent, puis l'vn
rameine le batteau, & repaffe auec le troifiéme
Seruiteur. Cela faict, l'vn des 3. Seruiteurs rameine
le batteau, & fe mettant en terre auec fon Maiftre
laiffe paffer les deux autres Maiftres, qui vont trouuer leurs Seruiteurs. Alors l'vn de ces Maiftres, a-
uec fon feruiteur rameine le batteau & mettant fon
feruiteur en terre, prend l'autre Maiftre, & paffe
auec luy. Finalement le Seruiteur qui fe trouue paffé auec les 3. Maiftres, entre dedans le batteau &
en deux fois va querir les 2. autres Seruiteurs. Par
ainfi tous paffent en fix fois, & toufiours deux en
allant; mais pour ramener le batteau il n'y a toufiours qu'vn, excepté la troifiéme fois.

PROBLEME. XV.

Du Loup, de la Cheure, & du chou.

SVr le bord d'vne riuiere fe rencontrent vn loup,
vne cheure, & vn chou. comment eft-ce qu'vn
baftelier les paffera à l'autre bord de la riuiere, feul
à feul, tellement que le loup ne faffe point de mal
à la cheure, ny la cheure au chou en fon abfence.
Cefte queftion auffi bien que la precedente, femble ridicule, neantmoins encores ont elles quelque

subtilité, & quelque cause certaine, puis que ce
sont des effects certains. La solution est telle 1. Le
Batelier passe la cheure 2. il retourne vers le loup, &
le passe remenât quand & soy la cheure, 3. laissant la
cheure sur terre, il passe le chou, 4. il retourne à la
cheure & la passe, ainsi arriue, que iamais le loup
ne rencontre la cheure, ny la cheure le chou, que le
bastelier ne soit present.

PROBLEME. XVI.

Voyez la figure cy-dessus, Probleme
12. page 33.

De plusieurs choses disposees en rang, ou en quelque
autre façon, deuiner celle qu'on aura pen-
sé ou touché à vostre insçeu.

POsons le cas que de dix choses arrangées, on
ait pensé, ou touché la septiéme, qui est G.
demandez à celuy qui l'aura pensée, de quelle
chose il veut commencer à conter vn nombre que
vous donnerez, disant que vous luy laissez libre de
commencer à C. D. E. &c. ou bien vous mesme de-
terminez ceste place, & posons le cas qu'il vueille
commencer de la cinquiéme qui est E, alors adiqu-

ſtés le nombre de cette place qui eſt 5. au nombre
de toutes les choſes diſpoſées qui eſt 10. & viendront 15. Puis apres dictes luy qu'il prenne à par-
ſoy le nombre de la choſe qu'il a penſé ou touché,
c'eſt a dire 7. & qu'il le poſe tacitement deſſus 5.
c'eſt à dire ſur la choſe dont on veut commencer
le conte. Bref qu'il pourſuiue de là à conter ainſi
tacitemét iuſques à 15. retrogradant vers la premiere & touchant faict à faict chaſque choſe, ou mon-
ſtrant ſur quelle choſe il acheuera de conter, par
exemple ayant mis 7. ſur E, il contera 8. ſur D, 9.
ſur C, 10. ſur B, 11. ſur A, 12. ſur k, Et infaliblement
à la fin il tombera ſur la choſe penſée, ſe deſ-
couurant luy meſme ſans qu'il l'apperçoiue. Si
l'on commençoit à conter ſur 4. adiouſtant 4. à 10. il
faudroit faire conter iuſques à 14. ou bien pour de-
guiſer l'affaire, iuſques à 24. ou 34. prenant le double, ou le triple du nombre des choſes propoſées.

Il y en a qui ſe ſeruent des grains de leur chapelet,
de dames, ou de cartes renuerſées, pour ce ieu &
pourueu que leur nombre ſoit bien diſpoſé cela a
beaucoup de grace, quand au bout du conte on
vient à renuerſer la carte, & trouuer le nombre
penſé.

PROBLEME. XVII.

Faire vne porte qui ſe puiſſe ouurir de coſté
& d'autre.

Tout l'artifice giſt à diſpoſer 4. bandes de fer,
deux en haut & deux au bas de la porte, & en

telle façon que chafque bande d'vn cofté fe puiffe
mouuoir fur les gonds des montans, & par l'autre
bout foit attachée a la porte moyennant des autres
gonds, ou charnieres, de maniere que la porte
s'ouure d'vn cofté auec deux bandes, & de l'autre
cofté auec les deux autres.

PROBLEME. XVIII.

*Faire qu'vn feau tout plein d'eau fe fouftienne pour
ainfi dire foy-mefme au bout dequelque bafton.*

AYez vn bafton C. E. qui foit vn peu applaty
(quelques vns mefme prennent le plat d'vn
coufteau) mettez-le deffous l'anfe du feau paralelle
à l'horizon, puis difpofez au milieu du feau vn autre
bafton, F, C, qui prenne depuis le fond perpendiculairement iufques au premier bafton, deforte que
le bafton C, E. foit fermement ferré entre l'anfe, &
l'autre bafton F, C. Cela fait, mettez l'autre bout
du bafton C, E. deffus l'extremité d'vne table, vous
verrez que le feau fe tiendra en l'air fans tomber.
Car ne pouuant tomber qu'à plomb, il en eft em-

pesché par le baston C. E. qui eſt paralelle à l'horizon, & poſé deſſus la table. Et c'eſt vne choſe admirable ; que ſi le baston C, E, eſtoit tout ſeul, ayant le bout C, hors de la table plus grand & plus
peſant que l'autre, il tomberoit, neantmoins depuis que le ſeau y eſt appendu, il ne tombe point,
par ce qu'il eſt contrainct de demeurer paralelle à
l'horizon.

EXAMEN.

V Cicy vn Probleme que nous eſtimons auoir ia
faiĉt perdre bien du temps a tout plein de cu-
rieux, & qui ne s'en donnera de garde, y en perdra
bien encores, & pour le certain l'auĉteur de ce ramas
n'en a iamais faiĉt l'experience, & s'il l'a veu faire
par d'autres, il ne l'a pas bien remarquee ny reco-
gneuë ; Quoy qu'il en ſoit, ſon diſcours nous rend bon
teſmoignage qu'il n'y a gueres entendu de choſe, tant
s'en faut qu'il nous face iuger, que ſans experience il
ayt eu quelque cognoiſſance de la poſſibilité ou impoſ-
ſibilité de ce Probleme ; c'eſt la vraye pierre de touche
en tels rencontres, que de diſcuter premierement ſi les
choſes ſont poſſibles en la nature, puis ſi elles peu-
uent tomber dans l'experience, & ſoubs les ſens.

Ainſi ſans aucune experience, nous diſons que ce
Probleme, ſelon la figure, & ſelon le diſcours qui y
eſt entierement conforme, eſt abſolument abſurde &
impoſſible ; Et que iamais il n'arriuera que l'on face
tenir vn ſeau de cette façon ſur le bord d'vne table,
que lors que la ligne tiree du bord de la meſme table,
(ou eſt en ce cas le cetre du mouuemët) perpendiculai-
re à l'horizon, paſſera par le centre de la grauité de

tout le feau, plein d'eau ou vuide , & des deux baftons pris comme vn feul corps. Et fur cette maxime abfolument veritable & neceffaire , fi on examine le difcours fur ce Probleme , on le trouuera plein
d'abfurdité impertinences & fadaifes que l'aucteur
de ce ramas veut affermir , & faire tenir en l'air,
fans raifon, fondement ny appuy , auffi bien que fon
feau plein d'eau, fes paralelles à l'horizon , fur lefquelles il fait force, ne font gueres en ce cas paralelles à la raifon , & fera toufiours affez rare en telles
experiences , que le bafton d'apuy pofé fur quelque
fupport autre qu'vne table , foit bien parallele à l'horizon, fi ce n'eft quel'on fe foit propofé cette condition:
mais le bout vers le feau fe rencontrera d'ordinaire
plus éleué que celuy de l'appuy , & iamais plus bas
Et quand l'experience s'en fera fur vne table , fi le
bafton d'apuy eft tant foit peu court , le femblable arriuera : mais eftant plus long , il fera neceffaire d'y
accommoder le feau , en telle inclination , que pofant
ledit bafton fur le bord de la table , & aduançant ou
reculant le tout fi befoing eft, le centre de grauité fe
trouue foubs ledit bord. D. A. L. G.

PROBLEME XIX.

D'vne boule trompeufe au ieu de quilles.

CReufez vn cofté de la boule, verfez y du plõb,
& bouchés le trou en forte qu'on ne defcouure la fourbe, vous aurez le plaifir de voir que bien
fouuent, quoy qu'on roule tout droict au ieu, la

boule se detournera à costé, par ce qu'il y aura vne
partie plus pesante que l'autre, & iamais elle n'ira
bien droict, si ce n'est que par artifice, ou par hazard ceux qui ne le sçauent pas, disposent la boule
en sorte, que la partie plus pesante soit tousiours au
dessus, ou dessous en roulant : car si elle est d'vne
part, ou d'autre a costé, la boule ira de biais.

PROBLEME. XX.

Le moyen de partager vne pomme, en 2. 4.
8 & semblables parties sans rom-
pre l'escorce.

IL ne faut que faire passer vne aiguille auec son
fil dessous l'escorce de la pomme , & ce en
rondeur à diuerses reprises, iusques à ce qu'ayant
fait le tour vous arriuiez au lieu d'où vous auez
commencé,& pour lors tirant dextrement les deux
bouts du filet ensemble,vous partagerez la pomme
en dedans tant qu'il vous plaira. Les trous de l'aiguille seront petits, & la partition ne paroistera
pas qu'apres auoir osté l'escorce.

PROBLEME. XXI.

Trouuer le nombre que quelqu'vn aura pen-
sé sans qu'on luy face aucun interrogat,
certaines operations estans acheuées.

1 **D**Ictes luy qu'il adiouste au nombre pensé sa moitié, si faire se peut sans fraction, sinon, qu'il luy adiouste sa plus grande moitié, qui excede l'autre d'vne vnité. II. qu'il adiouste encore à ce produit sa moitié, ou sa plus grande moitié comme dessus. Et remarquez cependant si la premiere, ou seconde addition ne s'est peu faire par la vraye moitié. Si la seconde mettez 1. en reserue, si la premiere 3. III. Dictes qu'il oste du second produict, deux fois le nombre qu'il aura pensé, & qu'il diuise le reste par moitié s'il se peut, sinon qu'il en oste vn & diuise, & faictes ainsi continuer la diuision de chasque moitié prouenante, iusqu'à ce qu'on vienne à l'vnité. IIII. Ce pendant prenez garde combien de diuisions on aura fait, & pour la premiere diuision prenez 2. pour la seconde en remontant prenez le double qui est 4. pour la troisiesme encore le double 8. & ainsi des autres, adioustant tousiours des vnitez au lieu où vous les auriez fait oster pour la diuision. Par ce moyen vous trouuerez le nombre qu'on aura diuisé. Multipliez ce nombre par 4. & du produit ostez-en ce que vous auez mis en reserue durant les additions; c'est à dire 3. si la premiere addition ne s'est peu faire 2. si la seconde, 5. si l'vne ny l'autre, le reste sera le nombre pensé. Comme si l'on auoit pensé 6. adioustant sa moitié sont 9. & parce qu'on ne peut sans fraction adiouster à 9. la iuste moitié, adioustant sa plus grande moitié viennent 14. duquel ostant deux fois le nombre pensé restent 2. Diuisant ce nombre par moitié l'on vient incontinent à l'vnité. Il n'y a donc qu'vne diuision, pourlaquelle on prend 2. qui sera le nombre diuisé, & le multipliant par 4. viennent 8.

defquels ôſtans **1.** par ce que la ſeconde addition
ne s'eſt peu faire. reſte **6.** pour le nombre penſé.

PROBLEME. XXII.

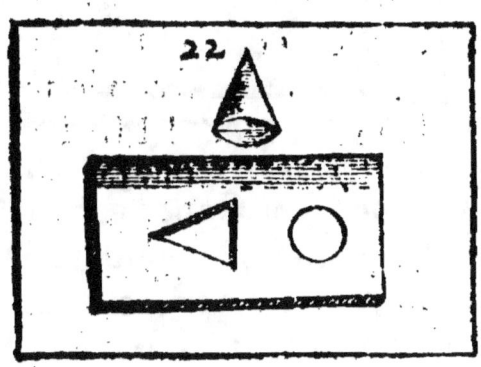

*Faire paſſer vn meſme corps dur, & inflexible, par
deux trous bien diuers, l'vn circulaire, l'autre quarré, quadrangulaire, ou triangulaire, à condition
qu'il les rempliſſe iuſtement en paſſant.*

N Eſt-ce pas là vn ioly tour de paſſe-paſſe, fondé
ſur la plus fine Geometrie; auſſi bien que le
Probleme ſuiuant, qui ſera encore plus admirable
que celuy-cy. Voicy tout l'artifice, commençant
par le plus ayſé. I. Ayez vne Pyramide ronde, autrement dicte vn Cone, & faictes dans, quelques
ais vn trou circulaire, égal à la baſe du Cone. Item
vn trou triangulaire, qui ait l'vn des coſtez égal au
diametre du cercle, & les deux autres egaux aux
deux coſtez de la Pyramide, depuis la baſe iuſques
à la poincte. C'eſt choſe claire, que ce corps paſſera
par le trou circulaire, mettant la poincte la premiere. Et par le triangulaire, en le couchant de ſon long
& qu'il emplira ces trous en paſſant.

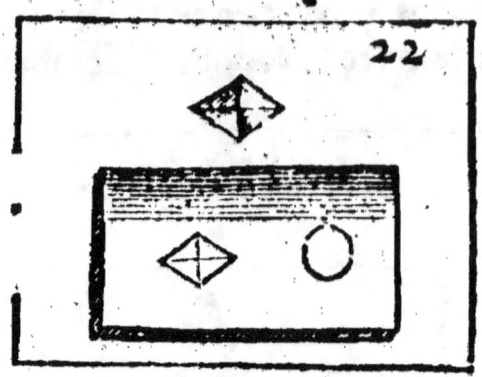

II. Faictes tourner vn corps semblable à deux
Pyramides rondes, ou Cones accouplez par le base, & ayant les poinctes à l'opposite l'vn de l'autre.
Puis faictes perçer vn ais en sorte que le trou circulaire soit du tout egal au cercle, qui est le base commune des deux Pyramides opposees, & le trou quadrangulaire ayt l'vn de ses diametres egal au diametre du cercle, l'autre egal à vne ligne droicte,
tiree par le milieu des Pyramides, de bout en bout.
Ce corps passant par le trou circulaire, l'emplira
sans faute, à cause de la rondeur qu'il a au milieu, &
tout de mesme, passant par le quadrangulaire,
à cause que sa longueur, & largeur, & le lignes tirées de long en large, sont egales à celles
du trou, lequel seroit parfaictement quarré, si la
poincte des pyramides estoit allignée à angle
droict.

EXAMEN.

CE probleme à la verité a quelque gentillesse
en sa seule proposition : mais l'artifice que l'autheur de ce ramas a rapporté pour le pratiquer, est
assez plat, quoy qu'il en face vn chef-dœuure de subtilité, fondé sur sa plus fine Geometrie, mais que di-
ra-il si on luy propose vn solide, qui passant par vn
triangle Isoscele, par plusieurs triangles scalenes,

& par le plan d'vne ellipse, les rẽplisse chacun iuste-
ment; & encores vne autre solide, qui passant par vn
triãgle isoscele, par plusieurs triangles scalenes,& par
vn cercle, les remplisse aussi chacun iustement, sans
doubte cette Geometrie luy sera encores plus fine que
la sienne, & cependant la subtilité n'en est pas gran-
de. Le premier se fera auec vn Cone elliptiquement
coupé, & le second se fera auec vn autre Cone sca-
lene. La mesme curiosité se pourroit rechercher sur le
subiet des solides, doubles des dessusdits en figure.

PROBLEME XXIII.

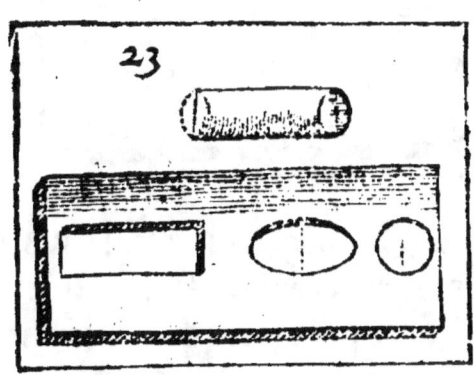

Faire passer à mesme condition que dessus, vn mes-
me corps par trois sortes de trous, l'vn circulaire
l'autre quarré, ou quadrangulaire, de telle lon-
gueur qu'on voudra, & le troisiéme ouale.

C'Est icy, à mon aduis, l'vn des plus subtils tours
que ie sçache, & se peut pratiquer en deux façons. Pour la premiere & plus facile, prenez vn
corps cylindrique, ou colomnaire, de telle grandeur

qu'il vous plaira, c'est chose euidente, qu'estant
mis droit, il emplira vn trou circulaire aussi grand
qu'est sa base; Et couché de son lóg, il emplira en passant vn trou quadrágulaire aussi long, & large qu'il
est par son milieu. Et parce que comme Serenus demonstre en ses Elements Cylindriques, la vraye
ouale se fait quand on couppe de biays vn cylindre,
en passant de biays, il emplira vn trou oual, qui aura la largeur égale au diametre du cercle, & la longueur telle qu'il vous plaira, pourueu qu'elle ne
soit pas plus grande que celle du cylindre.

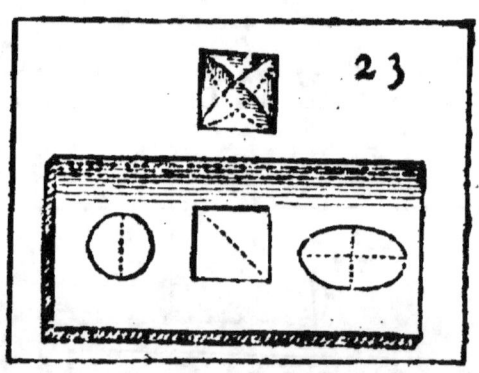

La seconde est vn peu plus spirituelle en cette
maniere. Soit premierement fait en quelque as vn
trou circulaire, & puis vn quarré, ayant les costez
esgaux au diametre du cercle, & finalement vn trou
en ouale, ayant la largeur égale au mesme diametre
& la longueur égale à la diagonale du quarré. Secondement ayez vn corps cylindrique, aussi long
que large, & tel, que sa base soit egale au trou circulaire, par ce moyen il pourra emplir le trou circulaire, & couché de son long le trou quarré, & par
la raison susdite, le couchant de biais, il emplira
l'ouale. Mais affin que cela se face plus plausible-
ment, il est expedient de le faire escorner, au tour

c'est à dire, il le faut tourner, & arrondir par le large, tant que faire se pourra, sans oster chose quelconque du quarré qui passe par le milieu du cylindre.

EXAMEN.

L'*Aucteur de ce ramas n'a pas esté beaucoup
ambitieux & curieux de subtilité, puis que il
n'en a point cogneu de plus grande que celle qu'il
nous rapporte sur ce Probleme, pour luy en descouurir
donc quelque vne plus fine, aussi bien que sur le
precedent, nous luy proposerions volontiers vn mesme corps inflexible, qui passant par vn quarré, par
vn cercle, par plusieurs & differens parallelogram-
mes, par plusieurs & differentes ellipses, differentes
mesmes en leurs deux diametres, les remplira chacun
iustement (prestez la main à l'Aucteur, ie crains
fort qu'il ne tombe en pasmoison & foiblesse.) Et cependant vn solide colomnaire elliptiquement tourné, ayant pour hauteur son plus grand diametre en
largeur, sera le subtil subiect qui fera tout ses tours de
passe passe, & si il ne sera point besoin de rien écor-
ner au tour, non plus que nous n'estimons pas estre besoing de le faire sur le subiect des exemples de ce liure, n'en desplaise à l'aucteur. D. A. L. G.*

PROBLEME. XXIIII.

*Deuiner le nombre que quelqu'vn auroit pensé, d'vne
autre façon que par cy deuant.*

Dictes luy qu'il multiplie le nombre pensé, par
tel nombre qu'il vous plaira, puis faictes luy
diuiser

diuiser le produict par quelqu'autre nombre que vous voudrez. Puis multiplier le quotient par quelque autre, & derechef multiplier, ou diuiser par vn autre, & ainsi tant qu'il vous plaira; voire mesme vous pourrez remettre cela à sa volonté, pourueu qu'il vous dise tousiours par quels nombres il multiplie, & par quels il diuise.

Or en mesme temps, prenez quelque nombre à plaisir, & faites à l'entour d'iceluy secretement les mesmes multiplications, & diuisions, & lors qu'il vous plaira de cesser, dictes luy qu'il diuise le dernier nombre qu'il luy reste par le nombre pensé.

Diuisez aussi vostre dernier nombre par le premier que vous aurez pris. Pour lors, le quotient de vostre diuision sera le mesme, que le quotient qui luy reste, chose qui semblera assez plaisante & admirable à ceux qui en ignorent la cause. Mais pour auoir le nombre pensé, sans faire semblant de sçauoir ce dernier quotient, faictes luy adiouster le nombre pensé, & demandez, ou taschez par industrie, de cognoistre la somme de cette addition car en ostant le quotient cogneu, restera le nombre pensé. Par exemple, soit le nombre pensé 5. faictes le multiplier par 4. viennent 20. puis diuiser par 2. viendront 10. puis multiplier par 6. viennent 60. & diuiser par 4. viendront 15. & vous aussi prenez en mesme temps vn nombre 4. multipliez-le par 4. viennent 16. diuisez par 2. viennent 8. multipliez par 6. viennent 48. diuisez par 4. viennent 12. Puis faictes diuiser 15. par le nombre pensé, viendront 3. & diuisez 12. par le nombre pris viennent aussi 3. le mesme quotient pour l'vn que pour l'autre.

D

PROBLEME XXV.

*Deuiner plu/eurs nombres ensemble, que
quelqu'v. n que diuerses personnes
au vnt pensé.*

SI la multitude des nombres pensez, est impaire
comme si l'on en auoit songé trois, cinq, ou
sept à la fois prenons pour exemple ces nombres,
2. 3 4. 5. 6. Dictes qu'on vous declare la somme du
premier, & du second, ioincts ensemble, qui sera
5. Du second & du troisiéme qui sera 7. Du troisiéme, & du quatriéme, qui est 9. Du quatriéme
& du cinquiéme, qui est 11. & ainsi tousiours prenant la somme des deux prochains : Et finalement
la somme du dernier, & du premier, qui est 8. Alors
prenant toutes ces sommes par ordre, adioustez ensemble toutes celles qui se trouueront és lieux impairs ; A sçauoir la premiere, troisiéme , cinquiéme. 5. 9. 8. qui feront 22. Semblablement adioustez
toutes celles qui se trouueront és lieux pairs ; à sçauoir le second, & quatriéme 7. & 11. qui feront 18.
ostez la somme de celles cy, de la somme des autres
18. de 22. restera le double du nombre pensé. Or
l'vn des nombres pensez estant trouué, vous aurez
facilement tous les autres, puisque l'on cognoist
les sommes qu'ils font, estans pris deux à deux.

　　Que si la multitude des nombres pensez est
pair, comme si l'on en auoit pensé ces six, 2, 3. 4.
5. 6. 7. faictes prendre les sommes d'iceux, deux à

deux, & puis la somme du dernier & du second, viendront 5. 7. 9. 11. 13. 10. En apres adiouſtez enſemble toutes les ſommes des lieux impairs, excepté la premiere; c'eſt à dire 9. & 13. qui font 22. Adiouſtez auſſi les ſommes des lieux pairs, c'eſt a dire 7. 11. 10. qui font 28. Oſtez celles la de celles-cy 22. de 28. reſtera le double du ſecond nombre penſé.

PROBLEME XXVI.

Comme eſt-ce qu'vn homme peut auoir en meſme temps la teſte en haut, & les pieds en haut, encore qu'il ne ſoit qu'en vne place.

LA reſponſe eſt facile, il faudroit qu'il fut aſſis au centre de la terre : Car comme le Ciel eſt en haut de tous coſtez. *Cælum vndique ſurſum,* tout ce qui regarde le Ciel en s'eſloignant du centre, eſt en haut. C'eſt en ce ſens que Maurolycus en ſa Coſmographie Dialogue premier, introduit vn certain *Dantes Aligerius,* feignant qu'il a eſté mené par vne Muſe aux enfers, & que là il a veu Lucifer, aſſis au millieu du monde, & au centre de la terre, comme dans vn throſne, ayant la teſte, & les pieds en haut.

EXAMEN.

CE *Probleme eſt mal propoſé par l'autheur pour le rendre ſubtil, & le faire tomber ſous ſon ſens: car il n'eſt pas inconuenient qu'vn homme en meſ-*

me temps , & en vne seule place, comme il dit , (nous
ne voyons pas comment vn homme pourroit en mesme temps estre en deux lieux) puisse auoir la teste &
les pieds en haut, si nous nous imaginons vn homme
couché par terre releuer sa teste & ses pieds en telle
sorte, qu'embrassant ses cuisses, & ayant les iambes
droictes, & estenduës il baise ses genoux. Mais si
l'on propose comment vn homme se tenant droict
puisse en mesme temps auoir la teste & les pieds en
haut, la question tombera sous le sens de l'Aucteur,
& faudra s'imaginer vn homme pouuoir estre tellement constitué droict au centre de la terre , qu'en
mesme temps il ayt les pieds & la teste éleuez vers le
Ciel. Or Vitruue & Albert Duret entre-autres
qui ont traicté des proportions & symmetries du corps
humain, nous ayans assez discouru & declaré quel
est , & en quelle partie du corps se considere le
centre de l'homme , tel qu'y ayant posé vne poincte
d'vn compas, l'autre poincte contournée puisse atteindre les extremitez d'vn homme ayant les bras & les
iambes estenduës, il ne sera pas mal aisé de s'imaginer encore vn homme tellement constitué centrale-
ment au centre de la terre,qu'en mesme temps il puisse
auoir toutes les parties exterieures de son corps ten-
dantes en haut ; mais de la façon que l'Aucteur de
ce ramas nous fait imaginer vn homme assis au centre de la terre ; Le subject de son liure, qu'il intitule
Recreation Mathematique , fait que par recreation
nous luy demanderions volontiers, & luy laissons à
nous resoudre si tel homme en cét estat laschoit quelque vent par le derriere, en quelle partie du Ciel il
tireroit, & si les pieds en doiuent plustost auoir nouuelle que son nez. D.A.L.G.

PROBLEME XXVII.

Le moyen de faire vne eschelle par laquelle deux
hommes montent à mesmes temps, de façon neant-
moins qu'ils tendent à deux termes diametrale-
ment opposez.

CEla arriueroit, s'il y auoit vne eschelle moitié
deçà, & moitié de là le centre du monde, &
que deux hommes commençassent en mesme
temps à monter l'vn deuers nous, l'autre vers nos
Antipodes.

PROBLEME XXVIII.

Comme se peut-il faire ; qu'vn homme qui n'a
qu'vne verge de terre, se vante de pouuoir mar-
cher par son heritage en droicte ligne, par l'espa-
ce de plus de 1700. lieuës Françoises.

LA raison est euidente, parce qu'il ne possede
pas seulement la surface exterieure ; mais
il est maistre du fonds qui s'estend iusques au centre de la terre, par l'espace de 1700. lieuës, & plus.
Or en ceste façon tous les heritages sont comme
autant de Pyramides, qui ont leur pointe au centre
de la terre, & la base n'est autre que la surface du
champ, qui est distante du centre, autant que le de-

D iij

my diamettre de la terre: & partant on pourroit
par cét espace faire vne descente à vis, pour aller
par le fonds de son heritage iusqu'au centre. Quoy,
me direz-vous, seroit-ce donc à luy tous les thresors
toutes les richesses & minieres qu'il rencontreroit
dans ce fond ? ie ne veux pas me mesler de decider
ce qui appartient aux Legistes, pardonnez-moy
s'il vous plaist, si ie vous renuoye à leurs arrests, il
y en a qui adiugent ces thresors aux Princes, les autres en reseruent quelque part pour le proprietaire,
Ie m'en rapporte à eux.

EXAMEN.

*Puis que la proposition est conceuë pour vn ache-
minement en ligne droicte, il semble qu'elle
se pouuoit souldre par imagination d'vne simple descente comme d'vne eschelle sans y rechercher ny desi-
rer vne descente à vis, qui ne pourroit donner vn
mouuement en ligne droicte.*

PROBLEME XXIX.

*Dire à quelqu'vn le nombre qu'il pense , apres
quelques operations faictes, sans luy
rien demander.*

Faictes prendre vn nombre à quelqu'vn: Dictes
qu'il le multiplie par tel nombre que vous luy
assignerez, & au produit qu'il adiouste vn certain
nombre. Puis qu'il diuise ceste somme, ou par le

nombre qu'il a multiplié, ou par quelqu'vn qui le mesure aussi bien que le nombre adiousté, ou bien absolument par tel nombre qu'il vous plaira.

En mesme temps diuisez à part vous le nomb. multipliant, par le diuiseur, & autant d'vnitez, ou parties d'vnitez qu'il y aura en ce quotient, faictes autant de fois oster le nombre pensé, du quotient prouenu, à celuy qui a songé le nombre. Puis diuisez le nombre que vous auez fait adiouster, par celuy qui a seruy de diuiseur : Le quotient sera ce qui reste à vostre homme, & partant vous luy direz sans luy rien demander, cela vous reste. Par exemple qu'il ait pris 7. multipliant par 5. viennent 35. adioustant 10. viennent 45. qui diuisé par 5. donne 9. duquel si vous faictes oster vne fois le nombre pensé (par ce que le multiplicateur diuisé par le diuiseur donne 1.) le rest. sera 2. qui prouient aussi diuisant 10. par 5.

PROBLEME XXX.

Le ieu des deux choses diuerses.

C'est plaisir de voir les ieux, & ébatemens que nous fournit la science des nombres, comme se verra encore mieux au progrez. Cependant pour en produire tousiours quelqu'vn : Posons qu'vn homme ait deux choses diuerses, comme sont l'or & l'argent, & qu'en l'vne des mains il tienne l'or, & en l'autre l'argent. Pour sçauoir finement, & par

maniere de deuiner, en quelle main il a l'argét, donnez à l'or vn certain prix　& à l'argent aussi vn autre prix,　à condition que l'vn soit pair, & l'autre
impair : comme par exemple, dictes-luy que l'or
vaille 4. & l'argent 7. Apres dictes qu'il multiplie
par le nombre impair, ce qu'il tient en la dextre, &
ce qu'il tient en la senestre par le nombre pair. Et
puis ces deux multiplications estans adioustées ensemble demandez luy si la somme totale est nombre
pair, ou impair ; car s'il est impair, c'est signe que
l'argent est en la dextre, & l'or en la senestre. S'il
est pair, c'est signe que l'or est en la dextre, & l'argent en la senestre.

PROBLEME. XXXI.

Deux nombres estans proposez. l'vn pair, & l'autre
impair, deuiner de deux personnes lequel d'iceux
chacun aura choisi.

COmme par exemple, si vous auiez proposé à
Pierre, & Iean, deux nombres de dragées, de
pieces de monnoye, ou choses semblables, l'vn pair,
& l'autre impair, tels que sont 10. & 9. & que chacun deux choisisse de ces nombres à vostre insçeu.
Deuinez qui aura pris 10. & qui 9. Ce Probleme
n'est gueres different du precedent, & pour le resoudre. Prenez deux autres nombres, l'vn pair &
l'autre impair, comme 2. & 3. Puis faictes multiplier celuy que Pierre aura choisi par 2. & celuy que
Iean aura choisi par 3. Apres faictes ioindre ensemble les deux produicts, & que la somme vous soit

manifeftée, ou bien demandez feulement fi cette
fomme eft nombre pair, ou impair, ou par quelque
moyen plus fecret tafchez de le defcouurir, comme
leur commandant de le diuifer par moitié, & s'il ne
fe peut fans fraction, vous fçaurez qu'il eft impair
S'il arriue donc que cette fomme foit nombre pair;
infaliblement le nombre que vous auez faict multiplier par voftre pair, c'eft à dire par 2. c'eftoit le
nombre pair 10. Que fi ladicte fomme eft nombre
impair, le nombre que vous auez, faict multiplier
par voftre impair à fçauoir par 3. eftoit infailliblement le nombre impair 9. Comme fi Pierre auoit
choifi 10. & Iean 9. les produicts feront choifi 20. &
27. donc la fomme eft 47. nombre impair; d'où vous
conclurez que celuy que vous auec faict multiplier
par 3. c'eft le nombre impair, & partant que Iean
auoit choifi 9. & Pierre 10.

PROBLEME. XXXII.

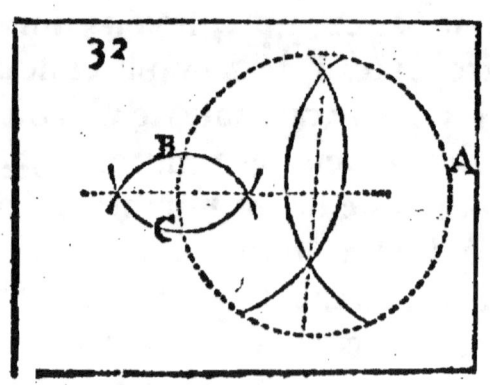

*Descrire vn cercle par 3. poincts donnes disposez
en telle façon qu'on voudra, pourueu seulement
qu'ils ne facent pas vne mesme ligne droitte..*

Ayant les 3. poincts A.B.C. mettez vn pied du
compas sur A. & descriuez vn arc de cercle,
puis sur B. & à mesme distance faictes vn autre arc
qui couppe le premier en deux endroicts, faictes
de mesme entre B. & C. Puis tirez deux lignes droictes occultes, elles s'entrecouperont en vn poinct,
qui est le centre du cercle, qui doit passer par les
poincts A. B. C. comme vous experimentez par
le compas. Par mesme moyen prenant au tour d'vn
cercle 3. poincts à plaisir, & operant comme dessus
vous trouuerez le centre du mesme cercle, chose
trop facile aux apprentifs de la Geometrie.

EXAMEN.

*Ce Probleme meritoit-il pas vn grand éclar-
cissement, voyez la note de ce P.E.M. vous en serez grandement bien instruicts. Mais sur tout donnez vous de garde de sa note sur le Probléme suiuant.
car en vous proposant il vous imposera. D. A.L.G.*

━━━　━━━　━━━　━━━

PROBLEME. XXXIII.

*Changer vn cercle en vn parfaict quarré sans rien
adiouster, ou diminuer.*

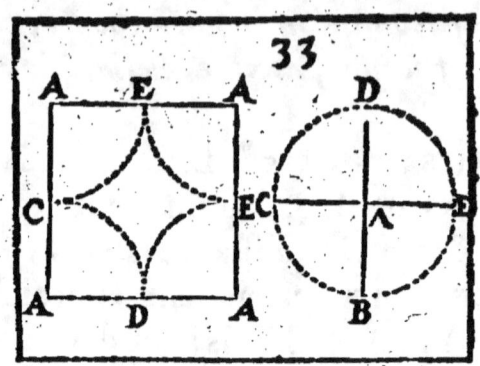

AYez vn cercle de carton, ou autre telle matiere qu'il vous plaira, coupez le en 4. quartiers, A, B, C. A, C, D. A, D, E. A, E, B. Disposez ces 4. quartiers en sorte, que le point A. se trouue tousiours en dehors, & que les arcs du cercle soient en dedans, addossez l'vn contre l'autre par le bout; vous aurez vn quarré parfaict, qui aura chasque costé egal au diametre du cercle. Il est bien vray que le quarré sera plus grand que le cercle, d'autant que les quartiers addossez, laissent beaucoup de vuide au milieu.

EXAMEN.

IL suffisoit d'aduertir icy les plus faciles à surprendre, que le changement qui y est proposé d'vn cercle en vn quarré parfaict, sans rien adiouster ou diminuer, est bien differend du changement qui se proposeroit d'vn cercle en vn quarré egal. Et de verité l'vn reuient à l'autre à cause de ce terme sans rien adiouster ne diminuer: mais comme ce n'a pas esté le

deſſein de celuy qui a faiſt la propoſition de reduire
vn cercle en vn quarré égal, ains ſulement d'vn
cercle en compoſer vn quarré, auſſi diſons nous que
s'il l'auoit fait ſans rien adjouſter ne diminuer,
le quarré compoſé ſeroit égal au cercle, mais tel
quarré eſt compoſé de quatre quartes du cercle & d'v-
ne figure curuiligne interieure, laquelle eſt égale à
l'exceʒ du quarré circonſcrit audiſt cercle, lequel
exceʒ eſtant rejeſté, la figure ne ſera plus vn quarré
parfaiſt, comme on pretend, bien qu'elle reſte
terminee exterieurement de quatre lignes formees en
quarré.

Or que ce curuiligne à l'égard du quarré & à
l'egard du cercle, ne ſoit la difference de l'vn à l'autre, ou l'excez de l'vn au deſſus de l'autre, c'eſt à dire
de combien le quarré circonſcrit au cercle excedde
le meſme cercle, c'eſt choſe notoire & vulgaire, en
ſorte que nous auons honte de l'impudence de ce pre-
ſomptueux Cenſeur, d'impoſer dans ſa notte ſur ce
Probleme, que perſonne n'ayt encores juſques à preſent enſeigné la raiſon que tient cèt excez curuiligne, ſoit au quarré, ſoit au cercle : & qu'il ſoit le
premier qui en a diſt quelque choſe à propos : les eſ-
crits de tant de grands & ſignaleʒ auſteurs, Archimede, Romain, Clauius, Ludolphe, Snellius, & infinité d'autres, reclament contre cette impoſture.
Auſſi que generallement de deux choſes donnees &
cogneuës, la diference eſt donnée & cogneuë, &
conſequemment ſa raiſon à chacune d'elles. Or le
diametre d'vn cercle eſtant poſé de quelque meſure
certaine, telle qu'on voudra ſon quarré ſera donné
& cognen: & ſelon cette meſme meſure ayant eſtably
la circonference du cercle inſcrit, ſoit par la voye

d'*Archimede dicte Royalle*, ou autre, le rectangle compris soubs la moitié du diametre, & ladite circonferece sera egal audit cercle inscrit, c'est à dire à l'aire ou superficie renfermee par ladite circonference; Cela est de l'ordinaire & triuial, soustrayez donc l'vn de l'autre, sçauoir l'aire circulaire de la quarrée, leur difference sera le curuiligne interieur en question.

Mais si cette nouuelle quadrature du cercle mise en suite est veritable, & quelle soit de son inuention, nous auons tort : car à la verité il seroit le premier qui auroit exprimé cette difference entre le quaré circonscrit & son cercle inscrit en terme precis & exactes, iusques où l'immensité du labeur des aucteurs susnommez ne les a peu porter, bien que leur trauail soit certain & veritable.

Voyons donc ce qui en est, & disons premierement que cette piece par luy rapportée sur ce Probleme n'est point de son inuention, ains est de la qualité du reste de ses remarques, c'est à dire furtiue & dérobee d'ailleurs. Si l'on en demande des nouuelles au bon *Longomontanus*, il fera voir qu'il l'a publiée sienne dans le *Danemarck*, cette inuention cyclometrique il y a ja quelques annees, & de faict les exemplaires s'en voyent pardeça, & nous ont esté cy deuant communiquez & ennoyez expres par vn personnage de singuliere erudition & loüable curiosité, Conseiller au Parlement d'*Aix*, auquel nous les auons renuoyez accompagnez de nostre iugement & censure assez exacte, ainsi le dementy en demeureroit indubitablement à ce Plagiaire. Et comme toute nouueauté luy est indifferemment propre pour se l'attribuer, soit bonne soit mauuaise, l'examen

de cette faulſe Cyclometrie ſurpaſſant ſa capacité,
il a oſé la publiant ſienne, la maintenir verita-
ble, remettant neantmoins d'en donner la demonſtra-
tion ailleurs.

Pour le releuer donc de cette peine, nous exami-
nerons icy la conſtruction de cette nouuelle quadrature circulaire. Soit dict on propoſé vn cercle A, B,
C, D. duquel le diametre eſtant A, C. il faille
trouuer vne ligne droicte egale à la moitié de la circonference, & puis apres le coſté du quarré egal à
laire du meſme cercle.

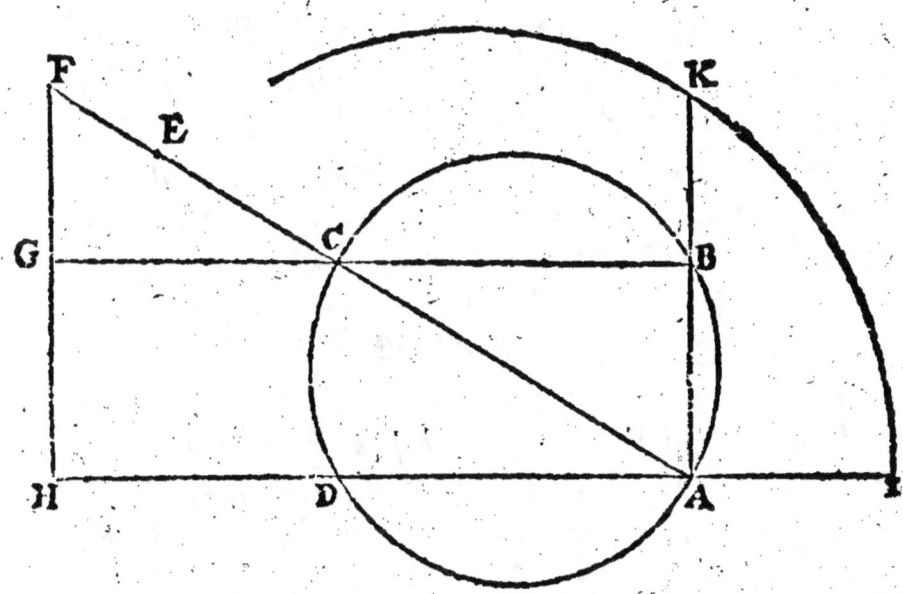

Soit prolongé interminement le diametre A, C.
& ayant pris C, E. egale au ſemidiametre du cercle
ſoit priſe F E. de 27. parties telles que C, E. en contiēt
41. en apres ſoit pris le coſté de l'Exagone A, B. &
par les poincts B & C. tiré indeterminement la ligne
B, C, G. & ſur icelle ſoit tiré perpendiculairement

*F, G. qui rencontre en H, la ligne droicte A, D, H.
pararelle & égale à B, C, G : ce faict la ligne A, H.
ou B, G. sera égale à la moitié de toute la circonference A, B, C, D. & le rectangle A, B, G, H. sera égal à l'aire dudict cercle. Finalement soit trouué
la ligne droicte A, K. moyenne proportionnelle
entre les deux costez A, H. A, B. Et le quarré
descrit sur icelle ligne droicte A, H. sera egal au
cercle proposé. Dont, adiouste on, la demonstration se
verra en vn certain traitté des curuilignes que lon
nous promet.*

*Releuons donc de peine ce subtil Archimede, &
disons d'abord que suiuant cette construction, il est
faux que la ligne A H où B G, soit égale à la de-
mycirconference du cercle A B C. & que verita-
blement & par la suiuante demonstration elle est
plus grande. Puis que A, C. est diametre,
l'angle A B C, est droict: mais F G, est perpendiculaire à B, C, G. donc F, G, B, A, sont
paralleles, & l'angle G, F, C. est egal à C, A, B.
Partant acause de legalité du trosième C. comme
A, B. est moitié de A, C. aussi F, G. est moitié de
F, C. Or F, C. est donnée & cogneuë, donques F, G.
est aussi donnée & cogneuë : Mais F, H, A, B.
sont paralleles & par la construction, aussi B, G,
A, H. paralleles & égales, partant G, H. est égale
à A, B. & consequemment donnée & cogneuë,
donc la toute F, H. est donnée & cogneuë : mais F,
A. est aussi donnee & cogneuë, & partant les deux
quarrez de F, A. & F, H. seront donnez & cogneuës,
& consequemment leur difference, scauoir le quarré de A, H. Dont la racine c'est a dire la ligne
A, H. est posée egale à la demy-circonference A, B, C.*

Or E, C. *estant de* 43 *parties* F, E, A. *est de* 86,
& F, E. *estant posée de* 27. *la toute* F, A. *est de* 156.
& F, C. *de* 70. *donc* F, G. *estant la moitié sçauoir*
35. & G, H. 43. *la toute* F, H. *est de* 78. *le quarré*
donc de F, A. 156. *estant* 24336. & *celuy de* F, G.
78. *estant* 6084. *leur difference sera* 18252. *pour le*
quarré de la ligne A, H. *c'est a dire de la demy cir-*
conference A, B, C. *partant le quadruple* 73008.
sera le quarré de la double A, H. *c'est a dire de toute*
la circonference dont la racine 270. $\frac{99}{500}$ *fort proche*
sera la circonference dudit cercle en mesme partie,
dont le diametre est posé 86. *double de* C, E. 43.

Or *en mesme raison le diametre du cercle estant*
posé de 100000. *parties, la circonference sera de*
314183 $\frac{41}{43}$. *Car comme* 86. *de diametre donnent*
100000. *de diametre, ainsi* 270. $\frac{99}{500}$. *de conference*
donneront 314183 $\frac{41}{43}$. *pour circonference partant la*
raison du diametre du cercle a sa circonference, se-
len cette inuention sera en mesmes parties, comme de
100000 *a* 314183 $\frac{41}{43}$. *Mais en ces mesmes parties Lu-*
dolphe & Snellius, entr'autres, ont ja demonstré selon
Archimede, que le diametre d'vn cercle estant esti-
mé & posé de 100000. *parties, la circonference sera*
bien de telles parties plus grande que 314159. *mais*
moindre que 314160. *a plus forte raison ils l'ont de-*
monstré moindre que 314183 $\frac{41}{43}$.

Et *de plus supposé, comme il est tres veritable que*
tout Polygone inscrit au cercle est moindre que le cer-
cle, & le circonscrit plus grand: Les mesmes Ludolphe
& Snellius ont ja demostré (le tout pour ne leur en rien
dérober) que posât le diametre d'vn cercle de 100000.
parties, la circonference du polygone circonscrit de
320. *costez est moindre que de* 31418 *de semblables par-*
ties

ties : mais le double de la ligne en question est de 31
418. $\frac{3}{10000}$. & plus de telles parties, & partant la circonference du cercle posé egal au double de cette ligne
seroit plus grande que celle de Poligone de 320. costez
qui luy seroit circonscrit, ce qui est absurde. Telle
ligne donc estant beaucoup plus grande que la moitié
de la circonference du cercle dont elle est deriuée, il est
faux de dire quelle luy soit egale, & par consequent
le quarré de A, K. moien proportionnel entre A, H.
& A, B, demidiametre sera plus grand que l'aire dudict cercle, ce que nous auions à demonstrer.

Nous conclurrons donc que le diametre du cercle
estant posé de 86. parties sa circonference sera
moindre que √ 73008. & son aire moindre que √.
33747948. & partant de quarré du diametre estant
7396. le quadrilatere curuiligne formé au milieu
sera plus grand que 7396 — √ 33747948. n'en desplaise à ce nouueau cyclometre. ny à son pretendu
traicté des Curuilignes, c'est auoir le iugement curuiligne que d'admettre telles absurditez. Si cette
faulse monnoye prend cours en Dannemark, la
France, ou du moins Paris, ne la releuera iamais, ou
bien elle n'y aura cours que parmy les ignorans.
D. A. L. G.

PROBLEME. XXXIV.

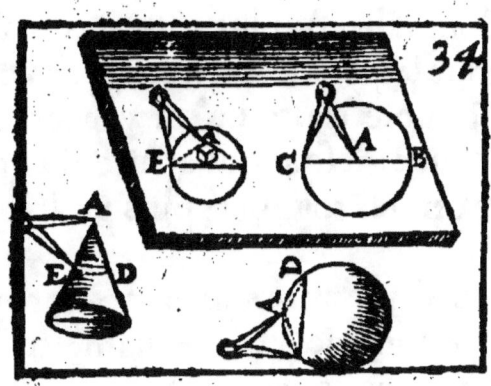

Auec vn mesme compas, & mesme ouuerture d'ice-
luy, descrire deux, voire tant qu'on voudra de
cercles inegaux, & en telle proportion qu'il vous
plaira plus grands, ou plus petits, iusques à l'in-
finy.

CE n'est pas sans cause qu'on admire d'abord
cette proposition, voire qu'on la iuge impossible, ne considerant pas l'industrie qui la rend possible, & tres-facile en plusieurs manieres. Car en
premier lieu, si vous faictes vn cercle dessus quelque plan, & puis que sur le mesme plan, & sur le
mesme point, vous esleuiez vn peu le centre, mettant quelque bois pour rehausser le pied du compas, auec la mesme ouuerture vous ferez vn cercle
plus petit. Secondement si vous descriuez vn autre
ercle sur vne boule, ou sur vne surface bossuë ou
creuse en quelque façon que ce soit; & plus euidé-

ment encore, ſi vous mettez la pointe du compas
au bout d'vne Pyramide ronde deſcriuant auec l'autre pointe vn cercle tout au tour d'elle vous le rendrez d'autant plus petit que la Pyramide ſera plus
mince. Et comme ainſi ſoit que ces Pyramides peuuent touſiours aller de plus minces en plus minces
à meſure que leur bout ſe termine par vn angle plus
aigu, c'eſt choſe claire qu'on y peut faire par ce
moyen, & auec meſme ouuerture du compas vne
infinité de cercles touſiours plus petits que les premiers.

Cela ſe demonſtre par la 20. propoſition du
premier l. d'Euclide : car le diametre E. D. eſtant
plus petit que les lignes A. D. A. E. priſes enſemble, & les lignes A. D. A. E. eſtans égales au diametre B. C. à cauſe de la meſme ouuerture du compas, il s'enſuit que le diametre E. D. & tout enſemble ſon cercle, eſt plus petit que le diametre, &
le cercle B. C.

EXAMEN.

COmme l'aucteur de ce liure remarque, que d'a-
bord cette propoſition donne de l'eſtonnement,
auſſi nous diſons que d'abord ſelon quelle eſt conceue,
elle heurte la verité en partie, Car de propoſer d'vne
ſeule ouuerture d'vn meſme compas, d'eſcrire tant
de cercles inegaux, & en telle proportion qu'on voudra plus grands à l'infiny, cela eſt impoſſible, bien
qu'il ſoit poſſible de les deſcrire infiniement plus petit : Et pour examiner ce qui ſe peut dire de cette
ſubtilité, nous diſons que ſi on la reſtraint à l'effect des
ſeules pointes du compas, le plus grand Cercle que ledit compas pourra deſcrire quelque ouuerture qu'il
puiſſe auoir, ſera celuy qui aura ſon centre & pole de

E ij

monuement dans le mefme plan que fa circonference.

Mais s'il eft libre de confiderer tout ce qui fe pourroit faire auec vne feule ouuerture de compas, il fe
trouuera qu'a raifon des differentes, élenations ou de
preffions que l'on pourra donner à l'vne de fes pointes
au deffus ou au deffous du plan fur lequel fe defcriront, ou du moins fur lequel feront imaginés eftre defcrits les cercles, il fera poffible de defcrire quelque
cercle plus grand que celuy que les pointes defcriront
pofees fur vn mefme plan. Car comme par exemple
de toute ouuerture d'vn compas foubs vn angle moindre que de 60. degrez, fi l'vne des pointes dudict compas eft enfoncée fous le plan fur lequel fera defcrit
quelque cercle, en forte que le centre & pole du mouuement foit dans le mefme plan, il eft certain que tel
cercle fera plus grand que celuy que lefdites pointes
defcriront, eftans pofees fur le mefme plan : mais en
ce cas il faut confiderer fa pointe enfoncee eftre mobile, car fi elle eft retenuë immobile & pofee pour pole
du mouuement, il eft certain que les cercles qui en
feront defcrits fur le plan releué feront toufiours
plus petits.

Or tout ce que l'on pourroit augmenter auec vn
compas ouuert d'vn angle moindre de 60. degrez,
eft borné dans l'eftendue de l'vne de fes branches, pofé qu'elles foient egales, ou de la plus grande, fi elles
font inegales auec cette fuppofition que l'autre branche fe puiffe entierement enfonçer au deffous du
plan, fur lequel on voudra defcrire de differents
cercles ; Et pour le compas ouuert de 60. degrez &
plus, il eft abfolument impoffible en quelque façon
qu'on le confidere, d'en defcrire aucun cercle plus

grand que celuy qu'il defcrira ayant fes pointes pofees fur vn mefme plan. D. *A* L. G.

PROBLEME XXXV.

*Deuiner plufieurs nombres penfez, pourveu que
chacun d'iceux, foit moindre que dix.*

FAictes multiplier le premier nombre penfé par
2. puis adioufter 5. au produit, & multiplier le
tout par 5. & à cela adioufter 10. puis y adiouster le
fecond nombre penfé, & multiplier le tout par 10.
(chofe facile mettant vn zero derriere toute la
fomme) Puis faictes y adiouster le troifiéme nombre penfé, & fi l'on auoit penfé d'auantage de nombres, faictes encore multiplier ce dernier tout, par
10. & adiouster le quatriéme nombre penfé, &
ainfi des autres. Puis faictes vous declarer la derniere fomme, & fi l'on n'a penfé que deux nombres,
oftez 35. de cete fomme, refteront les deux nombres penfez, dont le premier fera le nombre des
dizaines, & l'autre en fuiuant. Que fi l'on a penfé
3. nombres, il faut ofter de la derniere fomme 350.
Et du refte, le nombre des centaines fera le premier
nombre penfé : celuy des dizaines le fecond , &.
Si l'on en a penfé 4. oftez de la derniere fomme
3500. & du refte le nombre des mille fera le premier nombre penfé. Le mefme faut il faire en deui-
nant d'auantage de nombres, fouftrayant toufiours
vn nombre augmenté d'vn chiffre. Comme fi l'on
auoit penfé 4. nombres 3. 5. 8. 2. faifant doubler le

E iij

premier vicnnent 6. adiouftant 5. vient 11. qui multiplié par 5. donne 55. auquel adiouftant 10. vient
65. & adiouftant à celuy-cy le fecond nombre penfé, vient 70. qui multiplié par 10. faict 700. auquels
adiouftant le troifiéme nombre penfé vient à 708.
qui multiplié par 10. vient à 7080. auquel adiouftant le quatriéme nombre penfé vient à 7082. Et
en oftant 3500. reftent 3582. qui exprime par ordre,
les quatre nombres penfez.

　　Or d'autant qu'à la fin, & quand on vous declare la derniere fomme, les deux derniers nombres
à main droicte, font les mefmes, que le troifiéme &
quatriéme nombre penfé, & partant il appert trop
euidemment, que vous faictes declarer la moitié
de ce qu'il faut deuiner. Pour mieux couurir l'artifice, il faudroit encore faire adioufter quelque nombre, par exemple 12. viendroient 7094. & puis en
fubftrayant 3512. vous auriez les nombre penfez
comme deuant, par vn bien plus fecret artifice.

PROBLEME.　XXXVI.

Le ieu de l'Anneau.

EN vne Compagnie de 9. ou 10. perfonnes, quelqu'vn a pris, ou porte fur foy, vn anneau, vne
bague d'or, ou chofe femblable. Il faut deuiner qui
l'a, en quelle main, en quel doigt, & en qu'elle iointure. Cela iette bien vn profond eftonnement dans
l'efprit des ignorans, & leur faict croire qu'il y a de
la magie, ou forcellerie en cette façon de deuiner.

Mais en effect, ce n'est qu'vne fouppleffe d'Arithmetique, & vne application du Probleme precedent. Car on fuppofe premierement que les perfonnes foient ordonnées, tellement qu'vne foit premiere, l'autre feconde, l'autre troifiéme, & ainfi du
refte, s'il y en auoit iufqu'a dix. Semblablement on
s'imagine, que des deux mains l'vne eft premiere,
l'autre feconde. Et auffi que des 5. doigts de la main,
l'vn eft premier, l'autre fecond, l'autre troifiefme,
&c. Bref qu'entre les iointures de chafque doigt,
l'vne eft comme 1. l'autre comme 2. l'autre comme
3. &c. Do'ù il appert qu'en faifant ce ieu, on ne
faict rien autre chofe que deuiner quatre nombres
penfez. Par exemple fi la quatriéme perfonne auoit
la bague, en la feconde main, au cinquiéme doigt,
en la troifiéme iointure, & que ie le vouluffe deuiner, ie procederois comme au 33. Probleme, faifant doubler le premier nombre, c'eft à dire, le nô-
bre de la perfonne, lequel eftant 4. doublé, feia
8. Puis adiouftant 5. vient 13. multiplié par 5. donne 65 adiouftant 10. vient 75. Puis i'y fais adioufter
le fecond nombre qui eft 2. nombre de la main, &
viennent 77. ie les fais multiplier par 10. viennert
770. ie dis encore adiouftez y le nombre du doigt
viendront 775. adiouftez y le nombre de la iointure qui eft 5. viendront 7755. faictes y encore adioufter 14. pour mieux couurir l'artifice viendront
7767. defquels oftant 3214. refteront 4553. dont les
figures expriment par ordre tout ce qu'on veut deuiner : car la premiere à main gauche, qui eft 4.
monftre le nombre de la perfonne, 2. la main 5. le
doigt 3. la iointure.

PROBLEME XXXVII.

Le ieu des 3. 4. ou plusieurs dez.

CE qui a esté dit aux deux precedents Problemes, peut encore estre appliqué au ieu des dez
& à plusieurs autres choses particulieres, pour deuiner combien il y aura de poincts en chasque dez,
de tout autant qu'on en aura jetté : car les poincts
d'vn dé, sont tousiours au dessous de dix, & les
poincts de chaque dé peuuent estre pris pour vn
nombre pensé, & la reigle est toute la mesme. Par
exemple, qu'vn homme ait ietté 3. dez, si vous desirez sçauoir les points d'vn chacun par soy, & de
tous ensemble, dictes luy qu'il double les points
de l'vn d'iceux. A ce double faictes adiouster 5. &
multiplier le tout par 5. & adiouster encore 10. à
cette multiplication, puis faictes luy adiouster à
toute la somme le nombre du second dé, & multiplier le tout par 10. finalement qu'il adiouste à cette derniere somme le nombre du troisiéme dé, &
qu'il vous declare le nombre qui viendra apres toutes ces operations; Car si vous en soustrayez 350. resteront les nombres des 3. dez.

PROBLEME XXXVIII.

Le moyen de faire bouillir sans feu, & trambler auec br̃uit l'eau auec le verre qui la contient.

PRenez vn verre quaſi plein d'eau, ou d'autre ſemblable liqueur, & mettant vne main ſur ſon pied pour l'affermir, faictes dextrement tourner vn doigt de l'autre main ſur le bord de la couppe, ayant au prealable mouillé ce doigt en cachette, & preſſant mediocrement fort ſur le bord du verre en tournant. Pour lors il ſe fera premierement vn grand bruit II. les parties du verre trembleront à veuë d'œil, auec notable rarefaction, & condenſation III. l'eau tournera en tremblottant & bouïllonnant. IV· elle ſe iettera meſme goutte à goutte, ſautelant hors du verre, auec grand eſtonnement des aſſiſtants particulierement s'ils en ignorent la cauſe qui depend ſeulement de la rarefaction des parties du verre, occaſionnée par le mouuement du doigt humecté, & preſſant.

EXAMEN.

CE *Probleme eſt bien conceu & propoſé, mais il y a quelque choſe à reformer en la deduction, & expoſition. Il eſt bien vray qu'ayant mouillé le doigt & le contournant moderement ſur le bord d'vn verre plein d'eau il excite vn bruit; & que ſi l'on preſſe tant ſoit peu, & que le mouuement ſoit plus lent, incontinent le verre tremblera, & à l'inſtant l'eau ſemblera bouïllir, & reialira goutte à goutte, mais que le verre tremble ſeulement en quelque vne de ſes parties auec notable rarefaction & condenſation ſelon le mouuement local du doigt : & que l'eau tournoye en tremblotant, c'eſt dont on ne demeure pas d'accord, non plus que de dire abſolument que l'eau ſautille hors du verre, comme s'il n'en retomboit & reiaillissoit pas la plus grande partie dans le verre.*

Pour le tremblement du verre en ses parties auec notable rarefaction ou condensation dudict verre, la raison y resiste, qui nous faict cognoistre & dire que plus les corps auoisinent d'vne qualité, & moins sont ils subiects & susceptibles d'vne autre qui luy seroit contraire. La condensation & rarefaction sont qualitez contraires, & partant des trois corps considerables en ce Probleme, sçauoir le verre, l'eau incluse, & l'air circonfus, nous dirons asseurement que le verre estant le plus dense & impenetrable sera moins subiect & susceptible de rarefaction que l'eau, & l'eau moins que l'air.

S'il arriue donc icy quelque rarefaction ou condensation, elle doit estre plus considerable en l'air circonfus qu'en l'eau & plus en l'eau qu'au verre. Aussi que le verre estant, comme dict est agité, agite l'vn & l'autre, & come le verre est vn corps cotinu les parties plus proches du mouuemet du doigt, estans agitees agitēt encore les plus éloignees: mais l'apparēce en est selon le plus ou moins de violence au mouuement. Aussi ce tremblement de verre ne tombe quelque fois sous les sens, ou ne se recognoist que partial, vne autre fois il paroist general de tout le verre: Mais pour l'eau il arriue peu que ses parties interieures paroissent beaucoup agitees t: elles sont celles qui sont contiguës aux parties du verre vers le fons moins subiectes à l'agitation. & partant moins ébranlees. Et qu'elle tourne dans le verre, celà ne se recognoistra point auec les autres apparences susdictes, mais, comme nous auons ià dit, le doigt contourné legerement & vitement exitera moins de mouuement au verre,

& d'ebulition en l'eau, voire nous ofons dire point en tout : auffi ce leger & vifte mouuement circulaire du doigt pourroit tellement agiter l'air circonfus, que l'eau en receuroit quelque affection, plus ou moins toufiours apparante, felon le plus ou moins de vitef-fe & violence au mouuement du doigt.

Ces chofes reduictes à la verité de l'apparence nous laiffons quant à prefent aux plus curieux à en rechercher les vrayes caufes. Et nous referuons à faire voir quelque iour auec l'aide de Dieu, & moy-ennant plus de loifir, ce que nous en auons examiné & refolu dans nos difquifitions phyficomathemati-ques. Seulement nous les aduertirons de fe donner de garde, que les raifons que touche cet auteur en ce traicte'ne preoccupent tellement leurs efprits & ima ginations, qu'elles les detournent d'vne plus curieufe recherche de la verité. *D.A.L.G.*

PROBLEME. XXXIX.

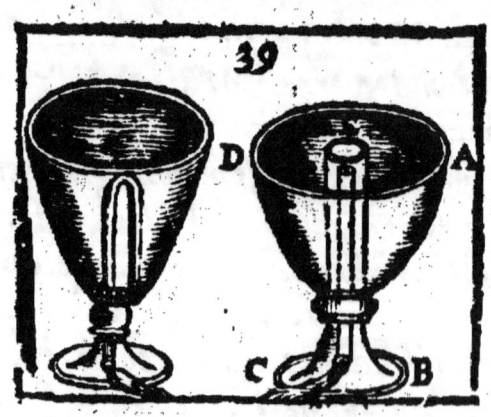

D'vn gentil vafe, qui tiendra l'eau, ou le vin qu'on
y verfe, moyennant qu'on l'empliffe iufques à vne
certaine hauteur; mais fi on l'emplit vn peu plus
haut, tout fe vuidera iufqu'au fond.

SOit vn vafe A.B.C.D. par le milieu duquel paffe vn tuyau, le bas duquel eft ouuert deffous le
fond du vafe en F.& l'autre bout E eftvn peu moins
haut que le bord du vafe. A l'entour de ce tuyau, il
y en a vn autre H L. qui monte vn peu au deffus d'E
& doit eftre diligemment bouché en L. de peur que
l'air n'entre par là. Mais tout pres du fond, il doit
auoir vn trou H. pour donner libre paffage à l'eau
Verfez maintenant de l'eau, du vin, ou autre liqueur
dans ce vafe, Tandis que vous ne monterez pas iufques à la hauteur E. tout ira bien mais fi toft que
vous emplirez iufques au deffus d'E. Adieu toute
voftre eau, qui s'efcoulera par E.F. comme par le
bout d'vn Siphon, & vuidera le vafe tout en tier, à
caufe que le bout du tuyau eft plus bas que le fond.

Le mefme arriueroit, difpofant en vn vafe quelque tuyau courbé, à la mode d'vn Siphon, tel que
la figure vous reprefente en H. car empliffez au deffous d'H. tant qu'il vous plaira, le vafe tient bon:
mais rempliffez iufques au poinct H, & vous verrez beau ieu, lors que tout le vafe fe vuidera par embas, & la fineffe fera d'autant plus admirable, que
vous fçaurez mieux cacher le tuyau, par la figure
de quelque oyfeau, ferpenteau, ou femblable chofe.

Or la raifon de cecy n'eft pas difficile à ceux
qui fçauent la nature du Siphon : c'eft vn tuyau

coutbé qu'on met d'vn bout dedans l'eau, le vin,
ou autre liqueur & l'on fucce par l'autre bout iufqu'à ce que le tuyau s'empliffe de liqueur, puis on
laiffe librement couler ce qu'on a tiré, & c'eft vn
beau fecret naturel, de voir que fi le tuyau exterieur
eft plus bas que l'eau elle coulera fans ceffe, mais fi
la bouche de ce tuyau vient a eftre plus haute que
la furface de l'eau, ou iuftement à fon niueau, iamais
elle ne coulera, quand bien le tuyau feroit 2. & 3.
fois plus gros que la partie qui eft plongée dans l'e-
au; pourueu qu'il y ait affez d'eau dans le vafe, pour
contrepefer à ce qui eft dehors ; car c'eft le propre
de l'eau qu'elle garde toufiours exactement fon
niueau.

EXAMEN.

CEtte caution adiouftee fur la fin de ce Probleme eft impertinente & mal à propos adiouftee
par l'aucteur de ce liure: car à fon dire, fi la branche exterieure du Siphon eft plus ample & fpatieufe
que l'interieure, & partant qu'eftant pleine d'eau,
elle en occupe plus grande quantité & plus pefant
qu'il n'en refte dans le vafe, quand l'emboucheure
de ladite branche exterieure fe trouueroit, ou plus
haute, ou à niueau de la furface de l'eau dans le
vaiffeau, ladite eau ne laifferoit de couler, faute
que dans le vaiffeau il n'y en auroit pas affez, pour
contrepefer à ce qui feroit dehors, voyez l'impertí-
nence de cette conclufion, & en quelle abfurdité
cette caution adiouftee mene neceffairement qu'vne
moindre hauteur d'eau peferoit plus qu'vne plus
grande hauteur; c'eft combattre le principe le plus

simple & le plus naturel qui soit considerable sur cē
noble subiect faute d'intelligence duquel, cet auctteur
est tombé dans cette absurdité.

Nous disons donc que la hauteur de l'eau se
considere depuis sa superficie interieure, iusques à sa
superficie extante, & ce selon les perpendiculaires
de l'vne en l'autre, en sorte que s'il y a quelque inegalité, & que l'eau soit continue & libre de mouuoir,
elle se restablira naturellement en equilibre. Or ces
perpendiculaires de hauteur sont autant considerables en vn Siphon dont les branches tendent en bas,
qu'en celuy dont les branches tireroient contremont :
car si les emboucheures en l'vne & l'autre position
sont à niueau, & le Siphon plein d'eau, l'eau n'aura
aucun mouuement, quelque inegalité qu'il y ayt en
volume & quantité d'eau d'vne branche à l'autre.
Tellement qu'au suiect du Siphon, dont est icy mention pour espuiser l'eau d'vn vaisseau, l'eau restan-
te dãs le vaisseau n'est en façon quelconque cõsidera-
ble, supposé comme il y est dict qu'elle soit en mesme niueau que les emboucheures du Siphon plein
d'eau. Car soit que le Siphon soit entierement extant & superieur, soit qu'il touche la superficie de
l'eau dans le vaisseau, pourueu qu'il soit plein d'eau
& en eqnilibre à l'egard de ses emboucheures, l'eau
ne coulera point, que si on l'incline tant soit peu
vers le vaisseau, l'eau y coulera incontinent iusques a ce qu'elle se soit restablie en equilibre par mesme hauteur dans le Siphon, c'est à dire que sa superficie dans le vaisseau soit a niueau de celle qui sera
dans la branche exterieure du Siphon, comme aussi si
on éleue tant soit peu le Siphon, en luy donnant
quelque inclination il se vuidera incontinent, soit

dans le vaiſſeau ſoit dehors, ſelon que l'inclination ſera vers le vaiſſeau ou dehors.

Mais voicy ce qui ſe rencontrera plus eſtrange & admirable, c'eſt que, ſuppoſé que le Siphon ſoit plein d'eau, ſi l'embouchure interieure dans le vaiſſeau touche ſeulement la ſuperficie de l'eau en iceluy, en ſorte qu'il ſoit étouppé par l'eau meſme, quelque inclination que puiſſe auoir à la branche exterieure, l'eau ne s'écoulera non plus que ſi le Siphon eſtant extant, vous bouchiez ou eſtoupiez vne de ſes emboucheures auec le doigt.

PROBLEME. XL.

Gaillardiſe d'Optique.

LEs enfans ont diuerſes façons de ieux parmy leſquels on en treuue quelquefois qui meritét d'eſtre conſiderez par les Philoſophes & Mathematiciens. Celuy donc ie veux parler eſt de la ſorte. Quelqu'vn tient en la main vn petit baſton tout droict. & faiſant fermer l'œil à ſes compagnons, il gage contre eux, qu'en portant le doigt de trauers, & ſe guidant auec vn ſeul œil, ils ne toucheront pas du bout du doigt le baſton qu'il leur monſtre. Que vous ſemble de cette gageure; l'experience monſtre en effect que le plus ſouuent ils ſe trompent, & au lieu de toucher le but, ils portent le doigt tantoſt deçà tátoſt delà, & s'ils le rencótrent, c'eſt par hazard. Mais quelle eſt la raiſon de cette fallace; Briefuement: c'eſt qu'vn œil tout ſeul ne ſçauroit iuger combien le baſton, ou autre corps

visible, est éloigné en droicte ligne, comme les
perspectifs demonstrent en leur science. Et pour
cette mesme cause. l'experience faict aussi veoir
qu'il est difficile de toucher vne araignée penduë
en l'air, ou de passer le fil dans le trou d'vne aiguille, ou de bien iouer à la paume quand on va de costé & auec vn seul œil.

PROBLEME XLI.

D'vne façon de verre fort plaisante.

ON faict quelquesfois des couppes de verre
redoublé, tout de mesme que si l'on auoit mis
vne couppe dans vne autre ; & tout à dessein, il y
a vn peu d'espace entre-deux dans lequel on verse
de l'eau, ou du vin, auec vn entonnoir, & ce par vn
petit trou qu'on a laissé au bord de la couppe. Or
il arriue en ce cas deux tromperies bien gentilles :
car encore qu'il n'y ait goutte d'eau, ny de vin, dans
le creux de la couppe, mais tant soit peu dans l'en-
tredeux, neantmoins ceux qui regardent la couppe
du costé que vient le iour estiment que c'est vn verre ordinaire plein d'eau, ou de vin, & nommement
si ce qui est entre-deux vient à se remuer, car il semble proprement que ce soit le mouuement de ce
qui est au milieu de la couppe. Mais ce qui donne
plus de plaisir, c'est quand quelque simplart porte
la couppe à sa bouche pensant aualer vne verrée de
vin, la où il ne hume que de l'air, apprestant à rire
pour toute l'assistance qui se mocque de luy. Ceux
qui

qui font plus clairuoyants fe mettent à l'oppofite
du iour, & confiderans que les rayons de lumiere
ne font pas reflechis à l'œil comme s'il y auoit du
vin, ou de l'eau dans la couppe, ils en tirent vne
preuue affeurée, pour conclure que le creux de la
couppe eft totalement vuide,

EXAMEN.

SElon que le vin ou autre liqueur auroit plus ou
moins de tainéture ou force en couleur, la chofe
en fera plus ou moins difficile à recognoiftre, mefmes
contre le iour. D. A. L. G.

PROBLEME. XLII.

Si quelqu'vn auoit autant de pieces de monnoye, ou
d'autres chofes, en l'vne des mains. comme en
l'autre, le moyen de deuiner, combien il y en a en
tout.

DItes luy qu'il tranfporte d'vne main en l'autre, vn nombre tel qu'il vous plaira, pourueu
qu'il le puiffe faire; car s'il n'en auoit pas tant; il
luy faudroit amoindrir ce nombre. Cela fait, dictes
luy que de la main, où il a mis ledict nombre, il
remette en l'autre main, autant qu'il y en eft demeu
ré. Pour lors foyez affeuré, que dans la main, dans
laquelle s'eft fait le premier tranfport, fe trouve iuftement le double du nombre tranfporté. Par exemple, s'il auoit en chacune main 12. deniers, & que
de la main droicte, il mit en la gauche 7. deniers

F

puis apres que de la gauche, il remit en la droicte, autant qu'il en resteroit, c'est à dire 5. infalible-ment, en la seneftre, il y auroit 14. deniers, qui est le double de 7. Puis donc que vous sçauez le nom-bre qu'il a premierement transporté qui est 7. vous luy direz, qu'en la seneftre, il a 14. deniers, & par quelque autre subtilité, vous pourrez deuiner ce qu'il a en la droicte: c'est à dire 10. & par consequent ce qu'il tient en ses deux mains qui sont 24.

PROBLEME XLIII.

Plusieurs dez estans iettez, deuiner la somme des poincts qui en prouiennent.

PAr exemple, quelqu'vn aura ietté trois dez à vostre insçeu: Dictes luy qu'il adiouste ensem-ble tous les poincts qui font en haut, puis laissant vn dez à part sans y toucher, qu'il prене les poincts qui sont dessous les deux autres, & qu'il les adiou-ste à la somme des precedents. Dictes encore qu'il reiette derechef ces deux dez, & qu'il conte leurs poincts, qui paroissent en haut, les adioustant à la somme produicte: Puis laissant vn des deux à part, sans le bouger, qu'il prenne les poincts qui sont dessous l'autre, & qu'il les adiouste auec le reste. Finalement qu'il iette encore ce troisiéme dé, & qu'il adiouste à la somme totale, les poincts qui viendront dessus, laissant ce dez en l'estat auquel il se trouue de present, auec les deux autres. Cela fait, approchez de la table, & regardez les poincts, qui paroissent sur les trois dez, & adiouster leur 21. vous

aurez la somme totale, qu'auoit celuy qui a ietté les
dez, apres toutes les operations susdictes. Comme
si la premiere fois, les poincts des trois dez, sont 5.
3. 2. leur somme fera 10. & laissant le 5. a part, on
trouuera sous 3. & 2. 4. & 5. qui adioustez a 10. font
19. Puis iettant derechef ces deux dez, si les poincts
de dessus sont par exemple 4. & 1. adioustez à 19.
ils feront 24. Et laissant le 4. à part auec le premier
dé, dessous l'autre dé on trouuera 6. qui adioustez
à 24. feront 30. En fin iettant ce troisiéme dé, & adioustant les poincts qui seront sur luy, par exemple,
2. viendront 32. & laissant au mesme estat ce dé
auec les autres, vous verrez que les poincts qui paroistront dessus, sont 5. 4. 2. donc la somme est 11.
à laquelle adioustant 21. ou 3. fois 7. viendront 32.
qui est la somme totale requise. On pourroit de
mesme pratiquer ce ieu en 4. 5. 6. & plusieurs dez,
ou mesme en d'autre corps, obseruant seulement
qu'il faudroit adiouster a la fin, autant de fois 7. que
de fois on a fait adiouster les poincts opposez d'vn
dé: car c'est là dessus que se fonde toute la demonstration du ieu, qui suppose que les dez soyent bien
faits, & que les poincts qui se trouuent dessus, &
dessous vn mesme dé, fassent tousiours 7. que s'ils
faisoyent vn autre nombre, il faudroit, autant de
fois adiouster vn autre nombre.

F ij

PROBLEME. XLIV.

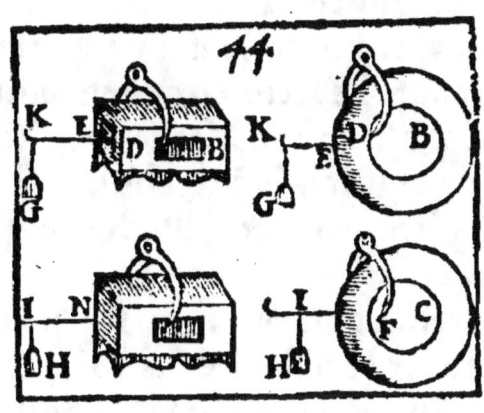

Le moyen de choisir sans difficulté ny doute la boiste
pleine d'or : & laisser celle qui est pleine de plomb,
quoy que l'vne, & l'autre soyent semblables à l'ex-
terieur, & aussi pesante l'vne que l'autre.

ON dit qu'vn Empereur requis par vn sien
seruiteur de luy assigner quelque recompense
le fit entrer dans son cabinet, & mettant sur la table deux vases, ou coffres de pareille grandeur, de
poids egal, & du tout semblables à l'exterieur, auec
cette seule difference, que l'vn estoit plein d'or &
l'autre de plomb, il luy donna le choix de prendre
celuy des deux qu'il luy plairoit. Mais que feroit vn
pauure seruiteur en ce cas, s'il choisit le coffre plein
d'or, le voila richement recompensé, s'il prend le
plomb, il est miserable comme deuant. Or il n'y a
point d'apparence de demeurer entre deux indeter-

miné, comme l'afne de Buridan qui mourut de faim
au milieu de deux picotins d'auoine, ne fçachant
auquel fe ruer. Qui fera-ce donc qui luy fournira
des yeux de linx, pour voir à trauers l'efpaiffeur du
coffre, ou quel fera le Mercure, qui luy fuggerera
vn confeil induftrieux au befoin

Plufieurs eftiment qu'il n'y a que la fortune, qui
le puiffe rendre heureux en ce rencontre : mais, ne
leur en déplaife vn bon Mathematicien pourra fans
entamer ny ouurir la boifte, choifir afeurément cel-
ce qui eft pleine d'or, & laiffer celle qui eft pleine
de plomb.

Car premierement, fi on luy permet de pefer
l'vne & l'autre boifte dedans l'air, & puis dedans
l'eau : c'eft chofe claire, par la proportion des metaux, & felon les principes d'Archimede, que l'or
fera moins pefant de fa dixhuictiéme partie, & le
plomb enuiron de l'onziéme : partant l'on pourra
colliger ou l'or, ou le plomb.

Mais parce que cette experience, pour diuers
accidens, peut eftre fuiette à caution, & fignam-
ment à caufe que la matiere du coffre empefche ce
femble, de iuger fi c'eft à raifon du coffre ou du
metail qu'il contient, que ce dechet arriue.

● EXAMEN.

*CEs deux Apuis que l'aucteur de ce liure appor-
te pour caution de fon dire, l'vn de la proportion des metaux, l'autre des principes d'Archimede,
ne verifieront pas fa premiere maniere d'examiner,
& ce qui l'a abufé, c'eft qu'il n'a pas confideré l'egalité du volume des deux boiftes ou coffres, & ne s'eft*

arresté que sur l'egalité de la pesanteur en l'air, laquelle à la verité selon la proportion des differentes
gravitez des metaux en l'air & en l'eau, pourroit
estre differente en l'eau, supposé qu'il n'y eut aussi e-
galité en volume & grandeur: Mais Archimede
qu'il appelle à son secours, ayant demonstré qu'vn solide est d'autant moins pesant & grave en l'eau qu'en
l'air, que le volume d'eau egal au volume du solide,
sera pesant, les deux coffres estans egaux en volume, les 2 volumes d'eau, selon lesquels ils diminueront de pesanteur en l'eau, seront aussi egaux
& également pesans : ils diminueront donc chacun d'vne egale pesanteur en l'eau : mais leur pesanteur en l'air estoit aussi egale, doncques le residu
sçauoir leur pesanteur en l'eau sera aussi égale. Et
par ainsi quel sbrix? Il ne faut donc point chercher
d'autre accident que cet inconuenient pour recognoistre que ceste experience est non seulement subiette
à caution, mais absolument faulse & absurde.
D. A. L. G.

Voicy vne inuention plus subtile, & plus certaine,
pour trouuer le mesme hors de l'eau. L'experience
& la raison nous monstre que deux corps metalli-
ques de mesme forme, & egale pesanteur, ne sont
pas d'egale grandeur : & que l'or, estant le plus pesant de tous les metaux, occupe moins de place,
d'où il s'ensuit, qu'vne mesme pesanteur de plomb
occupera plus de lieu. Soit donc qu'on presente
deux globes, ou coffres de bois, ou d'autre matiere
semblables & egaux dans l'vn desquels, & au milieu y ait vn autre globe, ou corps de plomb, pesant
32 liures, (comme C.) & au milieu de l'autre, vn
globe, ou semblable corps d'or, pesant 12. liures

(comme B.) le tout fait en forte, que la boïfte & le contenu d'vn cofté, foit egal & de mefme pefanteur à la boïfte & côtenu de l'autre. Pour fçauoir auquel des deux eft l'or, prenez vn inftrument en formé de compas crochu, & pincez auec les pointes d'iceluy, vne partie du coffre, comme vous voyez en D. puis fichez dans le milieu des deux poinctes du compas vne aiguille, ou autre chofe femblable de certaine grandeur, comme E. K. au bout de laquelle mettez vn poids G. tellement qu'il foit en equilibre, & qu'il contrebalance, en forme de pezon, le premier coffre fufpendu en l'air, fur les poinctes du compas. Faictes tout le mefme en l'autre coffre.

Or tandis que le compas ne comprendra rien des metaux enfermez, vous verrez qu'il ne fe trouuera aucune difference entre les diftances du poids fufpendu à l'aiguille de chacun coffre. Mais aduançant le compas, & prenant plus auant auec les poinctes, il fe pourra faire, que vous compreniez auffi partie du metail enfermé, ou bien les poinctes feront iuftement fur l'extremité de l'or, comme pour exemple en D. & pofons que le poids G. foit en equilibre auec tout le refte, il eft certain qu'é l'autre coffre où fera le plomb, les poinctes eftans de mefme ouuerture, & autant aduancées comme au poinct F. comprendront vne partie du plomb, à caufe qu'il occupe plus grande place que l'or, & cette partie de plomb, entre F. & N. aydera au poids H. & diminuera de l'autre cofté C. qui fera caufe, que pour rendre H. en equilibré auec C. la diftance N, I. ne fera fi grande que E. K. parce qu'en ces deux balances, le poids B. qui eft tout or eft plus pefant d'vn cofté du centre, & des poinctes qui supportent la balance, que le poids C. qui n'est qu'vne partie du plomb, partant il faudra que le contrepoids G. soit plus reculé d'autre costé que le contre-poids H. Et par cette pratique nous conclurons, que là où sera la plus petite distance entre le contre-poids & le coffre, là dedans sera le plomb, & en l'autre l'or.

PROBLEME XLV.

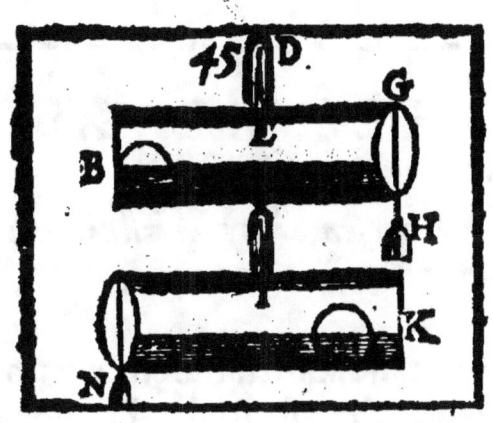

Deux globes d'egale pesanteur, & de diuers metaux
(comme d'or & de cuiure) estans enfermez dans
vne boiste B, G. soustenuë du point E. & mise
en equilibre, par vn contrepoids H. deuiner le-
quel des deux est plus proche de l'examen D, E.

ILne faut que faire changer de place au deux boules, faisant que le mesme contrepoids H. soit suspendu de l'autre costé, comme en N. & si l'or, qui est le plus petit globe, estoit auparauant le plus proche de l'examen D. E. ayant changé de place il se trouuera plus éloigné du mesme examen, comme en K. & partant le centre de la grauité des deux globes pris ensemble, sera plus éloigné du milieu de la boiste, qu'il n'estoit auparauant. Donc, l'examen demeurant tousiours au milieu, il faudroit augmenter le poids N. pour garder l'equilibre: & par ce moyen on cognoist, que si en la seconde fois le contre-poids est trop leger, c'est signe que l'or est le plus éloigné du milieu, & qu'auparauant il estoit le plus proche: mais si au contraire le contre-poids deuenoit plus pesant, il faudroit conclurre le contraire.

PROBLEME XLVI.

Le moyen de representer icy bas diuerses Iris, & figures d'arc en ciel.

S'Il y a chose aucune admirable en ce monde qui rauisse les yeux & les esprits des hommes, c'est l'arc en ciel, ce riche baudrier de l'vniuers, qui se voit bigarré sur le fond des nuées, auec toutes les couleurs que nous pourroient fournir le brillant des estoilles, l'esclat des pierreries, & l'ornement des plus belles fleurs qui tapissent & fleurdelisent la terre. On l'apperçoit en certains endroits flamboyant comme les astres, le feu de l'escarboucle, & la rose. On y voit la teinture bleuë & violette de l'air, de l'Occean, du Saphir, & des Hyacintes: Toute la gayeté des Esmeraudes & des plantes est assemblée dans sa verdure; c'est la plus riche piece

du threfor de la nature: c'eft le chef-d'œuure du
Soleil, ce diuin Appelles qui porte fes rayons, au
lieu de traicts de pinceau, & couche fes couleurs
en rond deffus la fumée vaporeufe , comme fur fa
table d'attente : voire mefme, dit Salomon en l'Ec-
clef. 43. c'eft le chef-d'œuure de Dieu. Neantmoins
on a laiffé aux Mathematiciens plufieurs induftries
pour le faire defcendre du ciel en terre, & pour le
peindre en partie, finon en perfection, du moins
auec le mefme meflange de couleurs, & mefmes ingrediens qu'il a là haut.

N'auez vous iamais veu des galeres, qui volent
fur l'eau à force d'auirons, Ariftote mefme ce
grand genie de la nature, vous apprendra que remuant ces auirons d'vne certaine grace, l'eau s'efparpille en gouttelettes , & formant mille petits
atomes de vapeur, faict voir aux rayons du Soleil
vne efpece d'Iris.

Ceux qui ont voyagé par la France, & l'Italie
auront peu voir dedans les maifons, & iardins de
plaifance, des fontaines artificielles qui iettent fi
dextrement la rofée de leurs gouttes d'eau, qu'vn
homme fe tenant entre le Soleil , & la fontaine, y
apperçoit vne perpetuelle Iris.

Mais fans aller fi loing, ie vous en veux monftrer vne, tout à voftre porte, par vne gentille &
facile experience. Prenez de l'eau en voftre bouche,
tournez le dos au Soleil, & la face contre quelque
lieu obfcur, puis foufflez l'eau que vous auez hors
de voftre bouche, afin quelle s'efparpille en gouttelettes & vapeurs, vous verrez parmy les atomes de ces vapeurs, aux rayons du Soleil, vne tres-
belle Iris : tout le mal eft, qu'elle ne dure guères,

non plus que l'arc en Ciel.

Voulez-vous, peut eſtre, voir quelque Iris plus ſtable, & permanente en ſes couleurs? prenez vn verre plein d'eau, & l'expoſez au Soleil, faiſant que les rayons qui paſſent à trauers ſoyent receus ſur quelque lieu ombragé, vous aurez du plaiſir à contempler vne belle forme d'Iris. Prenez vn verre trigonal, ou quelque autre criſtal taillé à pluſieurs angles, & regardez à trauers, ou faictes paſſer dedans les rayons du Soleil, ou meſme d'vne chandelle, faiſant que leur apparence ſoit receuë ſur quelque ombrage, vous aurez le meſme contentement.

Ie ne diray rien des couleurs d'Iris qui paroiſſent aux bouteilles de ſauon, quand les petits enfans les font pendre au bout d'vn chalumeau, ou voler en l'air ; c'eſt choſe trop commune : auſſi bien que l'apparence d'Iris qui ſe voit à l'entour des chandelles & lampes allumées, ſpecialement en hyuer. Ie paſſe viſte à vn autre Probleme : car ſans mentir, i'ay peur que vous ne m'interrogiez plus outre, touchant la production, diſpoſition & figure de ces couleurs : ie vous reſpondray qu'elle vient par la reflexion, & refraction de la lumiere, & puis c'eſt tout. Platon a fort bien dit, que l'Iris eſt fille d'admiration, non pas d'explication : & celuy là n'a pas mal rencontré, qui a dit, que c'eſt le miroir où l'eſprit humain a veu en beau iour ſon ignorance; puiſque tous les Philoſophes & Mathematiciens, qui ſe ſont employez à en rechercher & expliquer les cauſes en tant d'années, & de ſpeculations, n'y ont appris ſinon qu'ils ny ſçauent rien, & qu'ils n'ont que l'apparence de verité.

EXAMEN.

Nous ne pouuons laisser passer ce Probleme, sans
y dire vn mot du manque que l'Aucteur de
ce liure a faict, de n'auoir remarqué en la methode
qu'il rapporte d'imiter l'Iris par la proiection de
l'eau que quelqu'vn feroit rejalir auec sa bouche vers
vn lieu obscur ayant le dos au Soleil, cõme estãt ados-
sé côtre la fenestre de quelque chambre: que non seulement il s'y void l'Iris premiere & principale, mais
aussi la seconde auec telle proportion en force, & ordre de couleur, & en grandeur au premier, qu'elle
se void & remarque souuent ez deux Iris qui paroissent en l'air, par la resolution d'vne nuee en pluye à
l'opposite du Soleil & de nostre veuë. Ce que nous ne
faisons aucun doute, qu'il ne se puisse auffi obseruer
ez apparences d'Iris formees dans le rejalissement
des gouttes d'eau ez fontaines par le vent & sur mer
& riuieres, par les auirons.

   Or en ce sujett de haute speculation, comme en
toutes autres apparences, dont nous recherchons les
causes, ce n'est pas peu d'auoir par deuers nous, &
comme en nos mains, des experiences & apparences
particulieres & familieres, que nous puissions comparer aux autres plus eloignees: car plus nous trouuons
de rapports & rencontres communs, & plus par la cognoissance des vns nous atteindrons, & approche-
rons à la cognoissance des autres : ce qui est le plus
seur moyen de philosopher & ratiociner sur tous su-
iects, mesmes les plus releuez. D.A.L.G.

PROBLEME. XLVII.

Comment pourroit on faire tout autour de la terre,
vn pont de pierre, ou de bricque, qui fut suspendu
en l'air sans arcade, ou appuy qui le supporte.

POsons le cas qu'on bastisse tout autour de la
terre sur des arcades de bois, tellement que toute la structure soit egalement pesante, & espoisse en
toutes ses parties. Puis apres qu'on oste toutes les
arcades de bois: Ie maintiens que ce pont demeurera pendu en l'air, sans qu'vne seule piece vienne
à se dementir, & que par ce moyen l'on pourroit
faire le tour de la terre à couuert dessous ce Pont,
ou bien tourner tout au tour en l'air dessus le mesme pont: car comme nous voyons que les voutes,
& arcboutans demeurent fermes, à cause que leurs
parties s'entresupportent, & s'entretiennent elles-
mesmes, aussi les parties de ce pont estans egalement espoisses, & pesantes, & egalement distantes
du centre, s'entresupporteroient mutuellement,
seruans toutes de clef & d'appuy; & n'y ayant point
d'occasion pourquoy l'vne tombast plutost que l'autre ne pouuans d'ailleurs tomber toutes ensemble,
elles demeureroient infailliblement toutes suspen-
duës en l'air.

PROBLEME. XLVIII.

Comment est-ce que toute l'eau du monde pourroit subsister en l'air, sans qu'vne goute tombast sur terre.

SI elle estoit toute également espoisse, pesante, & disposée tout a l'entour de la moyenne region de l'air tandis que l'impetuosité des vents, ou la rarefaction, & condensation du chaud & du froid, ou quelque autre cause exterieure, n'y apporteroit point d'inegalité, elle demeureroit tousiours suspenduë en l'air: car elle ne sçauroit tomber tout ensemble sans penetration; & d'ailleurs il n'y a point de raison pourquoy vne partie tomberoit poustost que l'autre.

C'est-ce qui a fait dire à quelques vns, que quand le ciel seroit liquide, & delié comme l'air, & quand bien il y auroit grande quantité d'eau sur les cieux comme l'Escriture semble tesmoigner assez euidemment, il ne faudroit point d'autre support pour la soustenir là haut, que l'egalité de sa pesanteur & espoisseur en toutes ses parties.

PROBLEME. XLIX.

Comment se pourroit il faire, que les elemens fussent renuersez sens dessus dessous, & que naturellement ils demeurassent en tel estat.

CEla arriueroit, si Dieu auoit mis I. le feu à l'entour du centre de la terre, cóme quelques-vns ont creu, à cause de l'enfer, que c'est son lieu naturel, II. l'air à l'entour du feu. III. l'eau pardessus l'air, & IV. la terre par dessus l'eau, le tout auec vne parfaicte vniformité de parties, d'espoisseur, & de pesanteur. Car pour lors la terre seroit comme vn pont basty par dessus l'eau tout à l'entour du centre. L'eau ne pourroit tomber, comme nous auons monstré au Probleme precedent. Le feu ne pourroit abandonner le centre, ny par pieces, ny tout ensemble ; non par pieces, car pourquoy l'vne plustost que l'autre ; ny tout ensemble, autrement il resteroit du vuide à l'entour du centre. Doncques tous les elements demeureroient naturellement en cet estat.

PROBLEME. L.

Le moyen de faire que toute la poudre du monde enfermee dans vne petite boule de papier, ou de verre & embrazee de toutes pars, ne puisse rompre sa prison.

SI la boule & la poudre estoit vniforme en toutes ses parties. Car par ce moyen la poudre
presseroit & pousseroit également de tous costez,
& ny auroit pas d'occasion pourquoy le debris
commençast par vne partie plutost que par l'autre.
D'ailleurs il est impossible que la boule se brise en
toutes ses parties, car elles sont infinies.

Le moyen de faire, que tous les Anges & les
hommes du monde poussants de toutes leurs forces vn fil d'araignée pour le rompre, n'en puisse venir à bout. Si le fil d'araignée estoit en rond, & que
leur force fust appliquée également a pousser toute la rondeur de ce fil vniforme en toutes ses parties, ils ne le romperoient pas ; autrement il le faudroit briser en vne infinité de parties, chose impossible. Neantmoins si les Anges prenoient à tache
chacun quelque partie determinée, ils pourroient
bien tous en poussant également emporter leur
piece. Comme aussi ie crois que si deux hommes ou
deux cheuaux tiroient l'vn contre l'autre vn filet,
ou autre chose fragile, mais egalement forté en
toutes ses parties, ils ne le romperoient iamais,
s'ils ne le rompoient iustement au milieu : car
hors de là, l'on ne sçauroit dire pourquoy ils le deus-
sent rompre plustost en vn endroit, qu'en vn autre.

EXAMEN.

CE Probleme aussi bien que quelques precedens,
depend entierement de la subtilité de l'ima-
gination, & ne peut estre soubmis à la possibilité de
l'experience : Mais il y a quelque chose à redire en
la reduction des trois premiers exemples y rappor-

tez, esquels on suppose bien l'vniformité du subiect
passif en toutes ses parties pour faire par tout vne
égale resistance : mais on n'y particularise pas assez
vne semblable vniformité d'action, pression & violence de la part du subiect qui agit. Soit la poudre
tant vniforme en ses parties que l'on se peut imaginer, soit la boule qui la renferme de mesme, l'application du feu en quelque partie seulemēt brisera le tout,
car il changera premierement cette vniformité de la
boule & de la poudre : mais le feu également & vni-
formement appliqué en toutes les parties trouuant
vne égale resistance par tout n'opereroit rien ; de mesmes vn fil d'araignée formé en rond quelque vniformité qu'il puisse estre imaginé auoir en toutes ses
parties s'il n'estoit imaginé aussi en mesme temps
également pressé en toutes ses parties il seroit subiect
à debris. Et ce que l'on y adiouste, que neantmoins si
les Anges prenoient à tasche chacun quelque partie
determinée ils pourroient bien en poussant tous également emporter leurs pieces, semble impertinent : car
s'ils n'agissent également que sur quelques parties,
ils ne faut point souhaitter des Anges pour causer ce
debris : mais s'ils agissent tous également & en mesme temps sur toutes les parties, il nous semble que
c'est estre aux termes de la proposition qui prend la
negatiue & en ce cas y auroit contradition.

Le 3. exemple a quelque chose de plus particulier
a discuter. Car accordé soit que le filet soit vniforme & égal en toutes ses parties, deux hommes, deux
cheuaux ou autre chose le tirant d'egale force l'vn
contre l'autre ne feront pas vne égale violence sur
toutes les parties du filet, & partant il est indubita-
ble qu'ils le romperont, mais que ce soit iustement

au milieu, c'est dont on ne demeure pas d'accord:
car si nous considerons en cet exemple quelles parties
du filet souffrent plus de violence, nous trouuerons
indubitablement que le debris doibt arriuer aux
deux bouts. Autre chose seroit si l'on s'imaginoit vn
filet dont chaque moitié seroit egallement, mais
differemment violentée en toutes ses parties, c'est à dire qu'il y eut autant de force egale appliquée à chacune des parties du filet (ce qui ne peut estre par
deux forces qui tireroient également les deux bouts
l'vn contre l'autre.) Car en ce cas la rupture arriueroit seulement au milieu. Mais hors cette imagination, & se retirant dans les choses Physiques &
possibles à experimenter, il est certain par la raison
& par l'experience qu'vne corde, vne ficelle, vn fil
de fer, de letton d'acier ou d'autre matiere, estant
tirés de violence se rompront ordinairement par l'vn
des bouts: & s'il arriue autrement, ce sera en vn
endroit ou la corde, ficelle ou filets auront quelque
inegalité en la matiere ou difformité touchant le volume & la grosseur, & partant seront plus foibles
en cét endroit & feront moins de resistance.

Ee cette verité s'experimetera tousiours en quelcõ-
que position de corde, soit tirée des deux bouts, soit attachée de l'vn & tirée de l'autre, & ce encores ou ho-
rizõtalement & en toutes sortes d'inclination, ou suspenduë & attachée, & tirée à plomb par vn poids
qui la violente iusques à rupture. Et de plus il se
verra assez frequemment que si les inegalitez ou
difformitez vers le milieu de la corde ne sont beaucoup sensibles & apparentes, elles feront plus de resistance que les deux bouts qui seront proche de la violence, & partant que la corde ou ficelle ne laissera

encores de se rompre par l'vn des bouts, pourueu toutesfois que la corde ait notable estenduë, du moins à
raison de sa grosseur. Ces experiences bien faictes,
& examinées peuuent descourir tout plein de beaux
secrets en la nature, & fournir vn assez beau subject pour philosopher. *D. A. L. G.*

Le moyen de faire qu'vne grosse boule de fer
tombant de bien haut sur vne planche de verre deli-
cate au possible, ne la rompe en façon quelconque;
si la boule est parfaictement ronde, & le verre bien
plat, & bien vniforme en toutes ses dispositions, la
boule ne le touchera qu'en vn poinct, qui est le milieu d'vne infinité de parties qui l'enuironnent; &
n'y a point d'occasion pourquoy le debris se doiue
faire d'vn costé plustost que de l'autre; Puis donc
qu'il ne se peut faire de tous les costez ensemble, il
faut conclure que naturellement parlant, vne telle
boule tombant sur vn tel verre, ne le briseroit pas.
Mais ce cas est bien Methaphysique, & tous les
ouuriers du monde ne pourront iamais auec toute
leur industrie, faire vne boule parfaictement arrondie, & vn verre vniforme.

PROBLEME LI

*Trouuer vn nombre qui estant diuisé par deux il re-
ste 1. estant diuisé par 3. reste aussi 1. & semblablement estant diuisé par 4. ou par 5. ou par 6. il reste tousiours 1. mais estant diuisé par 7. il ne reste rien.*

DAns quelques Arithmeticques on propofe cette queftion vn peu plus gayement en cette forte : Vne pauure femme, portant vn panier d'œufs pour vendre au marché, vient à eftre heurtée par vn certain, qui faict tomber le panier & cafler tous les œufs, Or defirant cette homme, de fatisfaire à la pauure femme s'enquiert du nombre des œufs, elle refpond qu'elle ne le fçait pas certainement, mais qu'elle a bonne fouuenance, que les contant deux à deux, il en reftoit vn, femblablement les contant trois à trois, ou 4. à 4. ou cinq à cinq, ou fix à fix, il refteroit toufiours vn, & les contant fept à fept, il ne reftoit rien : Ie demande combien elle auoit d'œufs.

Gafpard Bachet deduit cette queftion fubtilement & doctement felon fa couftume : mais parce que ie fais icy profeffion de n'apporter rien de difficile ou fpeculatif, ie me contenteray de vous dire, que pour foudre cette queftion, il faut trouuer vn nombre mefuré par 7. qui furpaffe de l'vnité vn nombre mefuré par 2, 3 4. 5. 6. Or le premier qui a ces conditions, eft le nombre 301. auquel fe verifie la teneur du Probleme. Que fi vous en voulez encore des autres, adiouftant 420. a 301. viendra 721. qui faict le mefme effect, que 301. & adiouftant de rechef 420. a 721. vous en aurez encore vn autre, & ainfi plufieurs autres fans fin, adiouftant toufiours 420. D'où s'enfuit, que pour bien deuiner le nombre des œufs, il faudroit fçauoir s'ils paffoient 400, ou 600. Car y ayant plufieurs nombres, qui peuuent foudre la queftion propofée, on pourroit prendre l'vn pour l'autre, n'eftoit que par le poids des œufs, on colligeaft que ce nombre ne

paſſe pas 4. ou 5. cens, à cauſe qu'vn homme ou
vne femme venant au marché, n'en ſçauroit apporter paſſé 4. ou 5. cens.

PROBLEME LII.

*Quelqu'vn ayant certain nombre de piſtolles, & les
ayant par megarde laiſſé meſler parmy vn grand
nombre d'autres piſtolles qu'vn ſien amy contoit
deuant luy, redemande ſon or : mais pour luy rendre on veut ſçauoir combien il en auoit, luy reſpond qu'il n'en ſçauoit rien au vray : mais qu'il
eſt bien aſſeuré que les comptant deux à deux, il
en reſte 1. les comptant trois à trois, il en reſtoit 2.
comptant quatre à quatre, il en reſtoit 3. comptant cinq à cinq, reſtoient 4. comptant ſix à ſix,
reſtoient 5. mais comptant ſept à ſept, il ne reſtoit
rien, l'on demande combien cet homme auoit de
piſtolles.*

CEtte queſtion a quelque affinité auec la precedente, & ſa ſolution depend quaſi de meſmes
principes : car il faut trouuer icy vn multiple de 7.
qui eſtant diuiſé par 2. 3. 4. 5. 6. laiſſe touſiours vn
nombre moindre d'vn que le diuiſeur. Or le nombre auquel cela arriue, eſt 119., & qui en voudroit
d'autres pour ſoudre la queſtion en pluſieurs nombres, deburoit adiouſter 420. a 119, viendroient
539. auquel adiouſtant derechef 420. viendroit encore vn autre nombre, qui peut ſoudre la queſtion.

G iij

PROBLEME LIII.

Combien de poids pour le moins faudra-il employer pour peser toute sorte de corps, depuis vne liure iusques à 40. iusques à 121. iusques à 364. &c.

PAr exemple ,pour peser depuis 1. iusques a 40. Prenez quelques nôbres en proportion triple, tellement que leur somme soit égale , ou tant soit peu plus grande que 40. comme sont 1.3.9. 27. ie dis qu'auec 4. poids semblables, le premier d'vne liure, le secód de 3. le troisiéme de 9. le quatriéme de 27. liures,vous peserez en la balance tout ce qu'on vous presentera,depuis vne liure, iusques à 40. Pour exéple , voulez vous peser 21. liures,mettez le poids de 9. liures d'vn costé, & dans l'autre bassin vous mettrez 27.& 3.qui contrebalanceront 21.& 9.liures En voulez-vous 20. mettez d'vn costé 9. & 1. & d'autre part 27. & 3. & ainsi des autres.

En la mesme façon prenant les 5. poids,1.3. 9. 27. 81, vous pourez peser, depuis vne liure, iusques a 121. & prenant les 6. consecutifs, 1.3. 9.27. 81. 243. vous peserez iusques a 364. sans qu'il soit besoing d'auoir vn poids de 2. 4.5.6. 7. 8, 20. liures, ny autres que les susnommez. Tout cela est fondé sur vne proprieté de la proportion triple,commençante par l'vn ; qui est, que chasque nombre dernier contient tous les precedens deux fois & 1. par dessus.

PROBLEME LIIII.

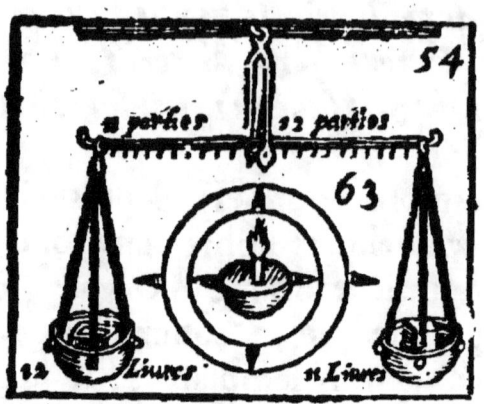

D'vne balance, laquelle estant vuide semble estre iuste, parce que les bassins demeurent en equilibre & neantmoins, mettant 12. liures pár exemple d'vn costé, & 11 tant seulement de l'autre elle demeure encore en equilibre.

ARistote faict mention de cette balance en ses questions mechaniques, & dit que les marchands de pourpre s'en seruoiét de son temps pour tromper le monde. l'Artifice en est tel. Il faut qu'vn bras de la balance soit plus grand que l'autre, à mesme proportion qu'vn poids est plus grand que l'autre, comme si l'vn des bras est d'vnze parties, l'autre sera de 12. mais à condition que le plus petit bras soit aussi pesant que l'autre, chose facile s'il est de bois plus pesant, ou si l'on y verse du plomb, ou bien si le plus grand baston est rendu plus leger. Bref

faifant que les bras de la balance nonobftant qu'ils
foient inegaux en longueur, foient toutesfois d'e-
gale pefanteur, & demeurent en equilibre, qui eft
la premiere partie du Probleme. Puis apres mettez
dans les baffins deux poids inegaux en mefme proportion que les bras de la balance: mais a tel fi, que
le plus grand poids , qui eft 12. liures foit au plus
petit bras, & le plus petit qui eft 11. foit au plus
grand bras. Ie maintiens que la balance demeurera
encore en equilibre, & femblera tres equitable,
quoy qu'elle foit tres inique. La raifon fe prend
d'Archimede, & de l'experience, qui monftre que
deux poids inegaux fe contrebalancent, lors &
quand il arriue qu'ils ont mefme proportion que
les deux bras de la balance, attachant le grand poid
au petit bras. Ce qui fe voit clairement en noftre
balance; d'autant que par ce moyen l'inegalité des
poids recompenfe alternatiuement l'inegale grandeur des bras. Et iaçoit que les deux poids qu'on
adioufte au bras de la balance foient inegaux en leur
propre pefanteur, neantmoins ils font rendus egaux
à caufe de l'inegale diftance qu'ils ont du centre de
la balance, eftant chofe claire & experimentée aux
pezons ordinaires, qu'vn mefme contrepoids, tant
plus il s'efloigne du cétre du piuot fur lequel tourne la balance, d'autant fe monftre il plus pefant en
effect. Or pour defcouurir toute la tromperie, il
ne faut que tranfporter les poids d'vn bras en vn
autre, car fi toft que le plus grand poids fe trouuera auec le plus grand bras, vous verrez qu'il defcendra bien toft, tant parce qu'il eft plus pefant que
l'autre, comme parce qu'il eft plus diftant du centre.

PROBLEME LV.

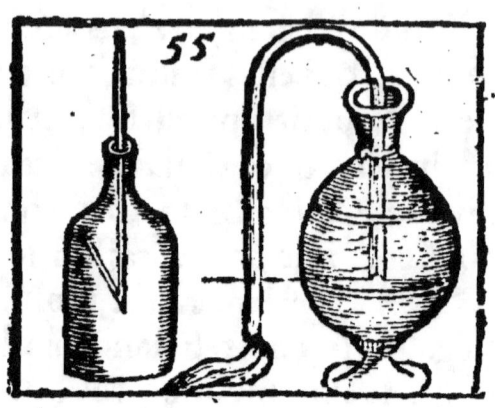

Leuer vne bouteille auec vne paille.

AYez de la paille non foulée, pliez-la en forte qu'elle face vn angle, faictes la entrer dans voftre bouteille, de maniere que le plus grand bout demeure droict dans le col, & que l'autre bout fe iette à cofté: pour lors à raifon de l'angle qui fe faict dans la bouteille, prenant la paille par dehors vous pourrez leuer ladicte bouteille, & ce d'autant plus affeurément, que l'angle feraplus aigu, & que le bout qui eft plié auoifinera de plus pres la ligne perpendiculaire qui refpond à l'autre bout.

EXAMEN.

CEtteexperience eft mal entenduë & mal defignée dans la figure: car il eft certain que le brin

de paille *sera tousiours courbé a l'emboucheure de la*
bouteille & ce plus ou moins., selon que plus ou moins
ladite emboucheure ou goulet sera euasée, ou que la
bouteille ou autre vaisseau sera spacieux par dedans
du moins à l'endroit ou l'angle du festu peut attein-
dre & se mouuoir. Et n'y aura que le bout entre la
suspension & ledit goulet que l'on puisse dire conuenir
à vne ligne perpendiculaire à l'horizon : Car la pe-
santeur de la bouteille ou vaisseau pressant sur le bout
du festu reflechy contremont, pressera aussi sur l'extre-
mité de l'autre bout qui faict l'angle & le contraindra
à mouuoir & se retirer iusques à ce qu'il trouue resi-
stance & prenne apuy contre le corps de la bouteille,
de sorte qu'en se retirant il faict angle à l'endroit du
goulet auec le bout de la suspension. D.A.L.G.

PROBLEME LVI.

Comment voudriez vous au milieu des bois, & d'vn
desert, sans Soleil, sans Estoilles, sans ombre,
sans aiguille frottée d'aymant, trouuer asseure-
ment la ligne meridienne, & les poincts Cardi-
naux du monde, qui sont l'Orient, l'Occident, le
Septentrion, & Midy.

PEut estre prendrez vous garde aux vents, &
s'ils sont chauds, vous marquerez le midy du
costé d'où ils soufflent; mais cela est incertain, & subject à caution. Peut-estre coupperez vous quelque
arbre, & considerant les cercles qui paroissent autour de la seue, plus serrez d'vn costé que de l'au-

tre, vous direz que le Septentrion est du costé auquel ils sont plus serrez, par ce que le froid, qui
vient de ce quartier là, resserre, & le chaud du midy élargist, & raresie les humeurs, & la matiere dont se forment ces cercles. Mais ce moyen est
encore peu exacte, quoy qu'il aye plus d'apparence que le premier.

EXAMEN.

*Nous demanderions volontiers caution de ce
iugement, & bien que la chose ne nous soit pas
cogneuë & certaine par experience, nous estimons
pourtant que si le differend aspect donne differente
croissance & augmentation de volume aux arbres,
que la partie entre le centre & la superficie exposée
au midy, doit estre la plus estroicte, & ce par la mesme
raison que l'on nous la veut faire croire la plus élar-
gie & bouffie. car si tant est que la chaleur & froidure y soient considerables pour produire si notables
effects. Nous disons que l'humeur qui fournit la
nourriture & augmentation à vn arbre est rarefiée
par le chaud du Midy, & reserree par le froid du
Septentrion, & cette rarefaction opere d'vn costé vne
deperdition d'vne partie de l'humeur encore fluide,
qui se dissipe & euapore aysement, & s'euaporant
emporte auec soy vne partie du sel qui cause la solida-
tion, & par ainsi il ne resteroit qu'vne partie de la
nourriture que la chaleur à la fin recuit & desseiche,
& consequemment estressit. Où au contraire de l'autre costé la condensation & reserrement de l'humeur, faisant qu'y ayant moins d'euaporation &
de deperdition il y demeure plus de nourriture, le*

tout enfin se consolidant augmenteroit le volume de
l'arbre de ce costé: car cöme les arbres ne prènent pas
leur croissanes ny augmentation en volume l'hyuer
dautät que leurs pores aussi bien que ceux de la terre
sont reserrés. Aussi quand en sa saison les pores sont
ouuerts , & que l'humeur est succée & attirée
par iceux , il ne faict pas tel froid du costé du Septentrion qu'il puisse condenser & reserrer tout à
coup cèt humeur : comme au contraire du costé du
Midy , la chaleur peut estre telle qu'en peu de temps
& continuellement elle en dissipe vne grande partie.
& puis le froid n'est pas ce qui solide, durcit, & affer-
mit l'humeur & la nourriture des Arbres, & la con-
uertit en bois. D. A. L. G.

Voicy le meilleur de tous, prenez vne aiguille de fer, ou d'acier, telle que sont celles dont les
couturiers se seruent, sans qu'il soit besoing qu'elle ait touché l'aymant. Mettez la dextrement cou-
chée de son long sur vne eau dormante. Première-
ment si elle n'est pas des plus grosses, elle nagera
dessus l'eau, qui est desia vn assez grand plaisir. En
second lieu, vous la verrez tourner, iusques à ce
que ses deux bouts seront droictement pointez,
l'vn au midy, l'autre au Septentrion : & ne tiendra
qu'à vous d'experimenter cela en chambre, auec
vne, deux ou plusieurs aiguilles: les couchant subtilement dessus la surface de l'eau, qui sera dans vn
plat, bassin, ou autre vase. Que si l'aiguille coule à
fonds pour estre vn peu grosse, il ne faut que la passer à trauers vn peu de liege , & vous verrez le
mesme effect: car telle est la proprieté du fer, quand
il est bien libre , & en equilibre , de se tourner
vers le pole.

EXAMEN.

LiA *subtilité de ce Probleme va bien à détermi-*
ner 4. *poincts pour les* 4. *parties du monde :*
mais non pas pour pouuoir determiner lequel des
4. *poincts seroit celuy d'Orient, ou d'Occident, ou*
bien celuy du Midy, ou du Septentrion : car cela est
impossible, si l'on n'a cognoissance premierement
vers quelle partie, sçauoir Midy ou Septentrion,
chacun bout de l'aiguille se porte. D. A. L. G.

PROBLEME LVII,

Deuiner de trois personnes, combien chacune aura
pris de gettons, ou de cartes, ou d'autres vnitez.

DIctes que le troisiéme prene vn nombre de
gettons telle qu'il voudra pourueu qu'il soit
pairement pair ou nom, c'est à sçauoir mesuré par
4. en apres dictes que le second prenne autant de
fois 7. que le troisiéme a pris de fois 4. & que le
premier prenne tout autant de fois 13. Alors com-
mandez que le premier donne de ses gettons aux
deux autres, autant qu'ils en ont chacun ; & puis
que le second en donne aux autres autant qu'ils en
auront chacun, & finalement que le troisiéme face
tout de mesme. Cela faict, prenez le nombre des
gettons, de l'vne des 3. personnes telle qu'il vous
plaira (car ils se trouueront tous vn nombre egal)
la moitié de ces gettons sera le nombre de ceux

qu'auoit le troiſiéme du commencement ; en ſuitte
dequoy il ſera ayſé de deuiner les nombres des autres, prenant pour celuy du ſecond autant de fais 7.
& pour celuy du premier autant de fois 3. qu'il y a
de fois 4. au nombre du troiſiéme cogneu.

    Par exemple que le troiſiéme ait pris 12. get-
tons, le Second prendra 21. qui ſont 3. fois 7. & le
premier 39. qui ſont trois fois 13. à cauſe qu'en 12. il y
a trois fois 4. Puis le premier 39. donnant de ſes gettons aux deux autres autant qu'ils en ont chacun,
le troiſiéme aura 24. le ſecond 42. & reſteront 6.
au premier. De plus, le ſecond ayant donné aux deux
autres autant qu'ils en auront chacun, le troiſiéme
aura 48. le premier 12. & reſteront 12. pour le ſecond;
finalement le troiſiéme ayant faict ſa diſtribution
de meſme il aduiendra que chacun aura 24. dont la
moitié qui eſt 12. ſera le nombre du troiſiéme.

PROBLEME. LVIII.

Le moyen de faire vn concert de muſique à pluſieurs
parties, auec vne ſeule voix, ou vn ſeul inſtru-
ment.

IL faut que le chantre, le maiſtre ioüeur de Luth,
ou ſemblable inſtrument, ſe trouue pres d'vn
Echo, qui reſponde au ſon de ſa voix ou de l'inſtrument. Et ſi l'Echo ne reſpond qu'vne fois, il pourra
faire vn duo ; Si deux fois, vn trio ; Si trois fois, vne
muſique à 4. parties pourueu qu'il ſoit habile, &
exercé à varier de ton & de note. Car pour exem-

ple, quand il aura commencé vt, deuant que l'Echo
ait refpondu, il pourra commencer fol, & le pro-
noncera au mefme temps que l'Echo refpondra, &
parce moyen voila vne quinte, la plus aggreable
confonance de Mufique. Puis au mefme temps que
l'Echo pourfuiura à refonner la feconde note fol, il
pourra entonner vn autre fol, plus haut, ou plus
bas, pour faire l'Octaue, la plus parfaicte confonance de Mufique, & ainfi des autres, s'il veut continuer fa fugue auec l'Echo & chanter luy feul a deux
parties. Cela eft trop clair, par l'experience, que
fouuent on en a faicte, & parce qui arriue en plufieurs Eglifes, qui font croire qu'il y a beaucoup
plus de parties en la Mufique du chœur qu'il n'y a
en effect, à caufe de la refonnance, qui multiplie les
voix, & redouble le cœur.

PROBLEME. LIX.

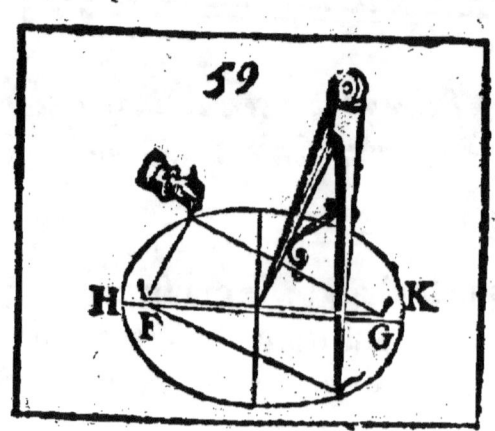

Descrire vne ouale tout d'vn coup, auec le compas
vulgaire.

IL y a plus de 12. belles, & bonnes praticques en
Geometrie, pour faire la figure ouale, ausquelles
ie ne pretens point toucher : seulement ie vous
aduise icy, qu'auec vn seul tour du compas vulgaire,
ayant posé l'vn des pieds sur le dos d'vne colomne,
& conduisant l'autre pied tout autour sur la mesme
colomne, vous aurez descrit vne ouale : dequoy
vous ferez experience quand il vous plaira, mettant vn papier sur la colomne ou cylindre.

EXAMEN.

CEt autheur ne faict pas icy grande difference
entre vne vraye figure elliptique ou vraye ouale,
& la figure qu'il dict se pouuoir descrire d'vne seule
ouuerture d'vn compas vulgaire, laquelle il appelle
aussy ouale : encore qu'elle soit bien differente de l'ouale ou ellipse, quoy qu'en apparence elle semble en approcher. Ceux qui cognoistront tous les symptomes, &
proprietez de l'ellipse ou ouale, & de la figure en question, iugeront aisement de leur difference, & exclur-
ront sans doute cette figure de la section elliptique :
bien que sa construction, à la verité, semble assez subtile à ceux qui n'en ont la cognoissance, & ausquels
sous le nom d'ouale, ce Probleme pourroit imposer.

Et ce lieu cy meritoit bien vne note de la main de ce
ventari qui promet l'intelligence des choses obscures
& difficiles de ce liure : car bien que la chose ne soit
pas beaucoup difficile a executer, si est elle vn peu
obscure

obſcure à comprendre & cognoiſtre : mais peut-eſtr
trop pour ce braue doƈteur. Qu'il l'eſtudie en atten-
dant que nous façions veoir au iour le lieu ou nous
luy auons leué le maſque. D. A. L G.

Ie ne veux rien dire de l'ouale qui paroiſt, quand
on trenche auec le compas vulgaire vne figure de
cercle dans quelque cuir bien tendu : car le rond
du cuir venant à ſe reſtreſſir d'vn coſté degenere
en ouale.

Mais ie ne puis paſſer ſous ſilence vne iolie façon d'acommoder le compas cōmun pour arrondir
l'ouale. Car ſuppoſé que vous ayez pris la longueur
de l'ouale H, K. attaché deux cloux F, G. aſſez pres
des deux bouts, ou bien appliqué vne regle qui porte ſes clous, finalement apres auoir adjuſté voſtre
fiſſelle double à la longueur de G, H. ou F, K. Si
vous prenez vn compas qui ait la teſte bien baſſe, &
vn reſſort entre ſes iambes, mettant vn pied du compas au centre de l'ouale, & conduiſant la fiſſelle au
gré de l'autre iambe, vous verrez que le reſſort pouſ-
ſera cette iambe ſelon la proportion requiſe pour
tracer ſon ouale. Mais à faute de ce compas, les ouuriers conduiſſent la fiſſelle auec la main, & tra-
cent par ce moyen fort heureuſement leurs ouales.

H

PROBLEME LX.

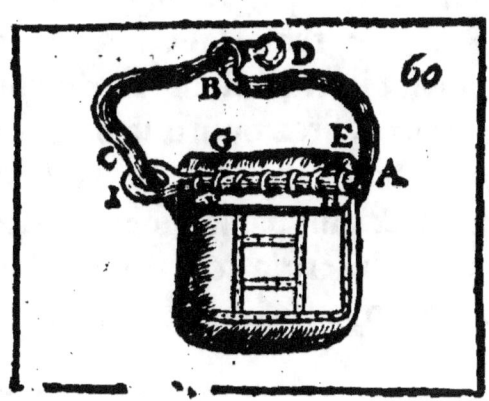

D'vne iolie façon de bourse difficile à ouurir.

ELle est faicte en forme d'escarcelle, & se ferme
auec des anneaux en cette sorte I. au deux costez elle a deux courroyes A,B. C,D. au bout desquelles sont deux anneaux B, D. & la courroye C,
B. passe parmy l'anneau B. sans qu'elle en puisse
sortir puis apres, ny que l'vne des courroyes se puisse separer de l'autre, quoy que l'anneau B, puisse
couler tout au long de C, D. II. Au haut de la
bourse y a vne piece de cuir E, F, G, H. qui couure
l'ouuerture d'icelle; & plusieurs anneaux passants à
trauers cette piece, on faict couler dans les anneaux
vne bande de cuir A,I. qui est vn peu fenduë vers le
bout I. suffisamment pour inserer la courroye D,C.
III. toute la finesse pour fermer & ouurir cette
bourse , consiste à inserer l'autre courroye A, B.

dans cette fente ; ou à l'en mettre hors, quand elle y est inserée. Pour cet effect, il faut faire couler
l'anneau, B, iusques en I, puis faire passer le bout de la
bande de A, I, par cét anneau, finalement faire aussi
passer l'anneau D, auec sa courroye par la fente qui
est au bout d'A, I. par ce moyen la bourse demeurera fermée, & remettant les courroyes en leur
premier estat il sera difficile de descouurir l'artifice.
Mais si vous desirez ouurir la bourse : faictes passer
comme deuant le bout de la bande A, I. par
l'anneau B, & puis par la mesme fente I, par laquelle vous auez inseré la courroye D C; faictes la sortir ; par ce moyen la bourse demeurera ouuerte.

PROBLEME. LXI.
Et question curieuse.

Si, c'est chose plus difficile & admirable, de faire vn
cercle parfaict sans compas, que de trouuer le
centre, & le milieu du cercle.

ON tient que iadis deux braues mathematiciens se rencontrants, & voulants faire preuue de leur industrie, l'vn d'entr'eux fit par chef-
d'œuure, vn cercle parfaictement arrondy sans
compas, & l'autre choisit tout à l'instant le centre
& le milieu du cercle auec le bout d'vne aiguille. A
vostre aduis qui a gagné le prix & quelle de ces deux
choses est de plus grand merite? Il s'emble que ce
soit le premier; Car, ie vous prie, de descrire la plus
noble figure de toutes, sur vne table d'attente, sans

Hij

autre direction que de l'esprit & de la main, n'est-ce
pas vn trait hardy & plein d'admiration ; Pour
trouuer le centre d'vn cercle, suffit de trouuer vn
seul poinct, mais pour tracer le rond il en faut
trouuer presque vne infinité il se faut assubjectir à
garder tousiours vne mesme distance à l'entour du
milieu iusqu'à ce qu'on rapporte la fin à son commencement. Bref il faut trouuer le milieu & le rond
tout ensemble.

D'autre part il semble que ce soit le second;
Car quelle attention, viuacité & subtilité faut il
en l'esprit, l'œil, & la main, qui va choisir le vray
poinct, parmy vne milliasse d'autres. Celuy qui
faict le rond, gardant tousiours vne mesme distance, n'a pas tant à faire tout d'vn coup, & se dirige
à moitié parce qu'il a tracé, pour acheuer le reste.
Là où celuy qui trouue le centre, doit en mesme
temps, prendre garde aux enuirons, & choisir vn
seul poinct qui soit également distant d'vne infinité d'autres poincts qu'on peut noter en la circonference. Or que cela soit grandement difficile, Aristote & sainct Thomas le confirment aux morales,
s'en seruant pour expliquer la difficulté qu'il y a de
trouuer le milieu de la vertu. Car on peut manquer
en mille & mille façons s'éloignant du vray centre,
du but & de la droicture ou mediocrité d'vne action
vertueuse : mais pour bien faire, il faut toucher le
poinct du milieu, qui n'est qu'vn. Il faut trouuer la
ligne droicte qui vise au but, qui n'est qu'vne seule.

Quelques vns se sont trouuez bien empeschez
à porter iugement definitif en des semblables combats. Comme l'ors qu'Apelles & Protogenes ti-

roient à qui mieux mieux lignes sur lignes tousiours plus delicates que les premieres. Ou bien lors qu'on vit ces deux braues archers, dont l'vn toucha du premier coup le poinct du blanc & du but, l'autre voyant que la fleche de son compagnon luy ostoit le pouuoir & l'honneur d'en faire autant, à cause qu'elle couuroit le but, choisit le milieu de cette fleche & poussa la sienne si heureusement, qu'elle pourfendit la premiere & se planta iustement au milieu du dart accéré, cherchant par maniere de dire son but au trauers de cet obstacle. I'estime qu'il n'est pas moins difficile de respondre à la question proposée, & m'en dispenserois volontiers. Neantmoins, s'il en faut iuger, ie dis qu'il est plus difficile de faire le rond, que de trouuer le milieu seulement : parce qu'en ce faisant, il faut tout d'vn coup & trouuer vn certain milieu, & côtinuer à tousiours garder le mesme, qui est autant que de le trouuer plusieurs fois gardant tousiours mesme distance. Mais si auparauant que de tracer le rond, l'on auoit vn point designé & visible, autour duquel il falut descrire le cercle, i'estime qu'il est autant ou plus facile de faire ce rond, que de trouuer le milieu d'vn autre cercle.

PROBLEME LXII.

Deuiner combien de points il y a en trois cartes que quelqu'vn aura choisies

PRenez vn ieu de cartes, où il y en a 52. & que
quelqu'vn en choisisse trois, telles qu'il voudra.
Pour deuiner combien de points elles contiennent,
dites luy qu'il compte les points de chaque carte
choisie, & qu'il adiouste à chacune tant des autres
cartes qu'il en faut pour accomplir le nombre de
15. en comptant les susdicts poincts. Cela faict, qu'il
vous donne le reste des cartes, en ostant quatre du
nombre d'icelles, le reste sera infailliblement la
somme des points qui sont aux trois cartes choisies.

Par exemple, que les poincts des trois cartes
soient 4. 7. 9. Il est certain que pour accomplir 15.
en comptant les poincts de chaque carte, il faudra
adiouster à 4. 11. cartes : & à 7. il en faut adiouster
8. & à 9. il en faut adiouster 6. Parquoy le reste
des cartes sera 24. desquelles ostant 4, resteront 20.
pour la somme des poincts qui sont aux trois cartes
choisies.

Qui voudroit pratiquer ce ieu en 4. 5. 6. ou
plusieurs cartes, & soit qu'il en y ait 52. au ieu, soit
qu'il y en ait moins ou plus. Item soit qu'elles facent le nombre de 15. 14. ou 12. &c, deuroit se seruir
de cette reigle generale : Multipliez le nombre que
vous faictes accomplir, par le nombre des cartes
choisies ; & au produit adioustés le nombre des cartes choisies ; puis substrayez cette somme de tout
le nombre des cartes ; le reste sera le nombre qu'il
vous faudra soustraire des cartes restantes, pour
faire le ieu. S'il ne reste rien apres la substraction le
nombre des cartes restantes, doit exprimer iustement les poincts des trois cartes choisies. Si la sub-

ſtraction ne ſe peut faire, à cauſe que le nombre des
cartes eſt trop petit, il faut oſter le nombre des cartes de l'autre nombre, & adiouſter le demeurant au
nombre des cartes reſtantes.

PROBLEME LXIII.

*De pluſieurs cartes diſpoſées en diuers rangs deuiner
laquelle on aura penſé.*

L'On prend ordinairement 15. cartes diſpoſées
en trois rangs, ſi bien qu'il s'en trouue cinq en
chaque rang. Poſons donc le cas que quelqu'vn
penſe vne de ces cartes, laquelle il voudra; Pourueu
qu'il vous declare en quel rang elle eſt, vous diui-
nerez celle qu'il aura penſée, en cette ſorte. I. Ramaſſez a part les cartes de chaque rang, puis ioi-
gnez les tous enſemble, mettant toutesfois le rang
où eſt la carte penſée, au milieu des deux autres.

II. Diſpoſez derechef toutes les cartes en trois
rangs, en poſant vne au premier, puis vne au ſecõd,
puis vne au troiſiéme, & en remettant derechef
vne au premier, puis vne au ſecõd, puis vne au troiſiéme, & ainſi iuſques à ce qu'elles ſoient toutes ra-
gées. III. Cela faict, demandez en quel rang eſt la
carte penſée, & ramaſſez comme auparauant, chaque rang à part, mettant au milieu des autres celuy
où eſt la carte penſée. IIII. Finalement diſpoſez encore ces cartes en trois rangs, de la meſme ſorte
qu'auparauant, & demandez auquel eſt ce que ſe
trouue la carte penſée ; alors ſoyez aſſeuré, qu'elle

se trouuera la troisiéme du rang où elle sera ; par-quoy vous la deuinerez aisement. Que si vous vou-lez encore mieux couurir l'artifice , vous pouuez amasser derechef toutes les cartes , mettant au mi-lieu des deux autres le rang où est la carte pensé & pour lors la carte pensée se trouuera au milieu de toutes les 15. cartes, si bien que de quel costé que l'on commence à conter, elle sera tousiours la hui-étiesme.

PROBLEME. LXIV.

Plusieurs cartes estans proposées à plusieurs person-nes , deuiner qu'elle carte chaque personne aura pensé.

Par exemple, qu'il y ayt 4. personnes ; Prenez 4 cartes & les monstrant à la premiere person-ne, dites luy qu'elle pense celle qu'elle voudra, & mettez à part ces quatre cartes. Puis prenez en 4. autres , & les presentez de mesmes à la seconde personne, affin qu'elle pense celle qu'elle voudra, & faictes encore tout le mesme auec la troisiéme & quatriéme personne.

Alors prenez les quatre cartes de la premiere personne , & les disposez en 4. rangs , & sur elles, rangez les quatre de la seconde personne , puis les 4. de la troisiéme , puis celles de la quatriéme. Et presentant chacun de ces 4. rangs à chaque personne, demandez à chacune , en quel rang est la carte par elle pensé ; Car infailliblement celle que la premiere perſonne aura penſée, ſera la premiere du rang où elle ſe trouuera ; la carte de la ſeconde perſonne, ſera la ſeconde de ſon rang : la carte de la troiſiéme, ſera la troiſiéme en ſon rang : & la carte de la quatriéme, ſera la quatriéme du rang où elle ſe trouuera, & ainſi des autres, s'il y a plus de perſonnes, & par conſequent plus de cartes ; ce qui ſe peut auſſi pratiquer en toutes autres choſes arrangées par nombre certain, comme ſeroient des pieces de monnoye, des dames & choſes ſemblables.

PROBLEME. LXV.

Le moyen de faire vn inſtrument qui face oüir de loing, & bien clair comme les Lunettes de Galilee font voir de loing & bien gros.

NE penſez pas que la Mathematique, qui a fourny de ſi belles aides à la veuë, doiue manquer à l'oüie. On ſçait bien qu'auec des Sarbatanes, ou tuyaux vn peu longuets, on ſe faict entendre de bien loing & bien clairement ; l'experience nous monſtre auſſi qu'en certains endroits où les arcades d'vne voute ſont creuſes, il arriue qu'vn homme parlant tout doucement en vn coing ſe faict clairement entendre par ceux qui ſont en l'autre coing, quoy que les autres perſonnes qui ſont entre-deux n'en oyent rien du tout. C'eſt vn principe general qui va par tout, que les tuyaux

feruent grandement pour renforcer l'actiuité des
caufes naturelles. Nous voyons que le feu contrainct dans vn tuyau brufle à trois ou quatre pieds
haut ce qu'il efchaufferoit à peine en vn air libre. La
faillie des fontaines nous enfeigne, comme l'eau
coule auec grande violence lors qu'elle eft contrainte dans quelques cors ou canaux. Les Lunettes de
Galilée nous font voir combien fert vn tuyau
pour rendre la lumiere & les efpeces plus vifibles,
& mieux proportionnées à noftre œil. On dit
qu'vn Prince d'Italie a vne belle falle, dans laquelle il peut facilement & diftinctement oüir tous les
difcours que tiennent ceux qui fe promeinent en
vn parterre voifin : & ce par le moyen de certains
vafes & canaux, qui refpondent du iardin à la falle.
Vitruue mefme, Prince des Architectes, a faict
mention de femblables vafes & canaux, pour
renfoncer la voix des acteurs, & ioueurs de Co-
medies. Il n'en faut pas dire dauantege, pour monftrer de quels principes eft venuë l'inuention des
nouuelles Sarbatanes, ou entonnoirs de voix dont
quelques grands Seigneurs de noftre temps fe font
feruis ; elles font faictes d'argent, de cuiure, ou
autre matiere refonante, en forme de vray entonnoir : on met le large, & le cofté euafé, du cofté de
celuy qui parle, predicateur, regent, ou autre,
affin de ramaffer le fon de la voix, & faire que par
le tuyau appliqué à l'oreille, elle foit plus vnie,
moins en danger d'eftre diffipée, oû rompuë, &
par confequent plus fortifiée.

PROBLEME. LXVI.

Quand vne boule ne peut paſſer par vn trou, eſt-ce la faute du trou, ou de la boule ? eſt ce que la boule ſoit trop groſſe, ou le trou trop petit ?

C'Ette queſtion peut eſtre appliquée à pluſieurs autres choſes. Par exemple, quand la teſte d'vn homme ne peut entrer dans vn caſque, ou bonnet, ou la iambe dans la botte, eſt-ce que la iambe ſoit trop groſſe, ou la botte trop petite ? Quand quelque choſe ne peut tenir dans vn vaſe, eſt-ce que le vaſe ſoit trop eſtroit, ou qu'il y ait trop dequoy le remplir ? Quand vne aulne ne peut iuſtement meſurer vne piece de drap, eſt-ce que l'aune ſoit trop courte, ou le drap trop lõg? Et iaçoit que ſemblables queſtions ſemblent ridicules (auſſi ne les propoſéie que pour rire, neantmoins il y a quelque ſubtilité d'eſprit à les reſoudre. Car ſi vous dictes que c'eſt la faute de la boule qui eſt trop groſſe, ie dy que non d'autant que ſi le trou eſtoit plus grand, elle paſſeroit aiſement, c'eſt donc pluſtot la faute du trou. Si vous aduoüez que c'eſt la faute du trou, qui eſt trop petit, ie monſtre que non : Car ſi la boule eſtoit plus petite, elle paſſeroit par le meſme trou. Bref ſi vous penſez dire qu'il tient à l'vne & à l'autre, i'ay dequoy maintenir que non : car ſi on auoit corrigé l'vn ou l'autre ſeulement, la boule ou le trou, il n'y auroit plus de difficulté. A qui tient il donc ? Si ce n'eſt à l'vn & à l'autre conioinctement, c'eſt à l'vn

ou à l'autre feparement, parce qu'en corrigeant
la boule feule, ou corrigeant le trou feul, & corrigeant l'vn & l'autre à proportion, toufiours la difficulté du paffage fera oftée. Il n'eft pas neceffaire
de corriger l'vn & l'autre enfemble, ny de corriger
l'vn des deux determinément, mais l'vn ou l'autre
ou tous les deux enfemble indifferemment. Voyez
vous comment on pointille fur vn maigre fubiect
fur vn tour de paffe-paffe.

PROBLEME. LXVII.

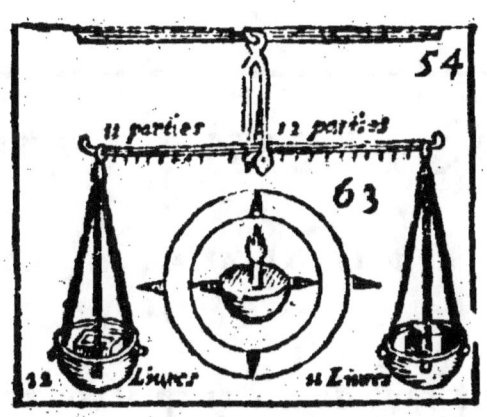

D'vne lampe bien gentille, qui ne s'efteint pas quoy
qu'on la porte dans la poche, & qu'on la roule
par terre.

IL faut que le vafe dans lequel on met l'huile, &
la mefche, ait deux piuots inferez dans vn cercle; ce cercle a deux autres piuots, qui entrent dans
vn fecond cercle de cuiure, ou autre matiere folide

& finalement ce second cercle à encore ses deux
piuots particuliers inserez dás quelque autre corps
qui enuironne toute la lampe ; De maniere qu'il y
a six piuots, pour six differentes positions, qui sont
dessus, dessous, deuant, derriere, à droite, & à gauche. Et à L'aide de ces piuots, auec les cercles mobiles, la lampe qui est au milieu se trouue tousiours
bien situee au centre de sa pesanteur, quoy qu'on
la tourneuire, & qu'on tasche mesme de la renuer-
ser, ce qui est plaisant, & admirable à ceux qui n'en
sçauent pas la cause.

On dit qu'vn Empereur se fit iadis accommoder vne chaire auec cet artifice, si bien qu'il se trou-
uoit tousiours en son repos, de quel costé que le
chariot branlast, voire quand il eut renuersé.

PROBLEME LXVIII.

*Deuiner, de plusieurs cartes, celle que quelqu'vn
aura pensé.*

PRenez tant de cartes qu'il vous plaira, & les
monstrez par ordre à celuy qui en voudra pen-
ser ; & qu'il se souuienne la quantiéme c'est à sçauoir si c'est la premiere, ou la seconde, ou la troisiéme &c. Or en mesme temps que vous luy monstrez
les cartes, l'vne apres l'autre, contez les secretement
& quand il aura pensé, continuez à conter plus outre tant qu'il vous plaira ; Puis prenez les cartes
que vous aurez contées, & dont vous sçauez parfaictement le nombre ; Posez les sur les autres que

vous n'auez pas contées, de telle forte, que les voulant reconter, elles fe treuuent difpofées au contraire, a fçauoir que la derniere foit la premiere, &
la penultiéme foit la feconde, & ainfi des autres. En
apres demandez la quantiéme eftoit la carte penfée, & dites hardiment qu'elle tombera fous le
nombre des cartes que vous auez fecretement
contées, & tranfpofées; pourueu que vous com-
menciez à conter à rebours, & que fur la premiere
vous mettiés le nombre exprimant la quantiéme
eftoit la carte penfée : car continuant felon l'ordre
des nombres, & des cartes vous ne manquerez iamais de rencontrer la carte penfée, lorsque vous
arriuerez au nombre par vous fecretement conté
cy-deffus. Par exemple, prenez les cartes. A. B. C.
D. E. F. G. H. I. 1. 2. 3. 4. 5. 6. 7. 8. 9. & que la premiere foit A la feconde B. la troifiéme C. &c. que
la carte penfée foit la quatriéme, & que vous ayez
conté plus outre iufques a I. qui font 9. cartes, puis
renuerfez ces 9. cartes, & demandez la quantiéme
eftoit la carte penfée, on vous dira la quatriéme, &
vous direz qu'elle viendra la 9. oubien fans le dire
pour lors, vous la recognoiftrez par apres en ce
lieu Commençant donc a compter par la derniere,
qui eft I. mettant quatre fur I, cinq fur H. & fix fur
G. & ainfi confecutiuement, vous trouuerez que
le nombre 9. tombera infailliblement fur la carte
penfée

PROBLEME. LXIX.

Trois femmes portent des pommes au marché, la première en vend 20. la seconde 30. la troisième 40. elles vendent tout à vn mesme prix, & rapportent chascune mesme somme d'argent, on demande comme cela se peut faire.

R Esponse il faut qu'elles vendent à diuerses fois, bien qu'à chaque fois elles vendent chacune à mesme prix, neantmoins il faut que le prix d'vne fois soit diuers du prix de l'autre vente. Par exemple, la premiere fois elles vendront toutes 1. denier la pomme, & à ce prix la premiere femme vendra 2. pommes, la seconde 17, la troisiéme 32. Donc la premiere femme aura 2. deniers, la seconde 17. la troisiéme 32. La seconde fois elles vendront le reste de leurs pommes 3. deniers la pomme, & partant la premiere pour 18. pommes qui luy restent, aura 54. deniers : la seconde pour 13. pommes, qui luy restent aura 24. deniers. Or assemblant tout l'argent de la premiere, a sçauoir 2. & 54. & tout celuy de la seconde, a sçauoir 17. & 39. & finalement celuy de la troisiéme, a sçauoir 31. & 24, on trouuera que chacune rapporte 56. deniers, autant l'vne que l'autre.

PROBLEME LXX.

Auquel se descouurent quelques rares proprietez
des nombres.

Toute sorte de nombre est iustement la moitié
de deux autres que vous prendrez en egale
distance, l'vn au dessus, l'autre au dessous de luy.
Comme 7. est la moitié de 8. & 6. de 9. & 5. de 10.
& 4. de 11. & 3. de 12. & 2. de 13, & 1. Car toutes ces
couples de nombres, egalement distants de 7. font
14. dont 7. est la moitié; & ainsi en toute autre sorte de nombre, soit grand soit petit.
II. L'addition de 2. à 2. faict 4. & la multiplication
de 2. faict aussi 4, proprieté qui ne conuient à aucun autre nombre entier. Car adioustant 3. à 3, viennent 6. & multipliant 3. par 3. viennent 9. nombre
bien different de 6. Neantmoins entre les nombres
rompus il y a infinies couples de nombres, lesquels
adioustez l'vn auec l'autre, & multipliez l'vn par
l'autre, font vne mesme somme. Et pour les trouuer
il ne faut que prendre deux nombres, & diuiser leur
somme par chacun d'eux, les quotiens feront autât
adioustez l'vn auec l'autre, que multipliez l'vn par
l'autre, Comme Clauius a monstré au scholie de
la 36. proposition du 9. liure d'Euclide. Par exemple prenez 4. & 8. leur somme 12. diuisée par 4.
& 8. donnera les quotiens 3. & 1. $\frac{1}{2}$. & ces deux
nombres feront autant adioustez que multipliez
par ensemble.

III.

III. Les nombres 5. & 6, sont appellez circulaires, d'autant que comme le cercle retourne à son commencement, de mesme ces nombres multipliez par eux mesmes & par leurs produicts, se terminent toufiours par 5. & 6. Comme 5. fois 5. font 25. 5. fois 25. font 125. 6. fois 6. font 36. 6. fois 36 font 216. &c.

IV. Le nombre de 6. est premier entre ceux que les Arithmeticiens nomment parfaicts, c'est à dire egaux à toutes leurs parties aliquotes ; car 1. 2. 3. font 6. Or c'est merueille de voir combien peu il y en a de semblables, & combien rares sont les nombres, aussi bien que les hommes parfaicts : car depuis 1. iufques a 40000000. Il n'y en a que sept, à sçauoir, 6. 28. 486. 8128. 130816. 1996128. 33550336. auec cette propriété admirable, qu'ils se terminent toufiours alternatiuement, en 6. & 8.

V. Le nombre de 9. entre les autres priuileges, emporte quant & foy vne excellente propriété : car prenez tel nombre qu'il vous plaira , considerez fes chiffres en bloc, & en detail, vous verrez par exemple, que fi vingt sept font iustement trois fois neuf, aussi 2. & 7. font iustement 9. fi 29. surpassent 3. fois 9. de deux vnitez ; de mesme 2. & 9. surpassent 9. de deux vnitez ; fi 24. est moins que 3. fois 9. de 3. vnitez , de mesme 2. & 4. est moins que 9. de 3. vnitez , & ainfi des autres.

VI. Le nombres d'vnze estant multiplié par 2. 3. 4. 5. &c. se termine toufiours en deux nombres egaux, comme 3. fois 11. font 33. 4. fois 11. font 44. 5. fois 11. font 55. &c.

Mais c'est assez dit pour ceste heure, ie n'ay pas entrepris d'estaller icy toutes les menuës proprie-

l

tez des nombres, si est-ce que ie ne puis passer sous
silence ce qui arriue aux deux nombres 220. & 284.
priuatiuement à plusieurs autres. Car quoy que ces
deux nombres soient bien differents l'vn de l'autre,
neantmoins les parties aliquotes de 220. qui sont
110. 55. 44. 22. 20. 11. 10. 5. 4. 2. 1. estans prises ensemble, font 284. & les parties aliquotes de 284. qui
sont 142. 71. 4. 2. 1. sont 220. chose rare, & difficile
à trouuer en autres nombres.

PROBLEME. LXXI.

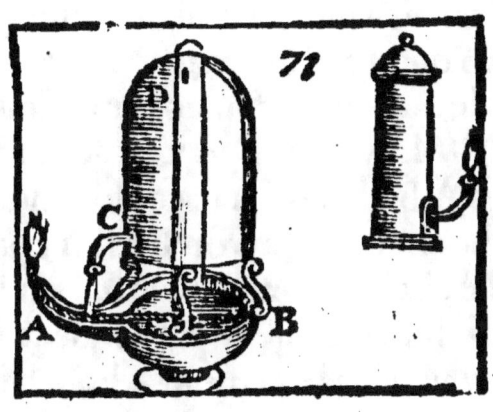

D'vne lampe excellente, qui se fournit elle mesme
son huile, à mesure qu'elle en a besoing.

IE ne parle pas icy de la lampe vulgaire que descrit Cardan au 1. de ses subtilitez : c'est vn petit
vase columnaire qu'on remplit d'huile, & parce
qu'il n'y a qu'vn petit trou au bas, assez pres du lumignon, l'huile ne coule pas de peur qu'il n'y ait du

vuide en haut ; si ce n'est quand la méche allumée
vient à eschauffer la lampe , & rarefier l'huile qui
sort à cette occasion , & enuoye ses parties plus
aeriennes en haut , pour occuper la place , & empescher le vuide.

Celle que ie propose est bien plus ingenieuse :
sa principalle piece est vn vase C, D. quia pres du
fond vn trou, & vn petit tuyau C. Puis vn autre
plus grand tuyau , qui passe au trauers du vase
ayant vne ouuerture D. tout pres du sommet, &
vne autre E. dessous le mesme vase, & tout pres du
fond de la couppe A B. en sorte toutesfois qu'il
n'en touche pas le fond. Le vase estant prest , emplissez le d'huile, & ouurant le trou C. bouchez celuy d'E, ou bien mettez le dans l'huile de la couppe
A,B. affin que l'air ne puisse entrer par là : Pour
lors l'huile ne pourra couler par le trou C. de peur
du vuide. Mais quand petit à petit l'huile conte-
nuë dans A B, viendra à se consommer par la mesme méche allumée ; le trou E. estant par ce moyen
débouché, & l'air pouuant entrer par le tuyau E D,
aussi tost l'huile coulera par C. dedans la couppe
A B, & venant à la remplir, bouchera quant &
quant le trou E. lequel estant bouché, l'huile cessera de couler : & ainsi à mesure que la couppe A B,
se vuidera, ou s'emplira, l'huile commencera, ou
cessera de couler. Dequoy vous pouuez faire experience à plaisir, & à peu de frais, auec de l'eau, &
vn vase de terre.

Il est croyable que telle fut la lampe admirable que les Atheniens faisoient durer allumée vn an entier sans y toucher deuant la statuë de Minerue : car ils pouuoient mettre quan-

tité d'huile dans vn vafe tel que C , D. & vne mehe brulante fans confommer , femblable à celles que les naturaliftes nous defcriuent. Quoy faifant la Lampe fe fourniffoit elle mefme fon huile à mefure qu'elle en auoit befoing.

EXAMEN.

CE *Probleme eft affez bien deduict, fors qu'il a befoing d'eftre vn peu plus eclaircy, en donnant mieux à entendre que le tuyau D, E. doit eftre telle-ment attaché dans le grand vafe C. ou bien le doit trauerfer en forte que le trou D. foit renfermé dedans & fe rencontre proche la fuperieure partie du conca-ue de C. pour luy donner air, afin qu'à mefure que le tuyau DE. prendra air par E. faute d'huile pour le boucher, ledict air paffe par le trou D. dans C, afin de remplir l'efpace de ce qui fe pourra écouler d'huile par le petit canal d'embas proche de C, D.*

Et pour l'infufion de l'huile elle fe doit faire par le haut du grand vafe C. & ce par vn trou qui fe puiffe bien fermer pour empefcher l'entrée de l'air.
D. A. L. G.

PROBLEME LXXII,

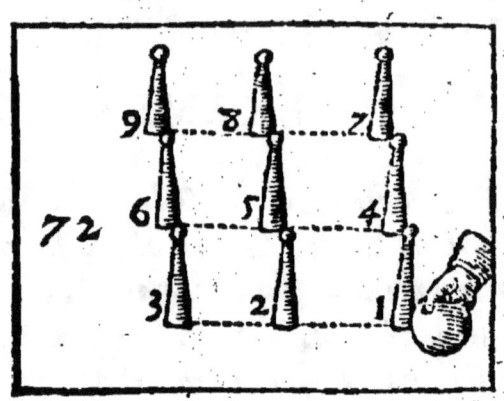

Du ieu des quilles.

VOus ne croirez pas qu'on peut auec vne boule d'vn seul coup ioüant franchement, abbatre toutes les quilles du ieu : & neantmoins on peut demonstrer par principe de Mathematique, que, si la main de celuy qui ioüe estoit autant asseurée pour l'experience, que la raison l'est pour la science, on abbatteroit d'vn seul coup de boule tout le quiller, ou pour le moins 7. & 8. quilles, & tel nombre qu'on voudroit au dessous.

Car elles sont 9. en tout disposées en quarré parfaict qui a 3. pour son costé, & 3. fois 3. font 9. Posons donc le cas qu'vn bon ioüeur, commençant par la quille du quart 1. la touchant assez bas, & de costé, la iette contre 2. cette quille peut estre iettée si dextrement vers 2. qu'elle enuoyera

Pagination incorrecte — date incorrecte

NF Z 43-120-12

2. fur 3. & elle cependant fera reflechie de 2. vers 5.
.& par fon mouuement enuoyera 5. fur 6. tellement
que 5. fera reflechie de 6. vers 9. ou bien la quille
1. reiettée fur 5. enuoyera 5. fur 9. tellement que la
feule quille 1. mediatement ou immediatement,
abbatra 6. quilles ; Refte que la boule, ayant pouf-
fé 1. abbate les 3. autres ; chofe facile quand elle fera
pouffée deuers 4. car enuoyant 4. vers 7. elle pourra eftre reiettée vers 8. ou bien enuoyant 4. elle
continuëra fon mouuement vers 7. & par ce moy-
en, voila tout le quiller à bas, fuppofé le mouuement & la reflexion des quilles & de la boule telle
que nous auons dit, & qu'il eft facile de prouuer en
matiere de corps ronds, par principes tirez de Geometrie & d'Optique, comme nous dirons plus à
propos traictant du ieu de paume, & de billart,

　　Ie n'ay que faire d'aduertir qu'on peut icy proceder de deux coftez, ceft à fçauoir iettant au commencement 1. fur 2. ou de l'autre cofté 1. fur 4.
Item que par les mefmes principes on peut faire 8.
7. 6. 5. ou tant de quilles qu'on veut au deffous de
9. Item qu'on les peut prendre de diuers biais, comme abbatant 2. 9. & 7. ou bien 2. 5. 3. ou 3. 5. 8. & 6.
Le tout parlant regulicrement : car on fçait bien
que par accideut, la boule vireuoltant & les quilles
couchées de trauers ont des mouuemcnts & des ef-
fets bien irreguliers.

PROBLEME. LXXIII.

Des lunettes de plaisir.

DEsquelles vous plaist-il ; En voulez vous des simples, mais colorées de bleu, de iaune, de rouge, de verd ? Elles sont propres pour recreer la veuë, & par vne fallace agreable, monstrent tous les obiects teincts de mesme couleur ; Il n'y a que les vertes, qui semblent degenerer en matiere de couleurs & au lieu de representer les obiects verds, elles leur donne vne passe & morte couleur. Est ce point par ce qu'elles ne sont pas assez teintes de vert, ou qu'elles ne reçoiuent pas assez de lumiere pour verdir les images qui passent à trauers d'elle, iusques au fond de l'œil ? Si ce n'est la raison, elle est bien difficile à trouuer.

EXAMEN.

IL est certain que non seulement les verres teints de vert, mais absolument tous verres teints de couleur rendront les apparences des obiects forte ou foibles en couleur selon la force ou foiblesse de la teinture ; ainsi deux verres teints de iaune, mais differemment rendront les apparences l'vn fort iaune, l'autr iaune passes : Tout de mesme de la couleur rouge, de la bleuë, de la violette & autres propres a donner teinture au verre, car toutes n'y sont pas propres. Ce que n'ayant esté bien cogneu par l'au-

teur de ce liure, luy a fait soupçõner vne autre raison
bien impertinente, comme si les verres moins teints
& chargez en couleur estoient ceux qui reçoiuent
moins de lumiere & font plus de resistance à la penetration, ce qui se trouuera tousiours contraire à la
verité, supposé que les experiences s'en facent en
mesme temps & lieu & auec égale lumiere : car de
mesmes verres les plus teints feront tousiours voir les
objects plus obscurs & plus colorez, & ceux qui seront
moins teints les rendront plus pasles mais plus clairs ;
Ce qui se recognoistra tousiours aussi veritable en la
peincture des verres, bien qu'absolument la peincture face beaucoup plus de resistance à la penetration
de la lumiere que la teincture , car elle preocupe le
sens de l'œil, n'estant qu'vne incrustation qui se fait
sur la superficie du verre par la force du feu, où la
teincture change & donne couleur à toute la matiere
du verre s'y imbibant par la force du feu le verre ne
laissant pas de demeurer diaphane. D.A.L.G.

Voulez vous des lunettes de cristal, taillées en
pointe de diamant à plusieurs angles ? c'est pour
faire vne multiplication miraculeuse en apparence;
car regardant au trauers, vne maison deuient ville,
vne ville deuient prouince, vn soldat bien armé
faict monstre d'vne compagnie entiere ; bref à cause de la diuerse refraction, autant de plans qu'il y a
sur le dos des lunettes, autant de fois l'obiect se
multiplie en apparence ; parce qu'il enuoye diuerses images dans l'œil. Ne sont-ce pas des lunettes
excellentes pour ces auares qui n'aiment que l'or
& l'argent ? car vne seule pistolle leur fera paroistre vn thresor ; Tout le mal est, qu'en le voulant
amasser, ils n'en peuuent venir à bout, & les plus

simples voulans porter le doigt sur la vraye pistolle, ne rencontrent le plus souuent qu'vne vaine image. Pour moy i'entreprendray tousiours sur le gage d'vne pistolle, de toucher du premier coup le vray obiect. Sçachant bien, que pour cet effect il faut qu'vn mesme doigt cache tousiours vne mesme image, par vn mesme rayon, iusqués à ce qu'il pose dessus l'obiect.

Vous plaist il point d'auoir des courtes veües, c'est a dire des lunettes qui r'apetissent les obiects, & les diminuent en belle perspectiue, specialement lors qu'on regarde quelque beau parterre, vne grāde allée, vn superbe edifice, ou vne grande coür l'industrie des peintres, aussi bien que mon discours est trop grossiere pour representer la gentillesse de ce racourcissement; vous aurez plus de plaisir à le considerer par experience; Sçachez seulement, que cela arriue à cause que les verres de ces lunettes ou courtes veuës, sont creux & plus minces au milieu, que par les bords, d'où vient qu'ils rappetissent l'angle visuel. Et remarquez au surplus vn beau secret, que par le moyen de ces verres, en les dressant sur vne fenestre, on peut voir ceux qui passent par la ruë, sans estre veu; parce qu'ils rehaussent les obiects.

Il n'y a point d'apparence de passer ce Probleme, sans manier les lunettes de Gallilée, autrement dictes d'Hollande, & d'Amsterdam; les autres lunettes simples donnent aux vieillards des yeux de ieunes gens : mais celles cy fournissent des yeux de Lynx pour penetrer les cieux, & descouurir I. des corps sombres & opaques qui se trouuent autour du Soleil, & noircissent en apparence ce be aftre. II. des nouuelles planettes qui accompagnent Iupiter, & Saturne. III. Les croiſſants & quartiers en Venus, auſſi bien qu'en la Lune, à meſure qu'elle eſt éloignée du Soleil. IV. vn nombre innombrable d'eſtoilles qui ſont cachées à la foibleſſe natuɛelle de nos yeux, & ſe deſcouurent par l'artifice de cet inſtrument, tant au chemin de ſainct Iacques,

(C'eſt ce que les Aſtronomes & Philoſophes appellent la voye l'actée, qui eſt cette bande blancheaſtre qui paroiſt au Ciel & l'enuironne.) ᴅ.ᴀ.ʟ.ɢ. qui en eſt tout parſemé, comme aux autres conſtellations du firmament. Au reſte tout l'appareil de cet admirable inſtrument, eſt fort ſimple ; vn verre conuexe, boſſu, & plus eſpais au milieu, pour vnir & amaſſer les rayons, & groſſir les obiects aggrandiſſant l'angle viſuel : vn tuyau pour mieux amaſſer les eſpeces, & empeſcher l'éclat de la trop grande lumiere qui eſt aux enuirons ; (Car pour bien voir, il faut que l'obiect ſoit fort éclairé, & l'œil en obſcurité.) Finalement vn verre de courte veuë, pour diſtinguer les rayons, & que l'autre verre repreſenteroit plus confus, s'il eſtoit ſeul. Quant à la proportion de ces verres, & du tuyau, quoy qu'il y ait des regles certaines, neantmoins c'eſt le plus ſouuent par hazard qu'on rencontre les excelents, il faut auoir pluſieurs verres, & les apparier en experimentant ; veu meſmement que toute proportion n'eſt pas commode pour toute ſorte de veuë.

EXAMEN.

CE noble subject de refractions dont la nature n'a point esté cogneuë ny aux anciens, ny aux modernes Philosophes & Mathematiciens jusques à present doibt maintenant l'honneur de sa decouverte à vn braue Gentilhomme de nos amis, àutant admirable en sçauoir & subtilité d'esprit qu'accomply en toutes sortes de vertus, lequel soubs l'esperance qu'il nous donne d'en faire luy mesme la relation parmy d'autres traictez qu'il promet au public (en suitte dequoy on se pourriot aussi promettre de nous & de nos particulieres inuctions, les moyens d'en reduire facilement & seurement la theorie en practique) nous n'empesche de rien dire icy ny ailleurs touchant ces Lunettes que l'on dit vulgairement de Galilée, bien qu'il n'y ait pas plus cogneu que les autres de certaine science, mais peut estre mieux rencontré par hazard. D. A. L. G.

PROBLEME LXXIV.

De l'aimant & des eguilles qui en font frottées.

Qvi le croiroit, s'il ne le voyoit de ses yeux qu'vne éguille d'acier ayant vne fois touché l'aimant, tourne puis apres non vne fois, ny vn an, mais les siecles entiers, & durant toute l'eternité, ses deux bouts l'vn vers le midy, l'autre vers le Septentrion, quoy qu'on la remuë & qu'on la destourne tant qu'on voudra? Qui eut iamais pensé. qu'vne pierre brute, noire, & mal bastie, touchante vn anneau de fer le deut suspendre en l'air, & celuy cy vn second, le second vn troisiéme, & ainsi iusques a 10. 12. ou plus, selon la force de l'aimant, faisant vne chaine sans liens, sans soudure, & sans autre entretien, que d'vne vertu tres-occulte en sa cause, & treseuidente en ses effects, qui passe & coule insensiblement du premier au second du second au troi-

fiéme &c. N'eſt-ce pas vn miracle de voir qu'vne
éguille frottée vne fois tire des autres éguilles,
& tout de meſme vn clou, vne pointe de couſteau, ou autre piece de fer? N'eſt-ce pas vn
plaiſir de voir tourner & remuer la limaille, les
éguilles, les cloux, ſur vne table ou vne fueille de
papier, faict a faict que l'aimant tourne ou ſe remuë par deſſous? Qui eſt-ce qui ne demeureroit
raui, voyant le mouuement du fer, voyant vne main
de fer eſcrire ſur le planché, & vne infinité de ſemblables inuentions, ſans appercenoir l'aimant qui
cauſeroit ces mouuemens derriere vn tel planché.

Qu'eſt-ce qu'il y a au monde plus capable de
ietter vn profond eſtonnement dans nos ames, que
de voir vne groſſe maſſe de fer ſuſpenduë en l'air, au
milieu d'vn baſtiment, ſans que choſe du monde
la touche, hormis l'air? Et neantmoins les hiſtoires nous aſſeurent, qu'à la faueur d'vn aimant, attaché dans la voute, ou dans les parois de la moſquée des Turcs en la Mecque, le Sepulchre de l'infame Mahomet demeure ſuſpendu en l'air; quoy
que l'inuention n'en ſoit pas nouuelle, puiſque Pline en ſon hiſtoire naturelle l. 34. c. 14. eſcrit, que
l'Architecte Dinocrates auoit entrepris de vouter
le temple d'Arſinoë en Alexandrie, auec la pierre
d'aimant, pour y faire paroiſtre par vne ſemblable
tromperie, le ſepulchre de cette deeſſe, ſuſpendu
en l'air.

Ie paſſerois les bornes de mon entrepriſe, ſi
ie voulois apporter toutes les experiences qui ſe
font auec cette pierre, & m'expoſerois à la riſée du
monde, ſi ie me vantois d'en pouuoir apporter autre raiſon, que la ſympathie naturelle. Car pour-

quoy est ce que quelques aimants reiettent d'vn
costé le fer, & l'attirent de l'autre ?

EXAMEN.

CEtte question procede d'vne veritable experience, mais qui a esté mal recogneuë & mal
entenduë; Il est bien certain que le fer estant d'vn
bout attiré par vn costé de la pierre d'aimant sera de
l'autre bout assez souuent rejetté, & comme repoussé
par l'autre costé de la mesme pierre: mais cette proprieté indifferemment conuient à toutes les pierres
d'aimant, & la difference qui peut arriuer en telles
experiences procede de la qualité du fer & non pas de
la differente nature des pierres : Car supposé comme il est tres-veritable que chacune pierre a deux
poincts opposites que nous appellons ses poles, esquels
consiste toute sa vertu, du moins quant à l'acte, il est
certain & constant par l'experience ordinaire que
ces deux poincts agissent differemment, & que non seulement, si la pierre est libre de se mouuoir, l'vn se
tournera tousiours vers le Septentrion , & l'autre
vers le Midy: mais aussi si de l'vn de ses bouts elle
touche l'extremité de quelque fil de fer ou acier, il aura aussi cette proprieté & vertu de se tourner d'vn
bout vers Midy, & de l'autre vers Septentrion: en
sorte que le bout de ce fil de fer qui aura esté touché,
quoy qu'il aye estant libre vne contraire position
à celuy de la pierre qui l'aura touché, neantmoins en
sera tousiours attiré, & son autre extremité en sera repoussée, comme aussi l'autre partie opposite de la
pierre la repoussera tousiours & attirera l'autre extremité, quoy que non touchée. Et cette verité se peut

plus facilement encores experimenter & recognoistre
auec deux éguilles frottes, soit d'vne mesme ou de
differentes pierres d'aimant, lesquelles bien qu'elles
ayent vne position semblable estant éloignées tant
soit peu de l'vne de l'autre, semblent neantmoins quand
on les approche, autant menes d'inimitié l'vne
contre l'autre que de sympathie & amitié l'vne en-
uers l'autre. Car en toutes sortes d'application, vne
seule exceptée, la partie Septentrionale de l'vne
abhorrera tousiours & repoussera la Septentrionale
de l'autre, & la Meridionale la Meridionale: mais
la Septentrionale de l'vne attirera tousiours & s'a-
prochera de la Meridionale de l'autre, & le mes-
me s'obseruera entre les pierres d'aimant, soit entre
elles seules, soit auec des éguilles.

Doù vient que tout l'aimant n'est pas propre
à frotter les éguilles, mais seulement en deux poles où parties, qu'on recognoist, suspendant la pierre auec vn filet, en vn air coy & tranquille; ou bien
la mettant dessus l'eau à la faueur d'vn liege, ou vn
petit ais de bois leger: car les parties tournées au
Septentrion & Midy monstrét de quel biais il faut
froter l'eguille · D'où vient que les éguilles gauchis-
sent, & ne monstrent pas le vray Septentrion quand
on s'éloigne du meridien des Isles fortunées, de
sorte qu'en ce païs elles s'en destournent enuiron
par l'espace de huict degrez?

Pourquoy est-ce que les éguilles faictes à
d'ouble piúot, & enfermées entre deux verres,
monstrent la hauteur du pole, s'éleuantes d'autant
de degrez que le pole par dessus l'Horizon?

Pourquoy est ce que le feu, & les aux font
perdre la force à l'aimant? Le dise qui pourra, pour

moy ie confeſſe en cela mon ignorance.

Quelques vns ont voulu dire, que par le moyen d'vn aimant , ou autre pierre ſemblable, les perſonnes abſentes ſe pourroient entre parler ; par exemple Claude eſtant à Paris, & Iean à Rome, ſi l'vn & l'autre auoit vne éguille frottée à quelque pierre, dont la vertu fuſt telle, qu'a meſure qu'vne éguille ſe mouueroit a Paris, l'autre ſe remuaſt tout de meſme a Rome : Il ſe pourroit faire que Claude & Iean euſſent chacun vn meſme alphabet, & qu'ils euſſent conuenu de ſe parler de loing tous les iours a 6. heures du ſoir, l'éguille ayant faict trois tours & demy, pour ſignal que c'eſt Claude, & non autre qui veut parler à Iean, alors Claude luy voulant dire que le Roy eſt à Paris il feroit mouuoir & arreſter ſon éguille ſur L. puis ſur E. Puis ſur R, O, Y. & ainſi des autres : Or en meſme temps l'éguille de Iean , s'accordant auec celle de Claude, iroit ſe remuant & arreſtant ſur les meſmes lettres, & partant il pourroit facilement eſcrire ou entendre ce que l'autre luy veut ſignifier.

L'inuention eſt belle, mais ie n'eſtime pas qu'il ſe trouue au monde vn aymant, qui ait telle vertu: auſſi n'eſt il pas expedient autrement les trahiſons ſeroient trop frequentes & trop couuertes.

EXAMEN.

Nous adiouſterons aux remarques que l'aucteur de ce liure a fait des proprietez de l'aimant, que ſi vne pierre d'aimant tant ſoit peu bonne paſſe à deſſein, ou bien par rencontre & hazard, aſſez proche (c'eſt à dire dans l'eſtenduë de ſa vertu, ou

dans

dans ſa ſphere d'actiuité, comme l'eſchole parle) ſur
vne éguille à rebours du ſens qu'elle aura eſté frottée
autresfois, elle luy oſtera toute ſa vertu & la rendra
auſſi brute, & en tel eſtat qu'elle eſtoit auparauant
que d'eſtre frottée. Et partant qu'ayant vne bonne
eguille il ſe faut donner de garde de tels rencontres.

C'eſt encore vne choſe digne de remarque & pleine d'eſtonnement, voir combien vne pierre d'aimant
en vne certaine ſorte armée & garnie auec du fer
ou de l'acier augmente & multiplie ſa vertu, l'imprimant & communiquant à ſon armure & garniture:
Ce que poſé & recogneu par l'experience aſſez vulgaire, nous ne faiſons aucun doubte quelle ne la puiſſe beaucoup plus puiſſamment en cet eſtat communiquer, que toute ſeule & à nud, & partant que les
eguilles ainſi touchées ne ſoient beaucoup plus viſues
& ſubtiles que les autres.

Pour la methode de trouuer les poles de chacune pierre d'aimant, celle que donne cet auĉteur peut
eſtre ſubiecte a quelque erreur. C'eſt pourquoy nous
conſeillons pour le plus ſeur, de frotter premierement
auec la pierre quelque couſteau, eguille, ou autre fer-
rement, en ſorte qu'il puiſſe en fin attirer aiſement
vne bien petite eguille : ou bien, ſi vous voulez pre-
nés auec deux doigts fort legerement vne petite eguille par vn bout, en ſorte qu'elle puiſſe aiſemēt mouuoir
de l'autre bout : ce fait approchez-en la pierre d'aimāt
en la tournant petit à petit, iuſques à ce que vous reco-
gnoiſſiez que l'extremité de cette petite eguille ſoit attirée vers vne meſme partie de la pierre : Car le point
en ladite pierre, où tend en droicte ligne ladite petite
eguille ainſi attirée, ſera infailliblement vn des poles
de la pierre, & ſera touſiours aſſez plaiſant ayant ap-

K

pliqué vn bout de ladite éguille au bout du coufteau par le mouuement prompt & viste de la pierre en rond, faire defcrire a leguille vn cone qui femblera tout d'acier, dont la pointte fe terminera au bout du coufteau, & la bafe au cercle que defcrira le pole de la pierre.

Ayant faict la mefme experience pour trouuer l'autre pole de la pierre ; Si l'on veut recognoiftre lequel des deux fera Septentrional ou Auftral : il ne faudra qu'auec l'vn des deux (que l'on marquera de quelque chofe pour le recognoiftre & diftinguer) frotter le bout de quelque éguille commune ou d'vn fil de fer, & voir, l'ayant pofé fur quelque fuperficie polie & vn peu connexe (comme, pour exemple & plus prompte experience, fur l'ongle de quelque doigt de la main) dequel cofté le bout frotté fe tournera : Car s'il fe trouue vers Midy, on aura le pole Meridional de la pierre : fi vers Septentrion, le Septentrional ; Et ce à l'effect de toucher les éguilles des Bouffolles : Car pour la pierre en foy, il eft certain & par raifon & par l'experience que fi elle eft fufpendüe libre ou pofée fur l'eau auec quelque fupport, elle fe tournera tout au contraire de l'éguille quelle aura touché. Car lors fon pole marqué pour Meridional fe rendra pour Septentrional & fe tournera vers Septentrion & le Septentrional au contraire vers Midy. Or pour mieux toucher les éguilles, il ne fera pas hors de raifon, ayant recogneu les poles d'vne pierre d'aimant, d'vfer vn peu & applanir ladite pierre, fur vn grez ou meule, à l'endroit de fes poles : afin qu'en touchant quelque éguille il fe face vne meilleure application, & partant vne plus forte impreffion de la vertu directiue ou attractiue de l'aimant. D.A.L.G.

PROBLEME LV.

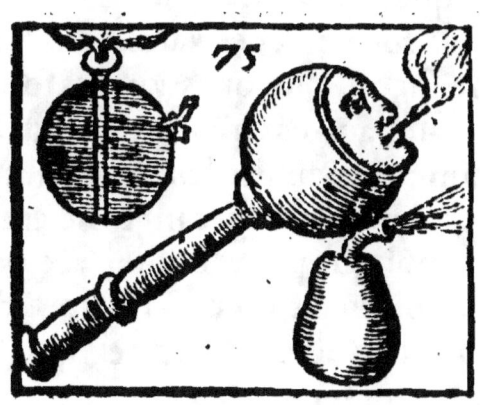

Des Æolipiles, ou Boules à souffler le feu.

CE font des vafes d'airain, ou autre femblable matiere, qui puiffent endurer le feu, ils ont vn petit trou fort eftroit, par lequel on les emplit d'eau, puis on les met deuant le feu, & iufques à ce qu'ils s'efchauffent, l'on n'en voit aucun effect; mais auffi toft que le chaud les penetre, l'eau venant à fe rarefier fort auec vn fifflement impetueux, & puiffant à merueilles; Il y a du plaifir à voir comme ce fouffle allume les charbons , & confomme des fouches de bois auec vn grand bruit.

Vitruue au l. 1. de fon architecture c. 8. prouue par ces engins que levent n'eft autre chofe, qu'vne quantité de vapeurs & exhalaifons agitées auec l'air, par rarefaction & condenfation. Et nous en pouuons encore tirer vne autre confequence, pour

K ij

monſtrer qu'vn peu d'eau peut engendrer vne tres-
grande quantité de vapeurs & d'air. Car vn verre
d'eau verſé dans ces Æolipiles ſoufflera preſque v-
ne heure durant, enuoiant des vapeurs mille fois
plus grandes que ſoy en eſtenduë.

Quant à la forme de ces vaſes, tous ne les font
pas de meſme façon, quelques vns les font en forme de boules : les autres en forme de teſte, comme
l'on a couſtume de peindre les vents; autres en figure de poire, comme ſi on les mettoit cuire au feu
quand on les applique pour ſouffler ; & pour lors,
la queuë des poires eſt creuſe en forme de tuyau,
ayant au bout vn treſpetit trou tel que feroit la
pointe d'vne eſpingle.

Quelques vns font mettre dans ces ſoufflets vn
tuyau recourbé à diuers plis & replis, afin que le
vent qui ſouffle auec impetuoſité par dedans imite
le bruit d'vn tonnerre.

D'autres ſe contentent d'vn ſimple tuyau dreſſé à plomb, vn peu euaſé par le haut, pour y mettre
vne petite boule, qui ſautelle par deſſus faict à faict
que les vapeurs ſont pouſſées hors.

Finalement quelques vns appliquent au pres
du trou des moulinets, ou choſes ſemblables, qui
tourneuirent par le mouuement des vapeurs ; ou
bien par le moyen de deux ou trois tuyaux recour-
bez en dehors, font tourner vne boule.

Or il y a de la fineſſe à emplir d'eau ces Æolipiles par vn ſi petit trou, & faut eſtre Philoſophe
pour la trouuer. On chauffe les Æolipiles toutes
uides, & l'air qui eſt dedans deuient extremement rare : Puis eſtans ainſi chaudes, on les iette
dans l'eau, & l'air venant à s'eſpaiſſir, & par ce

moyen occupant beaucoup moins de place, il faut
que l'eau entre viſte par le trou pour empeſcher le
vuide. Voyla toute la pratique & ſpeculation des
Æolipiles.

PROBLEME. LXXVI.

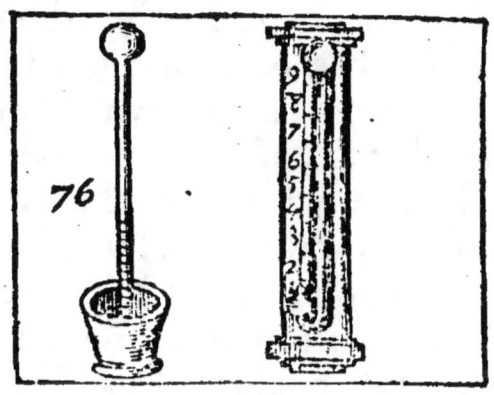

76

Du Thermometre, ou Inſtrument pour meſurer les
degrez de chaleur ou de froidure, qui ſont en l'air.

C'Eſt vn engin de criſtal qui a vne petite bouteille en haut, & par deſſous vn col longuet,
ou bien vn tuyau treſ-mince, qui ſe termine par embas dans vn vaſe plein d'eau, ou bien eſt recourbé
en derriere auec vne autre petite bouteille, pour y
verſer de l'eau, ou de la liqueur telle qu'on voudra.
La figure repreſentera mieux tout l'inſtrument que
la parolle eſcrite. Et l'vſage en eſt tel : Mettez dans
le vaſe d'embas quelque liqueur teinte de bleu, de
rouge, de iaune, ou autre couleur qui ne ſoit pas

beaucoup chargée, comme du vinaigre, du vin, de
l'eau rougie, ou de l'eau forte qui ait serui à grauer
le cuiure. Cela fait ;

Ie dis premierement, qu'a mesure que l'air enclos
dans la bouteille viendra à estre rarefié ou condensé
l'eau montera euidemment ou descendera par le
tuyau, ce que vous experimenterez facilement portant l'instrument d'vn lieu bien chaud en autre bien
froid. Mais sans bouger d'vne place, si vous ap-
plicquez doucemét la main dessus la bouteille d'enhaut, elle est si deliée, & l'air si susceptible de toute
impression, que tont à l'instant vous verrez descendre l'eau, & la main ostée elle remontera doucement à sa place: Ce qui est encor plus sensible quand
on eschauffe la bouteille auec son haleine, comme
si on luy vouloit dire vn mot à l'oreille pour faire
descendre l'eau par commandement. La raison de
ce mouuement est, que l'air eschauffé dans le tuyau, se rarefie & dilate, & veut auoir vne plus grande place, c'est pourquoy il presse l'eau & la faict
d'escendre. Au contraire, quand l'air se refroidit
& condense, il vient à occuper moins de place, &
partant de peur qu'il n'y reste quelque vuide, l'eau
remonte incontinent.

Ie dis en second lieu, que par ce moyen on
peut cognoistre les degrez de chaleur ou de froidure qui sont en l'air, à chaque heure du iour ; car selon que l'air exterieur est froid ou chaud, l'air qui
est enfermé dans la bouteille, se rarefie ou condense & l'eau monte ou descend. Ainsi voyons nous que
le matin l'eau monte bien haut, puis petit à petit
elle descend iusques bien bas vers le midy, & sur
la vesprée elle remonte. Ainsi en hyuer elle monte

ſi haut, qu'elle remplit preſque tout le tuyau ; mais
en eſté, elle deſcend ſi bas, qu'aux grandes chaleurs
à peine paroiſt elle dans le tuyau.

Ceux qui veulent determiner ce changement
par nombres & degrez tirent quelque ligne tout
au long du tuyau, & la diuiſent en 8. degrez, ſelon
les Philoſophes, ou 4. ſelon les medecins ſouſdiui-
ſant encore ces 8. en 8. autres, pour auoir en tout
64. parcelles. Et par ce moyen non ſeulement ils
peuuent diſtinguer ſur quel degré monte l'eau,
au matin, à midy, & à toute autre heure du iour :
Mais encore on peut cognoiſtre, de combien vn
iour eſt plus froid ou plus chaud que l'autre :
remarquant de combien de degrez l'eau monte
ou deſcend. On peut conferer les plus grandes
chaleurs & froidures d'vn an, auec celles d'vne autre année. On peut ſçauoir de combien vne châbre
eſt plus chaude que l'autre. On peut entretenir vne
chambre, vn fourneau, eſtuue, en chaleur touſiours
egale, faiſant en ſorte que l'eau du thermomettre
demeure touſiours ſur vn meſme degré : On peut
aucunement iuger de l'ardeur des fieures : Bref on
peut ſçauoir à peu pres, iuſques à quelle eſtenduë
l'air ſe peut rarefier aux plus grandes chaleurs ;
&c.

PROBLEME LXXVII.

De la proportion du corps humain, des ſtatuës Coloſ-
ſales & Geants monſtreux.

PRotagoras auoit raiſon de dire que l'homme eſt
la meſure de toute choſe. 1. parce qu'il eſt le

plus parfait entre toutes les creatures corporelles,
& selon la maxime des Philosophes, ce qui est le
plus parfaict, & le premier en son rang, mesure
tout le reste. II. Parce qu'en effect les mesures ordinaires de pied, de poulces, de coudée, de pas, ont
pris leurs noms, & leur grandeur du corps humain. III. Parce que la symmetrie, & bien seance
de ses parties est si admirable, que tous les ouurages bien proportionnez, & nommément les ba-
stimens des temples, des nauires, des colomnes, &
semblables pieces d'Architecture, sont en quelque
façon compassées selon ses proportions. Nous sçauons que l'Arche de Noé bastie par le commandement de Dieu, estoit longue de 300. coudées, large
de 50. & haute ou profonde de 30. tellement que
la longueur contenoit six fois la largeur, & 10. fois
la profondeur : Or couchez vn homme de son long,
vous trouuerez la mesme proportion, en sa longueur largeur & profondeur.

Le P. Vilalpande, traittant du temple de Salomon, ce chef d'œuure inimitable, & modele de toute bonne Architecture, a remarqué curieusement
en certaines piece la mesme proportion, & par ce
moyen en tout le gros de l'ouurage vne symmetrie si rare, qu'il a bien osé asseurer que d'vne seule
partie de ce grand bastiment, d'vne base, ou d'vn
chapiteau de quelque colomne, on pouuoit cognoistre les mesures de tout ce bel edifice.

Les autres Architectes nous aduisent, que les
fondemens des maisons, & les bases des colomnes, sont comme le pied, les chapiteaux, les toicts,
& couronnemens comme la teste, le reste comme
le corps : Il y a de la conuenance aussi bien en effect

qu'au fur-nom, & ceux qui ont esté vn peu plus
curieux, ont encore remarqué, que comme au corps
humain les parties qui font vniques, comme le nez,
la bouche, le nombril, font au milieu : les autres
qui font doubles, font mifes de cofté & d'autre,
auec vne parfaicte egalité, de mefme en l'Architecture. Voire mefmes quelques vns ont faict des
recherches plus curieufes que folides, apparians
tous les ornements d'vne corniche aux parties de
la face, au front, aux yeux, au nez, à la bouche,
comparant les voultes des chapiteaux aux cheueux
entourtillez, & les cannelures des colomnes, aux
plys de la robbe des dames. Tant y a qu'il féble auec
raifon, que comme l'art-imite la nature, le bafti-
ment eftant l'œuure le plus artifte ; deuoit prendre
fon imitation du chef d'œuure de nature, qui eft
l'homme: De façon que fon corps, en comparaifon
des ouurages, eft comme la ftatuë de Polyclete qui
regloit toutes les autres.

C'eft pourquoy Vitruue l. 3. & tous les meil-
leurs Architectes, traictent des proportions de
l'homme, & entre autres Albert Durere en a faict
vn liure entier, le mefurant depuis le pied iufques
à la tefte, foit qu'on le prenne de front, ou de pour-
fil, iufques aux moindres parties. Les life qui voudra en auoir vne parfaicte cognoiffance. Ie me contenteray icy des remarques fuiuantes.

1. La longueur d'vn homme bien faict (on
l'appelle ordinairement hauteur)eft égale a la diftance d'vn bout du doigt à l'autre, quand on a
eftendu les bras tant que l'on peut. Item à l'interual-
le des deux pieds efcartez le plus que faire fe peut,

EXAMEN.

CEcy est faux pour les pieds, autrement y auroit necessairement de la luxation ou rupture entre les cuisses : car naturellement l'homme ne peut tellement écarter ses iambes que la distance entre les extremitez des pieds soit faite egale a celle d'entre les extremitez des mains, ayant les bras, & les mains plainement estenduës, Et de faict l'extēsion mentionnée en l'article suiuant, en forme de Croix S. André ne donne pas auec l'extension possible aux bras par le mouuement desquels auront vne pleine & entiere extension, les extremitez des mains excederont indubitablement le cercle, pourueu que le tout soit referé & entendu de l'extension d'vn homme à l'ordinaire, lequel bien qu'il ne fust parfaict n'auroit toutesfois aucune diformité ou mauuaise habitude en ses membres. *D. A. L. G.*

2. Si quelque homme auoit les pieds, & les mains écartées en forme de croix de S. André, mettant le pied d'vn compas sur le nombril au lieu de centre, on peut descrire vn cercle qui passera par le bout des mains, & des pieds : voire si l'on tire des lignes droites par les extremitez des pieds & des mains, on fera vn quarré parfaict dedans le mesme cercle.

3. La largeur d'vn homme, ou l'espace qu'il y a d'vn costé à l'autre, le coude, la poictrine, la teste auec son col, faict la sixiéme partie de tout le corps pris en sa longueur, ou hauteur.

4. La longueur de la face, est égale à la longueur de la main prise depuis le nœud du bras, iusques à

l'extremité du plus grãd doigt. Item à la profondeur
du corps, la prenant depuis le ventre iufques au
dos, & l'vn & l'autre faict la dixiéme partie de tout
l'homme, ou comme veulent quelques vns, fa neu-
fiéme, peu plus.

5. La hauteur du front, la longueur du nez,
l'efpace depuis le nez iufques au menton, la longueur de l'oreille, la grandeur du poulce font parfaictement egales (*Ou le deiuent eftre en vn corps*
des hommes parfaict felon quelques expers en cette
fcience. D. A. L. G.

Qne diriez vous du rapport admirable des autres parties, fi ie les racontois par le menu : Mais
vous m'en difpenferez s'il vous plaift, pour tirer
quelques conclufions de ce que deffus.

En premier lieu. Suppofé les proportions de
l'homme, il eft facile aux peintres, ftatuaires, &
imagiers de proportionner & perfectioner leurs
ouurages, & par mefme moyen eft rendu croyable
ce que quelques vns racontent des ftatuaires de
Grece, qu'ayans vn iour entrepris de former chacun a part, & en diuers quartiers, vne partie de la
face d'vn homme, toutes les parties eftans puis
apres affemblées, la face fe trouua tres-belle, &
bien proportionnée. II. C'eft chofe claire, qu'a la
faueur des proportions, on peut cognoiftre Hercule par fes pas, le Lyon par fon ongle, le Geãt par
fon poulce, & tout vn homme par vn efchantillon
de fon corps. Car c'eft ainfi que Pythagore, ayant
pris la grandeur du pied d'Hercule, fuiuant les tra-
ces qu'il en auoit laiffées fur terre, colligea toute
fa hauteur. C'eft ainfi que Phydias, ayant feulement
l'ongle d'vn Lyon, figura toute la befte entierement

conforme à son prototype. Ainsi le peintre Ti-
mante, ayant peint des pigmées, qui mesuroient
auec vne toise le poulce d'vn geant, donna suffisamment à cognoistre la grandeur du Geant.

Pour faire court, nous pouuons par mesme
methode venir à la cognoissance de plusieurs belles & rares antiquitez, touchant les statuës Colos-
sales & les geants monstreux, supposé qu'on trouue la mesure de quelque piece, comme seroit la
teste, la main, le pied. ou quelques os, dans les an-
ciennes histoires.

Des statuës Collossales.

VOus aurez du plaisir aux exemples particuliers, que ie vois representer. I. Vitruue raconte en son liure second que Dinocrates l'Architecte se voulant mettre au monde, alla trouuer Alexandre le grand, & luy proposa pour chef-dœuure
vn desseing qu'il auoit proietté. De figurer le mont
Athos en forme d'vne grâde statuë, qui tiendroit en
sa main droitte vne ville capable de dix mille hommes, & en sa gauche vn recipient pour amasser les
eaux qui couloient du sommet de la montagne, &
les verser dans la mer. Voila vne gentille inuention, dit Alexandre, mais parce qu'il n'y auoit
point de champs a l'entour, pour nourrir les ci-
toyens de la ville, il fut sage de n'entreprendre
point ce desseing.

Or là dessus on demande, combien grande eust
esté cette statuë, cette ville & ce recipient. Il n'est
pas malaisé de respondre à l'ayde des proportions.
Car la statuë n'eut peu estre plus haute que la mon-

taigne mefme, la montaigne n'a pas plus d'vn mille prenant fa hauteur à plomb, encor eft-ce beaucoup, & cinq fois plus que n'a la mõtagne de Móuffon. La main de cette ftatuë euft efté la dixiéme partie de fa hauteur, & partant longue de 100. pas & pour le moins large de 50. multipliât donc la longueur par la largeur viennent pour fon eftenduë cinq mille pas, baftans pour faire vne ville de 10. mille hommes, donnant à chacun l'efpace d'vn demy pas, ou 12. pieds quarrez.

EXAMEN.

I L femble que l'on parle icy de dix milles hommes qui ne feroient pas plus grands que des Efchets, où tels que l'on dit, le deffunct Conte Maurice de Naffau auroit faict faire de plomb, pour fe duire à renger des armées en bataille, puifque que pour habitation & commodité de logement on ne leur affigne que douze pieds d'efpace qui ne pourroient fuffire à vn homme que pour fepulture de 3. pieds fur 4. D. A. L. G.

Iugez de cela ce que pouuoit eftre la couppe & le refte des parties de ce Colloffe.

II. Pline au l. 34. c. 7. de fon hiftoire naturelle parlant de ce fameux Colloffe de Rhodes, entre les iambes duquel les nauires paffoient à voiles déployées, dit qu'il auoit de longueur feptante coudées, & les hiftoriens témoignent que les Sarrazins l'ayans brifée chargerent de fon métail 900. chameaux. Ie demande quelle eftoit fa grandeur & pefanteur.

En premier lieu puifque felon Columella vn

chameau porte 1200. liures , il eſt euident que
tout le Colloſſe peſoit pour le moins 1080000. c'eſt
à dire vn milion 80. mille liures d'airain. Secondement parce que le viſage eſt la dixieſme partie de
toute la hauteur, il faut dire que le Colloſſe auoit
vne teſte de 7. coudées, c'eſt à dire 10· pieds & demy : & puiſque le nez, le front, & le poulce, ſont
la troiſiéme partie de la face, ſon nez eſtoit long de
3· pieds & demy, & autant ſon poulce : & parce
que l'eſpoiſſeur du poulce eſt bien le tiers de ſa longueur, il auoit plus d'vn pied d'eſpoiſſeur. Ce n'eſt
pas ſans raiſon qu'on dit que peu de perſonnes euſſent peu embraſſer ſon poulce , pourueu qu'on en-
tende cela d'vn ſeul bras, ou des deux mains, non
pas des deux bras enſemble.

III. Le meſme Pline, & au meſme lieu, raconte que Neron fit venir de France en Italie vn braue
& hardy ſtatuaire appellé Zenodore, pour dreſſer
vn Coloſſe de bronze à ſa reſſemblance : Il fit donc
vne ſtatuë haute de 120. pieds, & Pline adiouſte au
l·35. c. 7. qne Neron ſe fit auſſi peindre en pareille
hauteur. Voulez vous donc ſçauoir combien grands
eſtoient les membres de ce Colloſſe : La largeur
eſtoit de 20. pieds, ſa face de 12. ſon poulce & ſon
nez de 4 pieds, ſelon les proportion ſuſdites.

l'aurois icy vn beau champ pour m'eſtendre
plus au long ſur ce ſe ſubiect, mais c'eſt pour vne
autre occaſion, diſons vn mot des Geants; & paſ-
ſons outre.

Des Geants monstreux.

VOus ne croyres pas ce que ie vois dire, aussi ne crois ie pas tout ce que les aucteurs escriuent en cette matiere. Neantmoins ny vous ny moy ne sçaurions nier que iadis on ait veu des hommes d'vne prodigieuse grandeur ; car le S. Esprit mesme tesmoigne au Deuteronome c. 3. qu'vn certain appellé Og, estoit de la race des Geants, & qu'en la ville de Rabath on monstroit son lict de fer, long de 9. coudées, large de 4.

Au I. liure des Roys c. 17. Goliath est descrit, & couché tout au long : il auoit, dit l'escriture, 6. coudées, & vn palme de hauteur, c'est à dire plus de 9. pieds, il estoit armé de pied en cappe, & sa cuirasse seule auec le fer de sa lance, pesoit 5. mille 6. cens sicles, c'est a dire plus de 233. liures ; prenant vn sicle pour 4. dracgmes, & 12. onces à la liure.

Or il est bien croyable que le reste de ses armes, comprenant sa rondache, ses cuissarts, son heaume, ses braffelets, &c. pesoient encore plus que cela ; & partant qu'il portoit pour le moins 500. liures pesant, chose prodigieuse, veu que les plus robustes à peine en porteront ils 100.

Solinus raconte au c. 5. de son histoire, que durant la guerre de Crete, apres vn grand desbordement des riuieres, on trouua sur la greue le cadauer d'vn homme long de 33. coudées ; c'est à dire de 49. pieds, & demy ; Il falloit donc selon les proportions susdites, que sa face eut 5. pieds de longueur : n'est-ce pas la vn prodige ?

Pline l. 7. c. 16. dit qu'en la mesme Isle de Crete ou de Candie vne montagne estant fenduë par tremblement de terre on descouurit vn corps tout debout, ayant 46. coudée de hauteur, quelques vns croyoient que ce fut le corps d'Orion ou Otus. Ie croirois plustost que ce fut vn phantosme, autrement il luy faudroit donner vne main longue presque de 7. pieds & demy, & 2. pieds & demy de nez.

Mais quoy? Plutarque en la vie de Sertorius dit bien chose plus estrange, qu'à Tingi ville de Mauritanie, où l'on croit qu'Antée le Geant soit enseuely, Sertorius ne pouuant croire ce qu'on luy racontoit de sa prodigieuse grandeur, fit ouurir son sepulchre, & trouua que le corps auoit 60. coudées de long ; donc par proportion il auoit 10. coudées ou 15. pieds de largueur, 9. pieds de profondeur, 9. en la longueur de sa face & 3. en son pouce quasi autant que le colosse de Rhodes. Si cela est vray, bon Dieu quelle tour de chair.

Voulez vous encore vne plus belle fable ; Symphorian Campesius au liure intitulé Hortus Gallicus, dit qu'au Royaume de Sicile, au pied d'vne montagne assez pres de Trepane, en creusant les fondements d'vne maison, on rencontra iadis vne grotte sousterraine, & dans elle vn Geant qui tenoit au lieu de baston, vne grosse poutre comme le mas d'vn nauire ; on le voulut manier, & tout se reduisit en cendre, excepté les os, qui resterent d'vne si desmesurée grandeur, qu'en la teste on eut facilement logé vn muid de bled , & par proportion on trouua que la longueur du corps, pouuoit bien estre de 200. coudées ou 300.pieds : Il deuoit

dire

dire de 300. coudées, & pour lors tout à propos
nous euſſions creu que l'arche de Noé eſtoit baſtie
iuſtement pour ſon ſepulchre. Qui croira qu'vn
homme ait iamais eu 20. coudées ou 30. pieds pour
ſa face, & vn nez de dix pieds?

Quoy qu'il en ſoit, ſi faut-il aduoüer, qu'il y a eu
des hommes bien grands, comme l'écriture le té-
moigne, & les autres aucteurs dignes de foy: Comme Ioſephe Acoſta l. 1. de l'hiſtoire des Indes c. 19.
où il eſcrit qu'au Peru ſe treuuent des os de Geants,
qui ont eſté trois fois plus grands que nous ne
ſommes, c'eſt à dire de 17. pieds: Car les plus
grands hommes de preſent, n'ont plus de ſix pieds:
Les hiſtoires ſont pleines d'autres grands, de 9.
10. & 12. pieds & l'on en a veu meſme de noſtre
temps, qui auoient cette hauteur. C'eſt bien aſſez
ce me ſemble, qu'vn homme ait la face & la main
d'vn pied de Roy, cequ'il faut dire quand toute la
hauteur eſt de 10. pieds ſelon les proportions aſſi-
gnées.

L

PROBLEME LXXVIII.

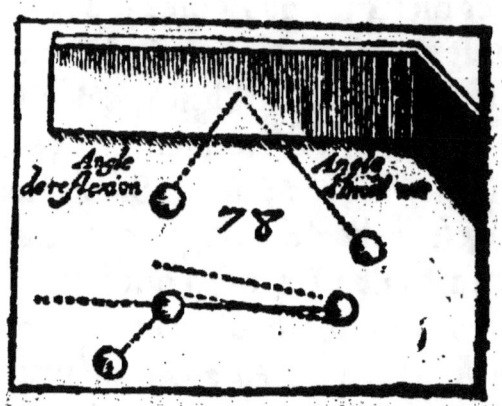

*Du ieu de paume, de Truc ou de billard, de paille-
maille & autres semblables.*

Q Voy doncques, les Mathematicques trouueront elles encore place parmy les tripots, &
discoureront-elles sur les tapis des billards ; sans
doute ; & peut estre ne trouuerez vous aucun ieu,
qui se puisse mieux regler par principes de Mathematicque que ceux-cy. Car tous les mouuements
se font par lignes droites, & par reflexions.

D'où vient que comme aux apparences des
miroirs plats ou conuexes, on explique par lignes
droictes la production, & reflexion de la lumiere &
des especes : de mesme par proportion l'on peut
icy expliquer suffisamment le mouuement d'vne
plote, ou d'vne boule par lignes & angles de Geometrie.

Et iaçoit que l'exercice, experience, ou dexterité des ioueurs seruent plus en ce faict que tout
autre precepte ; l'apporteray toutes-fois icy quelques maximes, l'esquelles estans reduites en pra-
cticque, & iointes auec l'experience, donneront
vn grand aduantage à ceux qui s'en voudront &
pourront seruir. I. Maxime. Quand vne boule
pousse vn autre boule, ou lors qn'vn battoir pousse
la bale, le mouuement se faict selon la ligne droicte
qui est tirée du centre de la boule, par le poinct de
contingence II. Maxime. En toute sorte de mouuement, lors qu'vne bale, ou vne boule reiallit, soit
contre le bois, ou la muraille, sur le tambour, le
paué ou la raquette, l'angle d'incidence, est tousiours egal à l'angle de reflexion.

En suitte de ces maximes, il est aisé de conclure I. en quel point il faut toucher le bois, ou la muraille, pour faire que la boule, ou la bale, aille par
reflexe reiallir en tel endroit qu'on voudra. II.
Comme l'on peut ietter vne boule sur vne autre
en sorte que la premiere ou seconde aille rencontrer vne troisiéme, gardant l'egalité des angles d'incidence, & de reflexion. III. Comme l'on peut, en
touchant vne boule, l'enuoyer à telle part qu'on
voudra. Et plusieurs autres semblables pratiques,
en l'exercice desquelles il faut prendre garde, que
le mouuement se ralentit peu à peu, ou que les maximes de reflexion ne peuuent estre si exactement
obseruées au mouuement local, qu'aux rayons de
lumiere, & des autres qualitez ; parquoy il est
necessaire de suppleer par industrie, ou par force au manquement qui peut prouenir de ce costé
là.

L ij

PROBLEME LXXIX.

Du Ieu des Dames & des eschets.

QVe ces ieux foient ieux de fcience, & proue-
nus de l'inuention des Mathematicques, il
appert par l'ordonnance, difpofition, & mouuement de toutes leurs pieces; car elles font agen-
cées deffus vn quadre, qui à les coftez diuifez en 8.
parties egales, d'où refultent 64. petits quarreaux
Elles font en nombre egal de part & d'autre, & par
regle d'Arithmeticque on peut trouuer toutes les
façons poffibles d'ordonner fon ieu, foit qu'on ait
encore toutes fes pieces, ou feulement vne partie
d'icelles; voire mefme, ayant trouué toutes les or-
donnances, l'on peut defcouurir qu'elle eft la meilleure façon pour gaigner : quoy que cela foit pref-
que d'vn trauail infiny, & qu'en ce ieu auffi bien
qu'en tout autre, l'efprit, la memoire, la force de
l'imagination, l'exercice & l'affection, feruent
plus que les preceptes,

Plufieurs ont efcrit fur ce fubiect, & i'ay appris depuis peu, qu'on imprime vn nouueau traité
fur le ieu des dames, pour monftrer le moyen infaillible de gaigner, lors que le ieu eft conduict à
vn certain poinct.

Il faut auoir employé beaucoup de temps pour
en venir là, & fi au bout du conte les reflexions
qu'il faut faire fuyuant ces regles affligent plus
qu'elles ne recreent l'efprit. S'il eftoit queftion de

faire paroiftre quelque traict d'Arithmeticque fur
le ieu des dames : l'aymerois mieux monftrer comme la multiplication, & diuifion s'y peuuent faire
tant es nombres entiers qu'es rompus, à l'ayde de
deux regles difpofées en équierre deffus les petits
quarreaux du ieu, ou bien felon l'inuention que
Neperus a inferé dans fa Rabdologie, enfeignant à
praticquer les operations des nombres par le
mouuemeut de la tour & du fou fur le plan des efchets.

PROBLEME LXXX.

Faire trembler fenfiblement & à veuë d'œil, la cor-
de d'vne viole, fans que perfonne la touche.

CEcy eft vn miracle de Mufique facile à experimenter. Prenez vne viole d'Efpagne en
main, ou autre femblable inftrument; choififfez
deux chordes diftantes, tellement qu'il y en ait vne
entre elles. Accordez ces deux chordes extremes,
à mefme ton fans toucher à celle du milieu. Puis
apres frottez auec l'archet, vn peu fort fur la plus
groffe, & vous verrez merueille. Car au mefme
temps que celle cy tremblera, pouffée par l'archet;
l'autre qui eft diftante, mais accordée a mefme ton
tremblera auffi fenfiblement, fans que perfonne la
touche; & le bon eft, que la chorde qui eft entre
deux ne fe remuë en façon quelconque, voire-mef-
me fi vous mettez la premiere chorde en vn autre
ton, lafchant la cheuille, ou diuifant la chorde auec

le doigt, l'autre chorde ne tremblera pas.

Or ie vous demande, d'où vient ce tremblement ? est-ce d'vne sympathie occulte, ou plustost
parce que la chorde bandée à mesme ton, reçoit
facilement l'impression de l'air qui est agité par le
tremblement de la premiere, d'où vient qu'elle
tremble, à mesure que la premiere est meuë par
l'archet.

EXAMEN.

IL faut icy imaginer tout autre chose que la
sympathie naturelle & particuliere des chordes les vnes enuers les autres : car supposé
qu'vne mesme chorde selon les differentes tensions
pourroit successiuement tèmoigner de la sympathie enuers vne infinité d'autres differentes, par vn,
ressentiment en soy de l'émotion donnée aux autres
il ne se peut pas dire que telle chorde ait aucune sympathie en soy, auec pas vne des autres, puisque ces
tesmoignages des ressentimens de l'émotion des autres procedēt des differentes tensions qui luy sont données d'ailleurs. Il faut donc considerer sur ce subiect,
premierement l'effect que la differente tension produict sur vne mesme corde, c'est à dire sur vne mesme
longueur & volume de chorde, puis apres ce quelle
peut produire sur differentes cordes, & en volume &
en longueur pour les rendre ou à l'vnisson ou à l'o-
ctaue les vnes des autres, ou bien à quelque consonan-
ce intermediate. Ce qu'estant meurement consideré &
examiné : Nous osons dire qu'il sera facile de s'ouurir la porte à la cognoissance des vrayes causes prochaines & immediates de ce tant noble & admirable
Phenomene : Car hors de cét examen, n'estant pas

poſſible de cognoiſtre ce qui met par tenſion vne chorde en meſme ton auec vne autre, comment pourroit-
on comprendre qu'elle ſoit plus ſuſceptible de l'impreſſion de l'air agité par la motion d'vne autre pluſtoſt que les autres chordes le plus ſouuent plus
prochaines & interpoſées.

Nous adjouſterons encores à cette experience
qu'elle ſe peut faire encores plus admirable auec deux
luts, deux harpes, deux violes, deux eſpinettes, ou
autres ſemblables inſtruments accordeZ en meſme ton
car l'vn touché de moyenne force par vne main artiſte, donnera mouuement aux chordes de l'autre, en
ſorte que ſi les chordes de chacun deſdits inſtruments
ſont tellement accordées, qu'eſtans touchées de plein
& ſans diuiſions, elles puiſſent exprimer quelque
harmonie (ce qui ſera facile auec deux harpes, ou
deux eſpinettes) l'vn des deux touché excitera en
l'autre vne ſemblable harmonie, pourueu que la diſtance d'entre les deux, & leur poſition ſoit choiſie
à propos & conuenable. Or ce qui arriue tout appa-
remment & bien ſenſiblement quand les chordes ſont
à l'vniſſon, & principalement en égalité de longueur
& groſſeur, ſe trouuera moins apparent & ſenſible à
meſure que les chordes s'éloigneront de cette égalité. Ainſi en vn meſme inſtrument, vne chorde
touchée excitera dauantage celle qui luy ſera à l'v-
niſſon que celle qui luy ſera à l'oetaue, & plus celle
cy, qu'aucune autre qui feroit conſonance en quelque
proportion intermediate, Car il eſt certain que les
autres conſonances n'en ſont pas exemptes, & encores que l'effect n'y ſoit ſi apparent, il ſi recognoiſtra
neantmoins, mais plus ſenſiblement aux vnes qu'aux
autres, D. A. L. G.

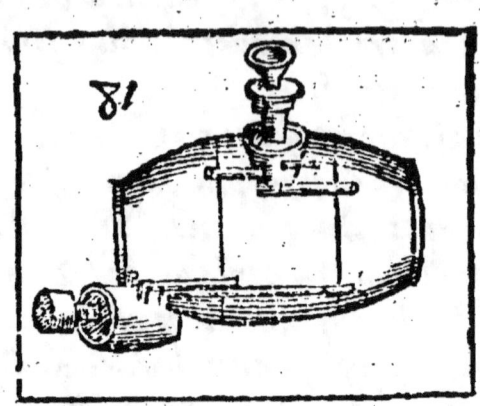

PROBLEME LXXXI.

D'vn tonneau qui contient trois liqueurs diuerses,
versees par vn mesme bondon, & tirées par vne
mesme broche sans aucun meslange.

L'Inuention en est belle. Le tonneau ou vase doit
estre diuisé en trois cellules, pour les trois
liqueurs ; par exemple, du vin, de l'eau, de
l'huile. Dans le bondon il y a vn engin auec 3.
tuyaux, qui aboutissent chacun à sa propre cellule,
& pour fermer l'emboucheure des tuyaux, on met
dans cét engin vne broche ou entonnoir, percé en
3. endroicts ; de sorte que mettant l'vn des trous
vis à vis du tuyau qui luy respond, les deux autres
tuyaux sont bouchez ; & parce moyen l'on peut
sans meslange verser telle liqueur qu'on veut,
dans l'vne des cellules. Or pour tirer aussi sans
confusion : au bas du tonneau il y doit auoir vne
broche, auec tuyaux, & vn robinet percé auec 3.

trous, si bien que disposant l'vn des trous à l'endroict du tuyau correspondant, on en peut tirer du vin separement, & mettant vn autre trou à l'endroict d'vn autretuyau, les autres sont fermez, & on en peut tirer de l'eau, & ainsi de l'huile. Et quand on veut, on dispose le robinet en sorte, que rien du tout ne peut sortir. Et quelquesfois encores le robinet peut estre faict si proprement, qu'on tirera deux liqueurs ensemble, quand on voudra, voire quelquesfois trois ensemble.

PROBLEME. LXXXII.

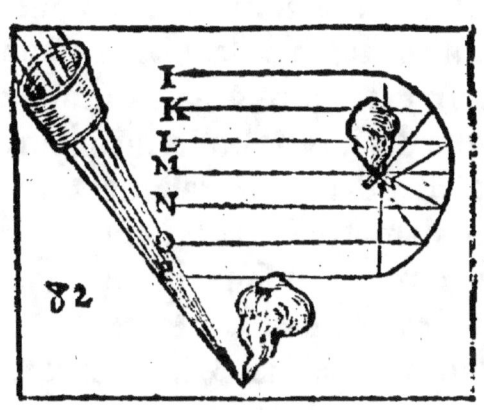

Des miroirs ardents.

Voicy des inuentions de Promothée, pour desrober le feu du Ciel, & l'apporter en terre; veu que par les miroirs ardents, auec vn petit rond de verre, ou d'acier on allume la bougie, & les flambeaux, on embraze des tisons entiers, on

faict fondre le plomb, l'eſtain, l'or, & l'argent, en
fort peu de temps: ne plus ne moins que ſi on l'a-
uoit mis dans le creuſet, deſſus vn grand braſier.

　N'auez vous iamais leu qu'Archimede, ce Bria-
rée de Siracuſe, voyant qu'il ne pouuoit atteindre
aux nauires de Marcellus, qui aſſiegeoit ſa patrie,
pour les incommoder comme il ſouloit, & en les
pirouettant les enfoncer dans la mer: Se transfor-
ma en Iupiter foudroyant, & des plus hautes tours
de la ville lança dedans ces nauires le quarreau de
ſon foudre, excitant vn terrible incendie, en deſ-
pit de Neptune, & des eaux de la mer. Zonaras
vous teſmoignera que Proclus braue Mathematicien, bruſla de la meſme ſorte les nauires de Vita-
lian, qui eſtoit venu aſſieger Conſtantinople ;
L'experience meſme iournaliere vous fera voir
quelque choſe de ſemblable. Car vne boule de criſtal poli, ou vn verre plus eſpais au milieu que par
les bords: que dis ie, vne bouteille pleine d'eau ex-
poſée au Soleil ardent, ſpecialement en eſté & entre 9. heures du matin & trois heures du ſoir, peut
allumer du feu. Les enfans meſme ſçauent cela,
quand auec des ſemblable verres ils bruſlent les
mouches contre la parois, & les manteaux de leurs
compagnons.

EXAMEN.

L'*Experience que l'auſteur de ce liure apporte icy
pour preuue de ſon dire, ſe doibt referer à ce qu'il
a dit tout au commencement de ce Probleme , non
pas d ce qu'il a rapporté en ſuitte d'Archimede & de
Proclus. Et pour ce qu'il dit d'vne fiolle pleine d'eau*

exposée au Soleil en Esté, se peut aussi experimenter
en Hyuer pendant le plus grand froid, & quelquesfois auec vn effect plus notable qu'aux plus
grandes chaleurs de l'Esté, mesmes on peut adjouster
qu'en tel temps d'Hyuer auec vne boule de glace bien
vniforme & claire, où plustost auec vn morceau de
telle glace formé en lentille selon vne deuë figure &
proportion, il s'en pourroit produire vn effect assez
semblable.

Mais pour reuenir à ce qu'il remarque
d'Archimede & Proclus; nous disons qu'il y a
quelque chose à redire en telles relations qui nous en
faict soupçonner, quoy quelles soient ce semble
communement receuës & passées iusques icy en
creance, le subject estant de la qualité de tout plein
d'autres merueilles faciles à imaginer, lesquelles
pour ce que l'examen s'en trouue trop difficile, passent assez souuent en creance, plus pour respect enuers leurs Aucteurs, que par la verité où possibilité
du subject.

Il est bien vray que tous miroirs concaues, cono-
ides ou Spheriques de quelque matiere qu'ils soient,
estans opposez aux rayons du Soleil, excitent quelque chaleur, & que tels en exciteront iusques à
tel & plus haut poinct qu'il a esté remarqué, Doncques Archimede & Proclus ont peu auec des miroirs causer vn incendie dans les nauires ennemies,
c'est dont nous ne demeurons pas d'accord. Car premierement si l'on examine la verité de l'histoire, il se
trouuera que les principaux aucteurs n'en disent vn
seul mot, & s'estonnera-t'on peut estre d'où les aucteurs cy mentionnez, auec quelques autres plus modernes qui nous ont laissé pour histoires ces admira-

bles effects des miroirs ont pris le fondement de leurs
relations. Que si l'on examine aussi la verité de ces
histoires par la possibilité du subiect ; nous disons
qu'asseurement si l'impossibilité ne s'y trouue toute
euidente, du moins l'extreme difficulté s'y rencon
trera: & recognoistra-t'on le peu ou point de proportion qu'il y a de ces espouuëtables effects a ce que nous
produisons assez facilement & ordinairement auec
nos miroirs communs, quoy que la chose passe assez
souuent en merueille parmy les moins cognois-
sans.

　　Mais ce n'est pas icy le lieu ou il faut approfondir cette discussion, le subiect des miroirs est tel
& si ample qu'il merite bien estre discouru en particulier, c'est là où nous auons pleinement examiné
la verité de ces relations & par l'histoire & par la
cognoissance du subiect en soy : ce que nous en disons
icy, n'est que par forme d'aduertissement pour de-
tromper le monde, & exciter les curieux & en l'histoire, & dãs les choses Phisicques a en faire vn particulier examen, & cependant nous osons dire, que
si par vn plus grand aduantage que nous n'auons pas
en l'histoire, soit en la cognoissance, soit en la posses-
sion des historiens, quelque curieux s'entretenant
sur ce subiect tasche de nous en affermir la verité de
l'histoire par quelques particulieres considerations:
Il se trouuera peut-estre que pour le contraire nous le
renuirons sur luy par la cognoissance & discussion du
subiect en soy. D. A. L. G.

　　Mais ce n'est encore rien de cet incendie, au prix
de celuy que causent deuant soy les miroirs creux
nommement ceux qui sont d'acier bien poly, &
qui sont creusez en forme de Parabole ou d'Ouale,

Car iaçoit que les miroirs fpheriques bruflent tres-
efficacement entre la quatriéme & cinquiéme partie du diametre : toutesfois les paraboliques, &
ouales ont bien plus d'effect. Vous en auez icy de
diuerfes figures, qui vous reprefentent quant &
quant la caufe de ces embrafemens : fçauoir eft
l'amas des rayons du Soleil, qui efchauffent puif-
famment le lieu auquel ils s'amaffent à la foule, &
ce par refraction, oû reflixion. Or c'eft vne chofe
belle à voir quand on fouffle fon haleine, quand
on fecouë quelque pouffiere, quand on exite des
vapeurs d'eau chaude deuers le lieu auquel les
rayons s'affemblent, d'autant que par ce moyen,
on recognoift la pyramide lumineufe, & le fouier.
ou place de l'incendie au bout de cette pyramide.

Quelques auceurs promettent des miroirs
qui brufleront iufques à vne diftance infinie, mais
leurs promeffes font de peu d'effect. Suffifoit de
dire, qu'on en peut faire qui bruflent tout au long
d'vne ligne droicte, & par vn affez long efpace,
particulierement les paraboliques, & entre autres
cette parabole couppée par le bout, qui va vnir les
rayons du Soleil par derriere, & pourroit bien
eftre l'inuention mefme d'Archimede, ou Proclus.

EXAMEN.

CE que ce marchand meflé nous raconte icy des
miroirs, qui feuls brufleroient à vne diftance
infinie, nous difons qu'il eft abfolument impoffible
auffi bien qu'auec des verres lenticulaires feuls, mais

que c'et effect soit aussy du tout impossible de soy, la raison nous en faict iuger autrement. Il est bien certain que la chose est tres difficile à executer. Et nous donnerons aussi ailleurs vne bonne partie de ce qui se peut dire sur ce subiect, où nous ferons voir en quoy consiste la difficulté.

Cependant nous disons que la coniecture de cet aucteur sur le subiect des miroirs parabolics annulaires, qu'il estime estre l'inuention d'Archimede & de Proclus, est bien incertaine & son fondement bien foible pour vn si notable effect : car outre que la construction de tels miroirs est beaucoup plus difficile que des autres obtusément concaues, il y a encores ce rencontre à considerer, qu'ils ne peuuent exciter vne grande chaleur que fort proche: car si l'effect s'en proiette plus loing, il est necessaire de deux choses l'vne, ou que l'effect en soit petit, & la chaleur fort lente & debile, ou bien que tels miroirs soient grandement longs & estendus en conoïdes parabolics fort pointus (ce qui n'est ny croyable ny possible en proportion deuё & necessaire) autrement ils ne seroient pas capables d'vne suffisante quantité de rayons transmissibles par reflexion en vn poinct ou espace prescript pour operer l'effect proietté, veu mesmes que si le lieu destiné est tant soit peu eloigné, ils ne pourroient seruir qu'en vne grande inclination du Soleil & de ses rayons partant id diminuёs de leur force.

Et en passant sera aussi remarqué que la representation que l'aucteur de ce liure nous a donnee de cet admirable effect par sa figure sur ce Probleme auec vn miroir parabolic annulaire est fautiue, & mal exprimeё: en ce que les rayons du Soleil y procedent, & passent tous en ligne droicte, sans aucune apparence de

reflexion, & par ainfi ils font figures concurrens auparauant leur incidence dans le miroir parabolic
annulaire. Ce que nous voyons encores auoir efté mal
fuiuy dans la coppie que ce braue Docteur, P. E. M.
nous a donnee pour tefmoignage de fa fuffifance &
grande cognoiffance fur ce fubject.

Au refte. Ce que ce mefme aucteur adioufte encore
pour renuier fur la remarque de Magin, nous a
femblé d'abord promettre quelque chofe de plus releué que ce n'eft. Car fuppofant quelque cauerne,
foffe ou mine, pouuoir efre en fond illuminée du Soleil, il ne fera pas beaucoup d'ifficile d'y exiter du feu
à l'ayde d'un miroir concaue feul, ou d'une lentille
de Criftal, ou bien auec une fphere ou boule entiere,
ou bien mefme auec une fiole pleine d'eau claire: mais
non pas à telle heure qu'on voudra, comme dit cet
Aucteur: & de tout le temps qu'on aura cognoiffance que ledit fond pourra efre illuminé, il fera aifé
de choifir telle heure, qu'ayant deuëment difpofé le
miroir, fphere de verre, ou fiole, le feu en puiffe efre
excité per les rayons du Soleil fur quelque matiere
preparee. Et d'autant qu'il arriue peu qu'en tels
rencontres de cauernes & mines, le Soleil y paffe
au befoing, nous difons que ce que cet aucteur a ad-
ioufté ne va point au pair de la remarque de Magin,
felon laquelle à toute heure, pourueu feulement que
le Soleil luyfe, au moyen de deux miroirs l'un concaue, & l'autre plat, il fera aifé d'executer fon def-
fein. A quoy nous adiouftons, que fi par quelque
rencontre de montagne, roche ou autres obftacles
un feul miroir plat ne pouuois fuffire, qu'on pourroit
y en appeller un fecond au fecours, afin que, finon
par une premiere & fimple reflexion, du moins par

vne seconde & double, on puisse reflechir les rayons
du Soleil dans ladite cauerne, ou mine. Car bien
qu'il y ait en ce cas quelque affoiblissement des rayons, nous asseurons pourtant que la chose ne demeurera pas sans effect : pas mesmes apres vne troisie-
me & quatrieme reflexion : pourueu que le choix, &
la preparation ait esté faicte des miroirs plats auec
iugement & discretion. D. A. L. G.

Maginus en son traitté des miroirs spheriques
c. 5. monstre comme on se pourroit seruir d'vn
miroir concaue, pour allumer du feu en l'ombre,
ou en quelque lieu où le Soleil ne donne pas, & ce
auec l'aide de quelque miroir plat, par lequel se
puisse faire la repercussion des rayons solaires dedans le miroir concaue : Adioustant que cela ser-
uiroit en vn bon besoin, pour mettre le feu en quelque mine, pourueu que la matiere combustible
fut bien appliquée deuant le miroir concaue. Il
dit vray : Mais parce que l'effect de cette pratique
depend de l'application du miroir, & de la poudre & qu'il ne l'explique pas assez, ie proposeray
encore vn moyen plus general.

Comme l'on peut disposer vn miroir ardent,
auec sa matiere combustible, de sorte qu'à telle
heure du iour qu'il vous plaira, en vostre absence
ou presence, le feu s'y prenne. C'est chose certaine
que le lieu auquel se faict l'amas des rayons, ou l'incendie, tourne vire à mesure que le Soleil change
de place, ne plus ne moins que l'ombre tourne à
l'entour du style d'vn Horloge ; & partant, eu es-
gard au cours du Soleil, & à sa hauteur, qui dispos-
sera vne boule de cristal en la mesme place, en laquelle seroit le bout du style, & la poudre ou autre

tre matiere combuftible deſſus la ligne de midy,
d'vne, deux, ou autres heures, & deſſus l'arc du
Soleil qu'il deſcrit à tel iour, infailliblement venuë l'heure de midy ou autre ſemblable, le Soleil
dardant ſes rayons à trauers le criſtal, bruſlera la
matiere que ces rayons amaſſez rencontreront
pour lors; & le meſme ſe doit entendre, auec proportion, de toute autre miroir ardent.

PROBLEME LXXXIII.

Contenant pluſieurs queſtions gaillardes en matiere
d'Arithmetique.

IE n'apporteray en ce probleme que celles qui
ſont tirées des Epigrámes Grecques, adiouſtant
de premier abord la reſponſe, ſans m'arreſter à la
maniere de les ſoudre, ny aux termes Grecs, cela
n'eſt pas propre à ce lieu, ny à mon deſſein, liſe
qui voudra pour ceſt effect Clauius en ſon Algebre, & Gaſpard Bachet ſur Diophante.

De l'Aſne & du Mulet.

ILarriua vn iour, qu'vn mulet & vn aſne faiſants
voyage, portoient chacun ſon baril plein de vin,
or l'Aſne pareſſeux, ſe ſentant vn peu trop chargé,
ſe plaignoit & plioit ſous le fais. Quoy voyant
le mulet, luy dict en ſe faſchant (car ceſtoit le temps
auquel les beſtes parloient) gros aſne dequoy te
plains tu, ſi iauois tant ſeulement vne meſure de

celles que tu portes, ie ferois deux fois plus chargé que toy, & quand ie t'aurois donné vne mefure
des miennes, encore en porteroy-ie autant que
toy. L'on demande là deffus combien de mefures
ils portoient chacun à part foy ? Refponfe. Le mulet en auoit 7. & l'Afne 5. Car le mulet ayant vne
mefure de 5. en auroit 8. double de 4. & en donnant vn à l'Afne, l'vn & l'autre en auroient encore 6.

Du nombre des Soldats Grees qui combattirent deuant Troye la grande.

LE bon homme d'Homere eftant interrogé par
Hefiode, pour fçauoir combien de foldats
Grecs eftoient venus contre Troye, refpondit en
ces termes. Les Grecs auoient 7. feus ou 7. cuifi-
nes : & deuant chaque feu 50. broches tournoient
pour roftir vne grande quantité de chair, & chaque
broche eftoit pour 900. hommes. Iugez par là
combien ils pouuoient eftre ? Refponfe 315000.
trois cents quinze mille foldats. Ce qui eft clair,
multipliant 7. par 50. & le produit par 900.

Du nombres des piftolles que deux hommes auroient.

N Eft-ce pas vne plaifante rencontre ? Pierre &
Iean ont vn certain nombre de piftoles: Pierre dit à Iean, fi vous me donniez 10. de vos piftol-
les, i'en aurois trois fois autant que vous : Et moy,
dit Iean, fi vous m'en donniez 10. des voftres, i'en
aurois 5. fois autaut que vous. Combien eft-ce
donc qu'ils en ont chacun ? Refponfe. Pierre en a.

15. & 5. feptiémes & Iean 18. & 4. feptiémes. Car donnant 10. à Pierre, il en aura 25. & 5. feptiémes qui eft triple de 8. & 4. feptiémes qui refteront à Iean. Et donnant 10. à Iean il en aura 28. & 4. feptiémes quintuple de 5. & 5. feptiémes, qui refteront à Pierre. En vne autre rencontre Claude dit à Martin, donne moy deux teftons i'auray le double des tiens ; Au contraire dit Martin, donne m'en deux des tiens, & i'auray le quadruple. Ie demande fur cela combien l'vn & l'autre en a ; Refponfe Claude en a 3. & 5. feptiémes & Martin 4. & 6. feptiémes.

Qu'elle heure eft-il ?

QVelqu'vn faifant cette queftion à vn mathematicien, il luy refpondit, Monfieur, le refte du iour font quatre tiers de ce qui eft paffé ; iugez de la quelle heure il eft. Refponfe. Si l'on diuifoit chaque iour en 12. heures, depuis le leuer iufques au coucher du Soleil, comme faifoient les Iuifs & anciens Romains, il feroit 5. heures & 1. feptiéme, & refteront 6. & 6. feptiémes. Que fi on comptoit 24. heures d'vne minuiết à l'autre, il feroit à ce compte 10. heures & 2. feptiémes. Ce qui fe trouue diuifant 12. & 24. par 7. troifiémes.

Ie pourrois bien apporter plufieurs femblables queftions, mais elles font trop pointilleufes & difficiles, pour eftre mis au rang des faceties.

Des Efcoliers de Pythagore.

PYthagore eftant interrogé du nombre de fes efcoliers, refpondit. La moitié d'eux eftudie en

Mathematicque, la quatriéme partie en Physique la septiéme partie tient le Tacet, & pardessus il y a 3. femmes. Deuinez donc combien i'ay d'escoliers? Response. Il en auoit 28. Car la moitié qui est 14. le quart 7. la septiéme partie qui est 4. auec 3. femmes, font iustement 28.

Du nombre des pommes distribuées entre les Graces & les Muses.

LEs 3. Graces portoient vn iour des pommes, autant l'vne que l'autre, les 9. Muses venans au rencontre, & leurs demandant des pommes, chaque Grace en donna à chacune des Muses vn nombre égal, & la distribution faite se trouua que les Graces & les Muses en auoient chacune autant l'vne que l'autre. Ie demande là-dessus combien les Graces auoient de pommes, & combien elles en donnerent. Pour soudre la question, il ne faut que ioindre le nombre des Graces auec celuy des Muses, viendra 12. pour le nombre des pommes que chaque Grace anoit. Ou bien il faut prendre le double triple, ou quadruple de 12. comme 24. 36. 48. à condition toutesfois, que si chacune auoit 12. pommes, elle en donne vne à chaque Muse, si 24. elle en donne deux. Si 36. elle en donne trois &c. ainsi la distribution estant faicte; elles auront toutes autant de pommes l'vne que l'autre.

Testament d'vn pere mourant

IE laisse mille escus á mes deux enfans ; vn legitime, l'autre bastard. Mais i'entends que la 5. partie de ce qu'aura mon legitime , surpasse de 10. la quatriéme partie de ce qu'aura le bastard. De combien heriteront ils l'vn & l'autre ? Le bastard aura 422. & 2. neusiémes , & le legitime 577. & 7. neusiémes. Car la cinquiéme partie de 577. & 7. neusiémes qui est 115. & 5. neusiémes surpasse de 10. la quatriéme partie de 422. & 2. neusiémes qui est 105. & 5 neusiémes.

Des Couppes de Cræsus

CRœsus donna au temple des Dieux , 6. couppes d'or , qui pesoient toutes ensemble , 6. mines , c'est à dire 600. dragmes : mais chaque couppe estoit plus pesante d'vne dragme , que la suiuante. Combien pesoient-elles donc chacune à part; La premiere estoit de 102. & 1. deuxiéme & par consequent les autres de 101. & 1. deuxiéme, 100. & 1. deuxiéme, 99. & 1. deuxiéme, 98. & 1. deuxiéme, 97. & 1. deuxiéme.

Des Pommes de Cupidon.

CVpidon se plaignant à sa mere de ce que les Muses luy auoient pris ses pommes, Clio, disoit-il, m'en a rauy la cinquiéme partie ; Euterpe la douziéme ; Thalia vne huictiéme Melpomene la vingtiéme ; Erato la septiéme. Terpomene le quart. Polihymnia en emporte 30. Vranie six-vingts & Calliope la plus meschante de toutes. 300. Voila tout ce qui me reste, monstrant encore 5. pommes combien en auoit il du commencement ? Ie Responds 3360.

Il y a vne infinité des queſtions ſemblables à cette cy, parmy les Epigrammes Grecs; ce ſeroit choſe ennuyeuſe de les mettre icy par le menu. Ie n'en adiouſteray qu'vne ſeule, & donneray vne regle generale pour ſoudre toutes celles qui ſont de meſme teneur.

Des annees que quelqu'vn a veſcu.

IL a paſſé le quart de ſa vie en enfance; la cinquiéme partie en ieuneſſe, le tiers en l'age viril; & outre ce, il y a ia 13. ans qu'il porte la mine d'vn vieillard. L'on demande combien d'ans il a veſcu? Réſponſe 60. Où il faut remarquer, qu'en cette queſtion & autres ſemblables, on cherche vn nombre duquel 1. quatriéme & 1. cinquiéme & 1. troiſiéme auec 13. facent le meſme nombre requis, & pour le trouuer, voicy vne regle generale.

Prenez le plus petit nombre, qui ait les parties propoſées, c'eſt à dire & 1. quatriéme & 1. cinquiéme & vne troiſiéme, tel qu'eſt en noſtre exemple 60. oſtez de ce nombre la ſomme de toutes ces parties, qui ſont 47. Par ce qui reſte, c'eſt à dire 13, diuiſez le nombre qui s'exprime en la queſtion, qui eſt icy 13. viendra 1. pour quotient: Multipliez par ce quotient le nombre que vous auez pris du commencement, viendrá le nombre requis.

Du Lyon de bronze poſé ſur vne fontaine auec cette epigraphe.

IE peus ietter l'eau par les yeux, par la gueule, & par le pied droict; iettant l'eau par l'œil

droiɔ̃, i'empliray mon baſſin en deux iours, & par
l'œil gauche, en 3. iours. Par le pied, en 4. iours,
& par la gueule, en 6. heures. Dittes ſi vous pouuez, en combien de temps, i'empliray le baſſin, iettant l'eau par les yeux, par la gueule, & par le
pied tout enſemble ? Reſponſe, en 4. heures enuiron.

Les Grecs, les plus grands cauſeurs du monde,
appliquent cette meſme queſtion à diuerſes ſtatuës
& tuyaux de fontaines, ou reſeruoirs. Mais au bout
du compte, tout reuient à vne meſme choſe, & la
ſolution ſe trouue, ou par regle de trois, ou par
algebre, ou par cette regle generale.

Diuiſez l'vnité par les denominateurs des proportions, qui ſont données en la queſtion : Et derechef, diuiſez l'vnité par la ſomme des quotiens
viendra le nombre requis.

Ils ont auſſi dans leur Anthologie, pluſieurs
autres queſtions, mais parce qu'elles ſont plus propres à exercer, qu'à recreer les eſprits, ie les paſſe
ſoubs ſilence.

M iiij

PROBLEME. LXXXIV.

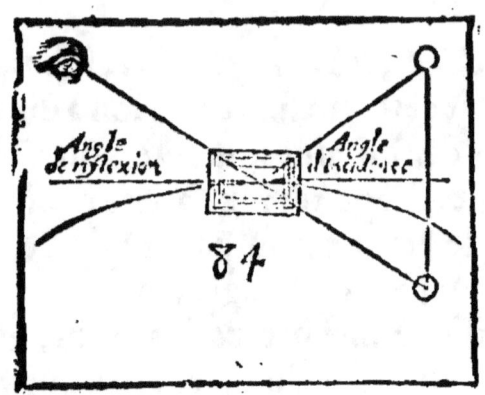

Angle de reflexion   *Angle d'incidence*

84

Diuerses experiences touchant les miroirs.

IL n'y a rien de fi beau au monde que la lumiere
rien de fi recreatif pour la veuë, que les miroirs,
c'eſt pourquoy i'en produiray deformais quelques
experiences, non que i'en vueille traitter à fonds
mais pour en tirer ſubiect de recreation. Suppoſant
deux principes, ou fondements, ſur leſquels eſt e-
ſtablie la demonſtration des apparences, qui ſe font
en toute ſorte de miroirs.

   Le I. eſt que les rayons qui tombent ſur vn
miroir & ſe reflechiſſent, font l'angle de reflexion
egal à celuy de l'incidence.

   Le ſecond, que touſiours l'image de l'obiect ſe
voit au concours, ou rencontre de la ligne de reflexion, auec la perpendiculaire d'incidence : qui
n'eſt autre aux miroirs plats, qu'vne ligne tiré de

l'obiect, deſſus la ſurface du miroir, ou bien continuée auec le miroir : & aux ſpheriques, c'eſt vne
ligne tirée de l'obiect par le centre du miroir.

EXAMEN.

NOous ne croyons pas qu'il ſe puiſſe trouuer ailleurs qu'en ce lieu vne ſi bourruë, ſi mal dige-
rée, & plus mal conceuë definition de perpendiculaire d'incidence pour les miroirs plats, c'eſt nous
dit-on vne ligne tirée de l'objeſt deſſus la ſurface du
miroir, de telles lignes il s'en peut tirer vne infinité,
ou bien dit-on continuée auec le miroir : voila vne
pure chimere en Geometrie qu'vne ligne ſe continuë
auec vn ſolide, ou auec vne ſuperficie.

Ce Doſteur, qui nous promet ſur le ſecond Probleme de ce ramas l'Optique d'Euclide, auec
fort amples deduſtions, nous deuoit donner icy
quelques arres de ſa ſuffiſance pour exciter vn plus
grand deſir de voir ſon liure, & en aduançer
le debit apres l'impreſſion. La Catoptrique eſt vne
partie de l'Optique, l'apprehenſion des objeſts par
l'organe de la veuë ſe faiſt touſiours d'vne meſme
façon, & n'y a autre difference ſinon qu'à l'égard
des objeſts & de l'exterieur de l'œil, l'vne ſe faiſt
immediatement par l'Optique, & l'autre mediate-
mēt par la Catoptrique, ainſi que par la Dioptrique.
On ſe pouuoit donc auec juſte raiſon promettre
icy quelque note vtile pour redreſſer & affermir
cette definition de perpendiculaire d'incidence eż
miroirs plats. Mais il nous le faut excuſer, il ne
faiſt pas profeſſion d'inuenter de ſoy, mais de ramaſſer ſeulement & rapporter d'autruy ce qu'il trouue ſelon ſa portée. Or il n'a point trouué cette de-

finition dans l'Optique ny Catoptrique d'Euclide,
& d'ailleurs nous ne voyons pas que le Sieur Henrion, duquel seul il cite les liures dans ses notes sur
ces Problemes, ait encores touché cette chorde, dont
le son retentit bien haut ez œuures de plusieurs
graues autheurs, quoy qu'en differents modes : mais
leur ton est trop haut pour luy, celuy dudict Sieur
Henrion luy est plus conuenable, puis qu'il en faict
vn si grand cas en toutes occurrences, luy attribuant
à tort ce qui est deub à plus anciens que luy, contre son grè peut-estre & sans adueu, comme nous le
voulons croire.

Faisons fin à cette digression ; & disons qu'és miroirs plats cette perpendiculaire d'incidence est la
plus courte ligne qui se puisse tirer de l'object iusques
à la surface du miroir & en vn mot, c'est la perpendiculaire qui tombe de l'object sur le plan du miroir.

Ou bien, pour reduire la chose en terme de demostration, C'est la perpendiculaire qui tombe de l'object
sur la ligne de commune section des deux superficies,
l'vne reflechissante, & l'autre de reflexion. Dont la
reflechissante est la surface du miroir qu'il faut imaginer continuee si besoin est. Et celle de reflexion est
le plan qui passe par ces trois poincts de l'object de
l'œil, celuy de la surface du miroir qui reflechit de l'object & à l'œil lequel est ordinairement appellé poinct
de reflexion.

Quant à la definition de la mesme perpendiculaire d'incidence ez miroirs spheriques ou autres connexes & concaues. Nous disons qu'elle est tirée plustost de l'imaginationdes anciens, que de la nature
du subject qui nous l'a faict du commencement soubçonner d'erreur en quelques rencontres, & en fin par

experience cognoiftre le plus fouuent faulfe. Les plus
fubtils en cette matiere pourront auec plaifir examiner les raifons de *Kepler* en fes *Paralipomenes* fur
Vitellon, où il a couché de fon refte en la recherche
& eftabliffement de cette perpendiculaire d'incidence, pour affigner le lieu des Images ; & ou, bien qu'il
ait donné quelque attainte au fubiect des miroirs
fpheriques, ce n'a efté pourtant que pour quelques
rencontres : mais pour les *Parabolics,* il eut bien
mieux valu pour luy de s'en taire, que d'en parler fi
peu geometriquement, comme il a faict. *D.A.L.G.*

Or i'entens icy par le nom de miroirs, non
feullement ceux qui font de verre, ou d'acier, mais
encore tous les corps qui peuuent reprefenter les
images des chofes vifibles, à caufe de leur politef-
fe, comme l'eau, le marbre, les metaux, &c. Prenez, s'il vous plaift, vn miroir en main, & experimentez ce que ie vois dire.

Des miroirs plats.

I. Iamais vn homme ne fe voit dans ces miroirs
s'il n'eft directement, & en ligne perpendiculaire deuant le miroir. Iamais il ne voit les autres
obiects, s'il n'eft en tel lieu, que l'angle de reflexion foit egal à celuy de l'incidence. Et partant,
quand vn miroir eft debout, pour voir ce qui eft
en haut, il faut eftre en bas : pour voir ce qui eft à
la droite, il faut eftre à la gauche, &c.

II. Iamais on ne voit vn obiect dans ces miroirs, s'il n'eft releué par deffus la furface du miroir.
Mettez vn miroir fur vne muraille, vous n'y verrez rien qui foit au plat de la muraille. Mettez-le

fur le planché, rien de ce qui eft couché fur le mefme planché.

III. Tout ce qui paroift dans les miroirs plats,
femble eftre autant enfoncé derriere le miroir,
comme il en eft éloigné par deuant ; Et s'il arriue
qu'il fe meuue en quelque façon, l'image femble
fe remuer, mais en effect elle ne fe remuë point,
ains c'eft toufiours vne nouuelle image qui paroift
aux yeux des regardans.

EXAMEN.

Cette difference de mouuement, ou changement
d'images eft icy affez à propos remarquee, &
de verité fi deux diuerfes perfonnes voyent l'image
d'vn mefme obiect, chacune void la fienne, & par
ainfi font venes deux images diftinctes, quoy que
tellement femblables quelles paroiffent n'eftre qu'v-
ne mefme, en forte que l'obiect demeurant immobile,
& y ayant changement de lieu pour la venë à laquelle fe faict la reflexion : il, eft vray de dire que
diuerfes venës furuenantes verront toufiours nouuelles images, mefines qu'vne mefme perfonne, ouurant
& fermant alternatiuement les yeux, verra fuccef-
fiuement nouuelles images : Or comme d'vn feul &
mefme obiect immobile on peut confiderer plufieurs
& diuerfes reprefentations d'images, felon les diuerfes conftitutions de la venë, ou de l'œil : ainfi la venë
demeurant immobile, l'obiect fe mouuant caufera
par fa diuerfe fituation, & pofition, differents poincts
d'incidence, & reflexion : & defcouurira à l'œil immobile toufiours nouuelles images.
D. A. L. G.

IV. Dans vn miroir couché, les hauteurs pa-
roiſſoient renuerſées, comme nous voyons que les
tours, les hommes, & les arbres, paroiſſent renuerſez dans vn puis, vne riuiere, vn eſtang. Dans vn
miroir dreſſé, voſtre main gauche paroiſt à la droicte de l'image, & voſtre droicte à ſa gauche.

V. Prenez vn cube, ou quelque autre corps
ſolide, & le preſentez à vn miroir, ſelon les diuerſes poſtures, que vous luy donnerez, vous remar-
querez auec grand plaiſir, les diuers racourciſſe-
ments qu'il faudroit donner à ce corps, ſuppoſé
qu'on le voulut repreſenter, autant derriere le
miroir, comme il en eſt éloigné par deuant.

EXAMEN.

Pєu s'en a falu, que nous n'ayons donné à cet
Article vn coup de plume, comme eſtant vne
pure niaiſerie, neantmoins peut eſtre que d'autres
y trouueront plus de ſel que nous, ce que nous ne leur
voulons point enuier. Seulement nous diſons que
les obieєts ſeront touſiours mieux, plus diſtinctement,
& de plus pres veus & recogneus par la viſion di-
recte, que par la reflexe quelques diuerſes & differen-
tes poſtures qu'on leur veuille ou puiſſe bailler.
D. N, L. G.

VI. Voulez-vous voir en vne chambre, ſans
eſtre veu, ce qu'on faict en la ruë : il faut diſpoſer
le miroir, en ſorte, que la ligne par laquelle les
images viennent ſur le miroir, face l'angle de l'incidence egal à celuy de la reflexion, eu égard à voſtre œil.

EXAMEN.

VOicy encores vne bonne subtilité & bien nouuelle. Comme s'il estoit impossible absolument
d'estre veu & recogneu, quand d'vne fenestre ou
chambre auec vn miroir plat, on void les autres
dans la rue ou ailleurs. Nous disons donc que pour
d'vne chambre veoir ceux de dehors, la position deuë
& conuenable du miroir plat suffit : mais pour n'estre
point veu ny recogneu, en voyant les autres, il y a
encores quelque chose à dire : car le miroir quel qu'il
soit, est mitoyen & commun entre deux obiects
susceptibles & capables d'apprehension l'vn de l'autre, ce sont mesmes lignes aussi communes, selon lesquelles vn chacun object se faict voir & cognoistre
à l'autre par le moyen du miroir : & partant sans
autre determination, il n'est pas absolument impossible qu'vne personne en voye vne autre auec vn miroir, sans estre pareillement veu.

　Il faut donc adiouster que pour n'estre point
veu, ou plustost recogneu dans vne chambre en voyant
les autres dans la rue ou ailleurs : Il se faut mettre à
couuert de la lumiere, & la preoccuper par quelque
obstacle comme fermant les fenestres à la reserue de
quelque espace. Comme au contraire le miroir estant
oublié & laissé en la mesme situation, il arriueroit
que le soir ou la nuict y ayant de la lumiere dans la
chambre, & les fenestres ouuertes, les passans par
la rue pourroient voir vne partie de ce qui ce feroit
dans la mesme chambre sans estre veus par ceux qui
seroient en icelle, D.A.L.G.

　VII. Voulez-vous mesurer auec vn miroir

la hauteur d'vne tour, ou d'vn clocher. Couchez voſtre miroir par terre, & vous éloignez, iuſques à ce que vous apperceuiez dans ce miroir le bout du clocher. Cela faict, meſurez la diſtance qui eſt entre vos pieds, & le miroir : & voyez quelle proportion aura cette diſtances au reſpect de voſtre hauteur : la meſme proportion ſera entre la diſtance qui eſt depuis le miroir iuſques au pied de la tour, la hauteur du clocher : Ie pourrois bien encore vous dire le moyen, de meſurer les longueurs, largeurs & profondeurs.mais ie veux laiſſer quelque choſe à voſtre inuention.

EXAMEN.

TElle que ce fagoteur de Problemes & d'expe riences a trouué ceſte methode de meſurer auec des miroirs plats, telle il nous l'a donnée, autant en a faict ce braue docteur, qui ſe vante d'y expliquer toutes difficultez & obſcuritez dans ſa note qu'il a tranſcripte d'ailleurs ſur ce lieu, s'efforçant en plain iour de nous faire voir plus clair auec vne petite chandelle qu'il a empruntée. Eſſayons ce qu'ils diſent, il ſe preſente vn pignō à meſurer, l'accez en eſt libre, le miroir a vn pied en quarré de ſurface, le meſureur le poſe à 20. toiſes de diſtance du pied du pignon, & reculé iuſques à ce que ſon œil hault de 5. pieds apperçoiue l'extremité du pignon, & trouue entre ſon pied & le miroir 12. pieds, il y aura donc meſme proportion de 20. thoiſes de diſtance entre le miroir & le pied du pignon, à la hauteur du pignon : que de 12 pieds de diſtance entre le meſureur & le miroir aux 5 pieds de la hauteur de ſon œil, & partant ce pignon

auroit 8. thoifes 2. pieds.   *Mais fi la mefure eft bien
faicte, en prenant depuis le pied du mefureur iufques à l'extremité du miroir vers le pignon, ou premierement a l'extremité du hault dudict pignon à
commencé à luy apparoir, il s'y trouuera 13. pieds:
car le miroir tient vn pied, & partant par mefme
analogie le pignon fe trouuera iuftement de 7. thoifes 4. pieds & pres de 2. poulces*

   *Voyez donc la difference, faute d'auoir apporté
les precautions toufiours neceffaires, fçauoir la iufte
pofition du miroir dans le plan fur lequel eft éleuee la
haulteur à mefurer, & à l'égard duquel doit eftre efti-
mée la hauteur de l'œil du mefureur : auec la remarque precife du poinct au miroir, felon lequel l'œil
reçoit la reflexion de l'extremité de l'obiect à mefurer ce que la marque d'vn poinct fur le miroir auec
ancre, cire, ou autre matiere facile à effacer, fa-
cilitera, fi on recule ou aduance, iufques à ce que ledit
poinct preocupe à l'œil la vifion de l'extremité de
l'obiect. Ou fi, en trauaillant à l'aide d'vn fecond, on
faict aduancer quelque corps, iufques à ce qu'il face cette preocupation & empefche à la veuë apperce-
uant l'extremité de l'obiect à mefurer. Mais cecy
eft plus amplement & particulierement examiné ailleurs, & en fon propre lieu dans nos notes fur le quarré Geometrique de l'Aftrolabe, où nous y auons rapporté toutes les precautions neceffaires, & felon
toutes fortes de rencontres. D. A. L. G.*

   VIII. Prefentez vne chandelle à vn miroir
vn peu de cofté & vous auffi regardez vn peu de
cofté, vous verrez quelques-fois deux, 3. 4. 5. &
6. images, d'vne mefme chandelle, ce qui arriue
(fi ie ne me trompe) à caufe de diuerfes reflexions,

qui se font de la surface, du milieu , & du fond de
ce miroir.

EXAMEN.

SI cet auʿteur auoit faiʿt distinʿtion des miroirs
plats de verre, d'auec les miroirs plats de fonte,
metail, fer , acier , leton , marbre ou autre corps impenetrable à la lumiere , nous n'aurions rien icy à
dire , fors que nous ne cognoissons point ces reflexions du milieu des miroirs dont il y est faiʿt
mention entre la surface & le fonds des miroirs.
Mais ʿe qu'il remarque de la multiplicité des images
ou apparences d'vn seul obieʿt , comme d'vne chandelle, se trouuera tousiours faulx en l'obseruation des
experiences qui s'en feront auec des miroirs plats
impenetrables à la lumiere & non diaphanes , lesquels ne representeront iamais seuls & à vn œil seul
qu'vne seule image d'vn seul obieʿt quelque lumineux qu'il puisse estre. Et ce copiste a bien tiré d'icy
autre fois que la remarque de l'auʿteur ne se void
qu'ez miroirs plats de verre: Mais quand il dit absolument que ceux de fonte , fer , acier ou autres ne
representeront iamais qu'vn image d'vn seul obieʿt,
il a oublié d'y copier aussi ce mot de plats. Il ne sʿait
pas encores peut estre que les concaues de ʿelle matie-
ʿe peuuent representer plusieurs images d'vn seul ob-
ʿeʿt: encores moins, comme nous creyons, quand &
comment & iusques à quel nombre possible. Pour le
nombre des images ez miroirs de verre soient plats
soient conuexes ou concaues , nous l'excusons volontiers , ʿette discussion n'est pas assez du commun
pour luy : dont la recherche de la cause & raison est

N

vn aſſez bon ſubiect pour exercer l'eſprit des curieux:
& la cognoiſſance s'en trouuera vtile à beaucoup de
rencontres. Nous adiouſterons pour en faciliter
les moyens qu'il y a bien de la difference en l'appa-
rence de cette multitude d'images , ſoit en degrez &
force de lumiere , ſoit en ordre & poſition de toutes
les apparences entre elles: mais nous en reſeruons le
ſurplus en ſon lieu. D. A.L.G.

IX. Preſentez vn miroir à vn autre , & vous
diſpoſez pour voir entre deux; vous verrez ie ne
ſçay combien de fois, ces deux miroirs l'vn dedans
l'autre, & dans eux meſmes, & touſiours alternatiuement l'vn apres l'autre, à cauſe de diuerſes reflexions qui ſe font de l'vn à l'autre.

X. Voulez vous voir en vn mot, tout plein de
belles experiences auec deux miroirs; Accouplez-
les en ſorte qu'ils facent vn angle, s'enclinants l'vn
contre l'autre, dos contre dos, ou face contre face,
& vous pourrez vous voir en l'vn, droict, en l'autre renuerſé : en l'vn vous approchant, en l'autre
reculant: vous pourrez voir la perſpectiue de deux
rües enſemble, vous mettant ſur le quart, & pluſieurs autres choſes que ie laiſſe à deſſein.

EXAMEN.

LE ſeul accouplement & inclination de deux miroirs plats l'vn à l'autre ne donnera pas toutes
ces apparences , mais il faut que les miroirs ſoient
tellement joincts & accouplez qu'ils puiſſent receuoir differentes poſitions & inclinations l'vn à l'autre , comme tantoſt reclines & approchans dos à dos,
tantoſt ſe fermans & ioignans face à face : & ſe en

toutes positions de l'vn d'iceux couché droict ou incliné. _D. A. L. G._

XI, On s'estonnera bien de voir dans vn miroir quelque image, sans sçauoir d'ou elle vient, ny comment elle est peinte sur le miroir. Mais cela se peut faire en plusieurs manieres; & premierement mettez vn miroir plus haut que l'œil des regardants, & vis à vis quelque obiect, ou à l'entour du miroir, ou au dessous, en sorte qu'il semble rayonner sur le miroir, quoy qu'il n'y rayonne pas en effect ou s'il y rayonne, qu'il r'enuoye les images en haut, & non pas vers les regardants : Puis apres disposez quelque autre obiect, en sorte qu'il rayonne sur le miroir & descende par reflexe à l'œil des spectateurs, sans qu'ils s'en apperçoiuent, à cause qu'il sera caché derriere quelque chose. Pour lors le miroir representera tout autre chose que ce qu'on voit à l'entour ou à l'opposite, ainsi ayant mis vn cercle vis à vis du miroir, il representera vn quarré. Et voila vne belle quadrature du cercle ; Ayant mis vn image d'homme, il representera vne vierge. Ayant escrit Petrus, ou Igatius, il representera Paulus, ou Xauerius. Ayant mis vn horloge qui represente certaine heure, il en representera vne autre au contraire.

EXAMEN.

Nous voyons en cét article vn homme bien empesché à se faire entendre & a expliquer ce qu'il n'entend pas trop bien & croyons qu'il a eu plus de facilité à s'y laisser surprendre qu'il n'en a eu à comprendre vne inuention vn peu trop grossiere pour les clairs voyans. D. A. L. G.

Secondement qui graueroit derriere le cristal
d'vn miroir, ou traceroit quelque image, en ray-
ant la feuille d'estain, dont il est en duict ; seroit
paroistre par le deuant vne image, sans aucune
apparence, ou necessité de prototype par dehors.
I'estime qu'on auoit graué de la sorte celuy que le
grand Duc Cosme de Medicis enuoya a Henry second, puis qu'il ne representoit autre figure, que
ce grand Duc.

EXAMEN.

*A simple grauenre sur la feuille destain, dont vn
miroir seroit enduict par derriere, n'empesche-
roit pas qu'aux endroits non graues le miroir ne
representast vne partie de ce qui luy seroit opposé : &
ce confusément auec l'apparence de la grauenre qui
ne representeroit que des lineamens obscurs & n'a-
buseroient que les ignorans de la composition des miroirs de verre. Et cette subtilité, si ainsi la deuons appeller, n'iroit pas à ne representer autre chose que la
figure tracée, mais bien à la representer tousiours.*

*Autre chose seroit, si ayant peinct artistement
quelque portraict sur le dos du verre (à la maniere
que nous en voyons assez frequens dans Paris, &
s'en vend volontiers proche la porte de la Saincte
Chappelle) on reconuroit le tout d'vne feuille d'e*\.....
*auec vif argent aux extremitez du verre qui exce-
deroient le portraict, & que tel verre fut enchassé &
placé à la maniere ordinaire des miroirs : en ce cas
nous ne doubtons point que la chose ne fut trouuée
assez plaisante, & en cette maniere le miroir mentionné ne pourroit en l'espace du portraict representer*

autre chose:en outre l'enchaſſeure ordinaire, & la poſition auec l'enceinte du portraiɛt cõpoſé en veritable miroir, eſt ce qui feroit admirer les ignorans,& trouuer l'inuention bonne par les plus ſubtils , principalemeut quand la veuë n'en ſeroit donnée qu'vn peu de loing& que le miroir ſeroit addoſſé en lieu obſcur.
D.A.L.G.

En troiſiéme lieu ,mettez vn miroir aſſez pres d'vn planché , ſans que ceux qui ſont embas , le puiſſent beaucoup apperceuoir : Et diſpoſez vne image fort eſclairée deſſus le meſme planché vis à vis du trou & du miroir, en ſorte qu'elle puiſſe enuoyer ſon eſpece ſur le miroir, elle paroiſtra à ceux qui ſont embas , qui admireront non ſans cauſe, l'apparence de cette image. Le meſme ſe pourroit faire diſpoſant l'image à vne chambre contigue, & la faiſant paroiſtre de coſté.

EXAMEN.

IL faut reſeruer ces ſubtilitez pour les miroirs concaues : car elles ſont trop plattes pour les miroirs plats. D.A.L.G.

Quatriémement vous ſçauez, qu'on faiɛt des images canelées, qui monſtrent d'vn coſté vne teſte mort , par exemple , & de l'autre vne belle face. Et n'y a point de doute, qu'on ne puiſſe faire des ſtatuës raboteuſes, & les peindre tellement, que d'vn coſté elles repreſenteront vne figure d'homme, par exemple, & de l'autre vn arbre ou vne montagne. Or c'eſt auſſi choſe euidente, que mettant le miroir à coſté de ces images, vous verrez dans luy vne figure, tout autre que celle qui

N iij

paroift d'autre cofté.

Finalement c'eft vn beau fecret, de prefenter à vn miroir quelque efcriture, auec telle induftrie qu'on la puifle lire dans le miroir, & que hors de là on n'y cognoifle rien : Ce qui arriue lors qu'on a efcrit à rebours, & en la mefme façon que les Imprimeurs difpofent leurs caracteres pour imprimer. Mais ce qui extafie les perfonnes c'eft de voir qu'on prefente vne efcriture à quelque miroir plat, & au lieu de la reprefenter, il vous faict paroiftre vne autre efcriture, quelquesfois à contre fens, & en autre idiome ; vous luy prefenterez V A E. & le miroir monftrera AVE. Vous luy prefenterez du François il vous reprefentera du Latin, du Grec, ou de l'Hebrieu. Neantmoins la raifon & l'artifice de ce braue fecret n'eft pas trop difficile. Car puifque le miroir eftant mis perpendiculairement fur l'obiect, le renuerfe, en luy prefentant vn V. il prefentera les deux iambes d'vn A, & au contraire, prefentant vn A, reprefentera vn V. Seulement il faut faire en forte, que pour cacher ou reprefenter la barre de l'A, on creufe dans le bois, la cire, ou l'argile faifant que cette barre puifle rayonner fur le miroir, & non pas eftre veuë des affiftants. Ceux qui ont de l'efprit, comprendront facilement le refte.

EXAMEN.

Outes ces fineffes auec miroirs plats font, comme l'on dit, coufuës de fil blanc, & en vn mot pures niaiferies & fadaifes, & qui ne meritent qu'on s'y amufe & feront toufiours plus naïfues en imagina-

*tion qu'en repreſentation, toutesfois il y en a de plus
ſubiects à ſe laiſſer ſurprendre les vns que les autres.* D. A. L. G.

Ie ne diray rien d'auantage des miroirs qui ſont
purement plats, ny des apparences & multiplications admirables, qui ſe ſont en vne grande multitude d'iceux. Il faudroit eſtre dans ces beaux cabinets de Princes, qu'on dit eſtre enrichis d'vn
tres-grand nombre de tres beaux miroirs, pour
contenter ſa veuë en cette matiere.

Des miroirs boſſus ou conuexes.

S Ils ſont en forme de boules, comme les bouteilles ou parties de quelque gros globe de verre, il y a du contentement ſingulier à les contempler.

I. Parce qu'ils ſont l'obiect plus gratieux, &
le rapetiſſent d'autant que plus on s'eſloigne d'eux.

II. Ils repreſentent les images courbes ce qui
eſt fort plaiſant, ſpecialement lors qu'on couche le
miroir, & qu'on regarde quelque planché ou lambris ; comme le deſſus d'vne gallerie, d'vn porche,
ou d'vne ſale : Car ils le repreſentent iuſtement
comme vn gros tonneau, plus ventru au milieu
qu'aux deux bouts, & les poutres ou ſoliues en ſont
comme les cercles.

III. Mais ce qui rauit l'eſprit par les yeux, &
qui faict honte aux perſpectiues des peintres, c'eſt
le beau racourciſſement qui paroiſt dans vn ſi petit rond ; Preſentez ce miroir au fond d'vne grande
allée, ou gallerie, au coing d'vne grande cour pleine de monde ; ou d'vne longue ruë, ou d'vne belle

place ; au bout de quelque grande Eglife. Toutes
les Beluederes d'Italie, les Tuileries & Galeries du
Louure, tout S. Laurent en l'Efcurial, Toute l'E-
glife de S. Pierre à Rome, Toute vne armée ou pro-
ceffion bien rangée toutes les plus belles & grandes
Architectures paroiftront racourcies dans l'enccin-
te de ce miroir, auec vne telle viuacité de couleurs
& diftinction de toutes les plus petites parties, que
ie ne fcache rien au monde de plus aggreable pour
la vcuë.

EXAMEN.

N Ous en dirons bien autant fi la iufte propor-
tion fe rencontroit dans ce racourcis, faute de
laquelle nous en faifons cas comme d'vne belle pein-
Eture, mais mal deffinée & ordonnée en vn mot mal
proportionnée : & plus y aura de racourcis, & moins
y aura il de proportion. De forte que felon les diffe-
rens éloignemens qu'vn mefme obiect à l'égard de fes
parties aura d'vn tel miroir, fon image en fera re-
prefentée dans le miroir monftrueufe & grandement
difforme, tant s'en faut quelle en foit reprefentée
plus gratieufe que fon obiect, comme d'abord on nous
vouldroit faire croire en face l'efpreuue qui voudra
auec vn miroir connexe pofé proche de fes pieds, &
qu'il confidere fon image entiere en toutes fortes de
poftures, il trouuera indubitablement fubiect de
contredire cet article & foubfcrire à noftre remar-
que. D. A. L. G.

Des miroirs creux ou concaues spheriques.

I A'y defia monftré cy deuant, comme ils peuuent brufler, particulierement s'ils font faicts
de metal; Refte icy à deduire quelques apparences plaifantes, qu'ils font veoir à noftre œil, d'autant plus notables qu'ils font plus grands & tirez
d'vn plus grand globe.

EXAMEN.

I L femble que l'on face doute icy fi les miroirs
concaues de verre bruflent. Or il eft certain que
ouy & auffi viuement que beaucoup d'autres femblables de metal, principalement fi l'enduict en eft
bon, & le verre vn peu mince & net. Et de plus
ils peuuent feruir pour les experiences cy apres deduictes.

   Au furplus les miroirs n'en font pas plus
grands pour eftre fimplement portions de grandes
Spheres: car il s'en peut faire de 2. 3. & 4. poulce de
diametre en grandeur de fection, qui feront portions
d'fphæ: de 2. 3. 4. pieds, voire d'autant de thoifes de
diametre. Il eft bien certain qu'entre ceux qui comprennent vne grande portion d'vne petite fphere,
& ceux qui n'en comprendroient qu'vne petite d'vne
grande, foit qu'ils foient égaux ou non en grandeur
de fection, il fe rencontrera bien de la difference en
mefmes experiences, foit pour le nombre, fituation,
quantité & figure des images d'vn mefme ou de plufieurs & differens objects. D. A. L. G.

Maginus en vn petit traitté qu'il a faict de ces miroirs, tesmoigne de soy mesme qu'il en a faict polir pour plusieurs grands Seigneurs d'Italie & d'Allemagne, qui estoient portions de spheres, dont le diametre estoit de 2. a. 3. & 4. pieds. Ie vous en souhaitterois vn semblable, pour experimenter ce qui s'ensuit, mais à faute de cecy, il se faut passer des plus petits moyennât qu'ils soient bien creusez & polis, car autrement les images paroistroient estropiées, obscures & troubles. Il y en a mesmes, qui par faute de miroir, se seruent du creux d'vne cuiller, d'vn plat ou d'vne couppe bien nette & bien polie. Et l'on y remerque vne grande partie des apparences suiuantes.

I. Aux miroirs concaues, les images se voyent quelquesfois en la surface du miroir, autresfois comme si elles estoient dedans & derriere luy, bien profondément aduancées; Quelquesfois elles se voyent en dehors & par deuant, tantost entre l'obiect & le miroir, tantost au lieu mesme où est l'œil, tantost plus loing du miroir que l'obiect n'est éloigné. Ce qui arriue, à cause du diuers concours du rayon reflexe & de la perpendiculaire ou diametre de l'incidence.

Or c'est vne chose plaisante, que par ce-moyen l'image arriue quelquesfois iustement à l'œil. Ceux qui ne sçauent pas le secret, mettent la main a l'espée pensant estre trahis, quand ils voyent sortir de la sorte hors du miroir, vne dague que quelqu'vn tient derriere eux. L'on a veu des miroirs qui representoient toute l'espée en dehors, & separée du miroir, comme si elle eust esté en l'air. On experimente tous les iours qu'vn homme peut manier l'image de ſa main, ou de ſa face, hors du miroir. Et ce d'autant plus loing que le miroir eſt plus grand, & qu'il a le centre fort éloigné.

On conclud par meſme raiſon, que ſi on plante ledict miroir au planché d'vne ſale, tellement que ſa faſe concaue regarde l'Horiſon à plomb, on pourra voir au deſſous vn homme qui ſemblera eſtre pendu par les pieds. Et ſi l'on auoit mis ſoubs la voute d'vne maiſon bien percée, pluſieurs grands miroirs ; on ne pourroit entrer en ce lieu ſans grande frayeur ; car on verroit pluſieurs hommes en l'air, comme s'ils eſtoient pendus par les pieds.

EXAMEN.

TOut ce diſcours cy deſſus eſt tellement remply d'inepties, que nous ne pouuons le laiſſer paſſer ſans nous y arreſter vn peu, pour reduire ſous la verité ce que l'opinion en l'apparãce a faict aduancer non ſeulement dans ce liure, mais preſque par tout ailleurs, de faux : afin que les curieux s'en donnent de garde, & que par preoccupation de faulſes apparences ils ne ſe facent vn grand preiudice en la recherche de la verité : comme noſtre ſeul but, en toutes nos remarques ſur ce liure, n'a eſté que pour reduire les faulſes apparences à la verité, & non pas d'approfondir les matieres non plus que l'aucteur en la recherche & expoſition des vrayes cauſes & raiſons, afin du moins que comme les apparences des choſes ſont les ſeuls moyens & guides par leſquels nous nous pouuons conduire vers leur cognoiſſance, & partant qu'il importe grandement que les experiences que nous en faiſons, ou celles que l'on nous en

r'apporte, soient iustes & veritables : aussi par ces
aduertissemēs les curieux soient rēdus plus circōspects
en leurs experiences, pour en tirer de veritables apparences, & donner de plus vifues attaintes à la
recherche des vrayes causes.

Nous disons donc sur la premiere section de ce
premier article, qu'il est absolumens faux & impossible que les images soient iamais en la surface du miroir : pas mesmes qu'elles puissent sembler y estre
veuës (car nous faisons icy grande difference entre
le vray lieu de l'image, & sa faulse apparence.) Mais
pour celles que l'on establis hors le miroir, encore que
la nature de la chose leur assigne vn vray lieu ailleurs, toutesfois la faulse apparence & imagination
preocupée par certaine illusion, que les plus cognois-
sans sçauent fort bien euiter, leur veut donner quelque lieu hors le miroir, & le plus souuent le lieu qu'on
leur assigne est bien different de celuy que l'apparence mesmes leur donne, & n'y a qu'en certains cas où
l'apparence, quoy que faulsement, les reiecte au concours du rayon reflex auec la perpendiculaire de l'incidence : d'où procede la faulseté & selon la nature
de la chose, & selon l'apparence mesme de dire que
l'image soit quelquesfois au lieu mesmes où est l'œil,
chose du tout impertinente & impossible.

Voila iusques à quelles chimeres l'ignorāce de la verité à porté l'imaginatiō, laquelle cerchāt tousiours
d'vne mesme façon dans la ligne de reflexion, l'image d'vn mesme obiect y portée par vne perpendiculaire d'incidence tirée du mesme obiect par le centre
du miroir, & l'ayant tousiours, ce luy a semblé, suiuie
& poursuiuie iusques dans l'œil mesmes, s'est en fin
portée iusques à cette extremité d'impertinence &

d'abfurdité, que de la faire paffer derriere l'œil &
l'y rechercher encores & eftablir en vne infinité de
differentes diftances : felon & à mefure que l'objett
porté dans vne mefme ligne d'incidence s'auoifineroit
de plus en plus du miroir, iufques à vne certaine & determinée diftance feule capable (felon cette imagination & au dire de la plus-part) de difioindre la perpendiculaire de l'incidence d'auec la ligne de reflexion , & faute de concours en cette infinie diftance, d'en ramener auffi & rappeller en vn inftant
l'image, premierement en la fuperficie du miroir, &
de là en aduant dedans & au delà du miroir felon
que la fantaifie luy en affignera le lieu.

Voila les inepties dont la Catoptrique des anciens eft remplie, & qui ont efté renouuellees de temps
en temps par Alhazen, Vitellon, Magin, & autres à la verité grands perfonnages & pleins de do-
ctrine: mais qui en cette partie fe font trop laiffez
preocuper par l'auctorité des plus anciens , & n'ont
pas recherché la cognoiffance de la chofe dans la chofe mefmes: veu que le fubiett tire fes principes & fon-
demēts de l'experiēce, en laquelle vray femblablemēt
les anciens n'ont pas efté affez circonfpetts, puis qu'ils
nous ont laiffé des abfurditez apparentes en cette
fcience particuliere, comme, entre autres, que le miroir fpherique oppofe aux rayons du Soleil, excite le
feu vers fon centre: chofe du tout faulfe & abfurde,
& laquelle feule nous a ietté dans vne defiance de
l'eftabliffement de leurs principes & faitt foupçon-
ner de toutes leurs conclufions.

Quiconque à noftre imitation fe defobligera enuers les anciens, & autres traittans cette matiere, &
fans aucune preocupation entrera en la recherche de

la verité par nouuelles experiences , sans doubte il
nous soubscrira en cette part : & de plus trouuera
nouuelles lumieres , moyennant lesquelles , auec vne
iuste & conuenable position de son miroir , il aura reflexion de quantité de veritez & beaux secrets en la
nature , qu'il comprendra s'il a tant soit peu la
veuë bonne : & se peut dès à present asseurer que les
vifues images n'excederont point sa veuë , & ne la
troubleront ny offenseront par vne double intromis-
sion , chose trop absurde en la nature : mais il en aura
l'apprehension simple & les verra & recognoistra
deuant soy , differentes neantmoins selon les differentes positions des objects proposez.

　Car c'est vne verité absoluë en cette science , Que
l'œil estant vne fois posé en la ligne de reflexion à
l'égard de l'object & du miroir , quel qu'il soit , que
l'on adhance ou recule tant qu'on voudra l'object selon la ligne d'incidence , & que l'œil demeure fixe :
ou bien qu'on recule ou aduance à volonté l'œil dans
sa ligne de reflexion , l'object demeurant immobile :
ou bien encores que tous les deux , & l'œil & l'object
se meuuent chacun selon sa ligne : iamais l'object ou
son image , comme on voudra , ne se desrobera à l'œil ,
bien que selon les differentes figures des miroirs l'apparence se reuestisse continuellement de nouuelles
& differentes figures , iusques à se rendre quelquefois
monstrueuse , neantmoins elle sera tousiours en cette
monstruosité & grande difformité plus certaine &
reglée que l'imagination de ceux qui la font iouer
des tours de passe-passe , tantost à la porte du miroir ,
tantost cachée derriere la porte , vne autre fois se
porter à quereller sa semblable dans l'œil & offenser
son hoste , & quelquefois , voire le plus souuent , quis-

er & abandonner tout , s'éloignant au delà de la
euë ,iusques à se perdre en son voyage dans l'éloi-
nement d'vne infinie distance , pour de cette perte en
aire renaistre tout à coup , comme d'vn Phenix, vne
ouuelle qui commence par la porte ou superficie a
ntrer petit à petit dans le miroir.

Se repaisse de ces niaiseries qui voudra , la Geo-
etrie les a trop à cœur , & ne les admettra iamais.
agin a faict ce qu'il a peu pour leur y donner
lace à l'aide de Vitellon, mais il n'y a aduancé
n'à y recognoistre nouueaux inconueniens , où se
rouuant embarrassé ,il a mieux aymé quitter tout
: attendre cet effect d'ailleurs que de s'y plonger
d'auantage. Voila comment la preoccupation luy a
nuy, & comme le respect absolu aux anciens la chan-
e en cette partie. car de grand personnage sçauant
& industrieux en autre chose , il a plus senty en cette
cy son forgeur & fondeur pour la matiere & composition des miroirs que Geometre en l'establissement
de leurs effects. Nous remarquons cecy de luy par
ce que son authorité en abuse encores tous les iours
d'autres, & ce d'autant plus que son liuret ayant
esté traduict en françois (quoy qu'assez mal) s'est
rendu commun & familier par ce moyen à plusieurs,
& entre autres à l'aucteur de ce ramas de problemes
qui en a ramassé ce qu'il nous propose à sa mode sur
e subject .

tte digression premise sur la premiere section de cet
rticle, pour resueiller & exciter les curieux de la ve-
ité, en attendant plus grande satisfaction, en son têps
& lieu plus propre, il est aisé d'examiner la seconde; en
aquelle , bien que l'apparêce mesmes ne puisse iamais

attirer l'image iusques à l'œil, Il est bien vray toutesfois qu'en telle situation d'obiect & du miroir concaue auec la veuë, plus on approchera l'obiect du miroir, & de plus en plus la faulse apparence & nostre imagination r'approcheront l'image de nostre veuë. Et telle apparence d'approchement, si c'est auec vn poignard ou espee, donnera à la verité, comme dist nostre auctteur, de l'effroy & de l'apprehension aux plus simples, lesquels a cause du continuel approchement, apprehendent à la fin le coup dans l'œil, que quelques vns affermeroient volontiers auoir receu lors que par vn tel approchement de l'obiect au miroir iusques à vne certaine partie du diametre, l'image auparauant distincte & renuersée, tout à coup par vne certaine confusion des rayons (tousiours & necessairement mitoyenne entre les deux distinctes apparences, l'vne de l'image renuersée, l'autre de l'image droicte) semble leur auoir eblouy la veuë. Car en ce rencontre, le miroir ne leur reflechit autre chose d'vne bonne partie de sa superficie voires mesmes quelquefois de toute sa superficie selon les differétes distáces & positions de l'œil que l'image du poinct ou partie de l'obiect qui se trouue situé au susdit lieu du diametre ou axe du miroir: partant selon que telle partie de l'obiect est lumineuse ou colorée, le miroir leur semble & paroist quelquesfois en toute sa superficie lumineux & coloré. Ainsi d'vne estincelle de feu, ou grain de charbon ardent au bout d'vn báston, tout le miroir leur representera, non sans frayeur, comme vn gros tison de feu. Nous osons dire que le rencontre s'en faisant fortuit, & de nuict sans autre lumiere, les plus subtils & asseurez y seroient pris.

Les

Voila, ce qui peut arriuer en telles experiences, ne vous en promettes pas d'auātage: & ce pendant tenez pour chose tres-saulse, & controuuée à plaisir ce que l'auċteur de ce liure vous rapporte dans cette mesme seconde section de l'image d'vne dague que quelqu'vn tiendroit derriere quelque ignorant, laquelle pre-sentée au miroir, luy donneroit par son exceds & sail-lie hors du miroir telle frayeur & apprehēsion qu'elle luy feroit mettre l'espée à la main, pour se garentir de trahison. Car si tant est, qu'entre plusieurs person-nes posees deuant vn miroir, quelqu'vn par derriere approche auec vne dague en main, la chose veuë auec le miroir peut donner de l'apprehension si la personne qui porte la dague leur est incogneuë : mais tous miroirs sont capables de tils rencontres, autant les plats que les speriques, & autant & plus les connexes que les concaues.

Que si la frayeur n'est donnée que par l'exceds de la dague hors du miroir: Nous disons qu'il est im-possible qu'aucun voye saillir & sortir d'vn miroir concaue l'image de quelque chose qui seroit plus éloi-gnée du miroir que sa veuë, c'est à dire qui seroit pō-sée derriere soy : & partant quiconque verra l'i-mage d'vne dague saillir vers soy hors du miroir, il verra aussi deuant soy la mesme dague poussée vers le miroir si ce n'est que par l'interposition de quel-qu'vn il en soit empesche: ce qui luy sera aisé de reco-gnoistre. Ainsi si auec vn miroir, dont le centre se-roit fort eloigne on represente vne espée saillir entie-re hors du miroir auec la main mesmes de celuy qui la tient, quiconque verra ce phantosme & cet ima-ge, verra deuant soy la main & l'espée entiere : & ce qu'il n'en verra deuant soy sans preocupation ou in-terposition, ne luy semblera auoir aucune saillie

O

hors du miroir , ains luy paroiſtra plus petit & plus enfoncé dans le miroir.

Et fault tenir pour vne verité abſoluë que ſi l'image de quelque obiect comme d'vne eſpée, d'vne baguette ou houſſine eſt veuë ſaillante hors du miroir tirer droict vers la face de quelqu'vn , l'object ſera touſiours-pareillement veu pouſſé droict vers l'image de la meſme face dans le miroir, & chacun peut recognoiſtre la meſme choſe tant pour ſoy que à l'égard des autres aſſiſtans. Et toutesfois & quantes qu'entre pluſieurs deuant vn miroir concaue , vn de la compagnie prendra vne eſpée, ou vne houſſine, & voudra en faire ſaillir l'apparence vers quelqu'vn,qu'il choiſiſſe ſon image dans le miroir,& qu'il y porte droict l'eſpée ou la houſſine, la choſe reüſſira ſelon ſon deſir.

Or en tous ces rencontres , la faulſe apparence faict exceder l'image hors du miroir , en ſorte que l'object s'approchant du centre du miroir , l'image ſemble auſſi s'en approcher, & s'y rendre : tellement que quand vn homme y aduancera ſa main , par exemple,l'image de ſa main ſemblera auſſi s'en approcher,& aura ce plaiſir auec toute l'aſſiſtance de veoir l'object comme luitter auec ſon image : mais de penſer apprehender l'vn l'autre, c'eſt en vain. Ce que nous auons cy-deuant & par pluſieurs fois pris plaiſir de faire experimenter à vn ſinge , auec autant plus de contentement à toute l'aſſiſtance, que tels animaux ,comme tous autres fors l'homme, ne ſont pas grande difference entre l'apparence & la verité ,en ſorte qu'à bon eſcient le ſinge ſe vouloit ſaiſir de l'image de ſes bras & mains (permettez de parler ainſi l'action le merite bien) & ſe mettois

comme en cholere voyant ses efforts inutils ; quelquesfois, comme pour apprivoiser cette image, s'aignoit
se jouer : & ce que nous auons remarqué de particulier en l'action, c'est que souuent ce singe retiroit sa
patte pour frotter ses yeux.

Mais ce qui suit, qu'vn miroir concaue estant
attaché au plancher faict voir vn homme, & plusieurs miroirs plusieurs hommes pendus au mesme
plancher, c'est vne conséquence trop generallement
tirée des raisons cy-dessus & l experience fera souuent veoir du contraire. Il est bien vray qu'en cette
situation du miroir, vn homme estant dessous & se
voyant dedans, se verroit contreposé, mais non pas
auec vn tel exceds hors du miroir qu'il se peut veoir
comme pendu au plancher, si ce n'estoit que le miroir, stant assez grand & spatieux, fut portion d'vne
telle sphere qu'estant attaché au plancher son centre
auoisinast la teste de celuy qui se regarderoit dedans :
car à la verité en ce cas l'effect en seroit assez notable
pour celuy qui se regarderoit dedans, mais non pas
pour d'autres, comme il semble que l'on nous le vueille faire croire indifferemment en quelque situation
qu'ils fussent à l'egard de celuy qui seroit soubs le miroir : estant partant vne absurdité & impertinence
de dire que cette situation de plusieurs miroirs fera veoir auec frayeur des l'entrée plusieurs hommes
pendus au plancher : car il n'y aura que ceux qui seront fort presches de celuy qui leur pourroit paroistre
tel que pourront recognoistre ce phenomene, mais encores auec vne certaine addresse & iuste position, et
non pas indifferemment D. A. L. G.

II. Aux miroirs qui sont plats, l'image se
voit tousiours égale à son obiect, & pour represen-

ter tout vn homme, il faudroit vne glace auſſi grande que luy. Aux miroirs conuexes, elle ſe void touſ-
jours moindre ; Mais aux concaues , elle ſe peut
voir, ores égale (*mais ſans proportion D. A. L G.*)
ores plus grande, & ores plus petite, à cauſe des
diuerſes reflexions qui reſtraignent ou eſlargiſſent
les rayons. Quand l'œil eſt entre le centre & la ſurface du miroir, l'image paroiſt aucunesfois tres
grande & tres difforme : ceux qui n'ont encore que
du poil folet au menton, ſe peuuent conſoler en
voyant vne grande & groſſe barbe qui paroiſt. Ceux
qui s'eſtiment eſtre beaux iettent le miroir par deſ-
pit. Ceux qui mettent leur main pres du miroir,
penſent voir la main d'vn geant. Ceux qui appliquent le bout du doigt contre le meſme miroir,
voyant vne groſſe pyramide de chair, renuerſée
contre leur doigt.

III. C'eſt vne choſe admirable, que l'œil eſtant
venu au centre du miroir concaue, il voit vne grande confuſion & meſlange, & rien autre que ſoy-
meſme. Mais reculant outre le centre, à cauſe que
les rayons s'entre couppent au centre, il voit l'image renuerſée ſans deſſus deſſous, ayant la teſte en
bas, & les pieds en haut.

IV. Ie paſſe ſous ſilence les diuerſes apparences cauſées par le mouuement des obiects, ſoient
qu'ils reculent ou approchent ; ou qu'ils tournent
à droict ou à gauche ; & ſoit qu'on ait attaché le
miroir contre vne muraille, ou qu'on l'ait poſé ſur
le paué. Item celles qui ſe font par le mutuel aſpect
des miroirs concaues auec les plats & conuexes.
Ie veux finir par deux rares experiences. La premiere eſt, pour repreſenter moyennant le Soleil telles

lettres qu'on voudra fur le deuant d'vne maifon, &
d'affez loing, fi bien que quelqu'vn de vos amis les
pourroit lire. Ce qui fe faict, dict Maginus, en ef-
criuant fur la furface du miroir, auec quelque couleur que ce foit, les lettres pourtant affez grandes
& à la renuerfe : ou bien encore faifant lefdictes
lettres de cire, pour les pouuoir facilement ofter
du miroir : Car oppofans le miroir au Soleil, les
lettres efcrites en iceluy feront reuerberées & ef-
crittes au lieu deftiné. Et peut eftre que Pythagore
promettoit auec cette inuention de pouuoir efcrire
fur la Lune.

EXAMEN.

CEt effect de reflechir fur vne muraille quelque
efcriture n'eft pas des plus nobles, & bien que
la chofe reuffiffe affez bien de pres fur quelque paroy
bien obfcure & ombragée, elle n'eft pas fenfible fur
vne autre plus éloignée, & moins obfcure, fur laquelle la reflexion mefmes des rayons du Soleil ne fe recognoift qu'à peine : voire point du tout. Mais pour
ce qui fe fait la nuict auec vne chandelle allumee
pour illuminer quelque lieu de loing, c'eft vn effect
des plus nobles qui fe puiffent operer auec les miroirs
concaues : bien qu'il y ait quelque chofe à redire à
ce qui en eft cy apres efcrit : où, parlant des miroirs
concaues fpheriques, on donne à entendre que la lumiere faifant rencontre du miroir reiallit & fe reflechit par des lignes paralelles, à quoy la rayfon &
l'experience refiftent.

Le feul miroir parabolic a cette proprieté, que
fuppofant la lumiere procedante comme d'vn poinct

lumineux mis au lieu de son foyer, il la reflechit par lignes paralelles, formant comme vne colomne ou cilindre de rayons. Mais le miroir spherique ne peut rendre cet effect, ny auec vn poinct lumineux, ny auec vne chandelle, ou flambeau : ains si selon la distance des lieux a illuminer, on choisit vne deue situation de la chandelle (par exemple,) il reflechira le plus de rayons sur le lieu proposé, en sorte que la chandelle estant mise au centre toute l'illumination se rencontre sur icelle formée comme vne chandelle ardente renuersée : & plus on approchera la chandelle du foyer du miroir, & plus s'éloignera l'illumination. Ainsi le foyer, c'est à dire la distance proche de la quatrieme partie du diametre, sera le terme pour la plus distante illumination, car au delà il ny aura plus de concours. D. A. L. G.

La seconde, comme on se peut diuersement seruir du miroir auec vne chandelle ou torche allumée, l'appliquant au lieu où ledict miroir brusleroit, autrement dit le point d'inflammation, qui est entre la quatriéme & cinquiéme partie du diametre. Car par ce moyen la lumiere de la torche venant à frapper le miroir, reiallist fort loing par des lignes parallelles, faisant vne si grande & esclatante lumiere qu'on peut clairement voir ce qui se faict de loing, voire disent quelqu'vns iusques au camp des ennemis. Et ceux qui voyent le miroir de loing, pensent voir vn bassin d'argent allumé & vne lumiere plus resplendissante que la torche mesme C'est ainsi qu'on faict certaines lanternes, qui esblouyssent la veuë de ceux qui leur viennent au rencontre, & seruent tres-bien à esclairer ceux qui les portent ; accommodant vne chandelle auec vn

petit miroir caue, tellement qu'elle puiſſe ſucceſ-
ſiuement eſtre appliquée au point de l'inflammation.

De meſme par cette lumiere reuerberée, on
peut lire toutes lettres de loing, pourueu qu'elles
ſoient aſſez groſſes, comme quelque epitaphe mis
en haut, bien qu'en vn lieu obſcur : ou quelque lettre d'vn amy, qu'on ne pourroit approcher ſans
peril ou ſoupçon.

Finalement ceux qui craignent d'intereſſer
leur veuë par le voiſinage des lampes ou chandelles, peuuent par cet artifice mettre au coing de la
chambre, vne lampe auec vn miroir caue, qui ren-
uoira commodement la lumiere, deſſus la table en
laqelle on voudra lire ou eſcrire, pourueu que le
miroir ſoit vn peu eſleué, affin que la lumiere frappe ſur la table à angles aigus, comme faict le Soleil, quand il eſt eſleué ſur noſtre Horizon. *Il ſuf-*
fit de dire qu'il faut que le miroir ſoit tellement éleué
qu'il puiſſe reflechir la lumiere ſur la table. Le reſte eſt
vne pure ineptie D.A.L.G.

Des autres miroirs de plaiſir.

I. LEs miroirs columnaires & Pyramidaux, en-
tant qu'ils contiennent des lignes droictes,
repreſentent comme les plats, & en tant qu'ils
ſont courbez, repreſentent comme les caues ou
conuexes.

II Les miroirs qui ſont plats, mais relcuez en
angle ſur le milieu, repreſentent 4.yeux deux bouches, deux nez &c.

EXAMEN.

CEtte experience se trouuera differente, selon les
diuerses rencontres des miroirs & ce que nous
dit cet autteur de quatre yeux, deux bouches,& deux
nez, a esté sans doute pris des miroirs plats vulgaires
c'est à dire de verre, lesquels sont ordinairement fa-
çonnez & taillez exterieurement en biseau vers leurs
extremitez, & representent par ce moyen, le long
dudit biseau, deux differentes superficies ou miroirs
faisans angle exterieur ou relevé : mais interieure-
ment n'ont qu'vne mesme superficie, sur laquelle est
enduict & estendu le teint ou vif-argent, & partant
ne sont qu'vn mesme miroir, duquel par refraction selon les differentes espeisseurs du verre, & les
differents angles de la taille du biseau, sont differemment reflechies les images : c'est à dire en sorte que
quelquefois il se faict reflexion à la veuë de quatre
yeux, deux bouches,& deux nez: quelquefois trois yeux
vne bouche, & vn nez, l'vn élargy & l'autre alongée
outre mesure : autrefois deux yeux seulement, auec
le nez & la bouche estropiez. Or le miroir angulaire
impenetrable à la lumiere, si l'angle est exterieur,
comme celuy en question, ne representera iamais quatre yeux, iamais deux nez & deux bouches: ains, selon certaine position & la difference de l'angle, estro-
piera plus ou moins le milieu du visage respondant
à l'internale des deux yeux, comme le nez, la bouche,
mēton, barbe,& front,lesquels auec vne partie mesme
des yeux, il retressira tousiours. Mais si l'angle est
interieur & r'entrant ou enfoncé, selon la difference
encore dudict angle, comme s'il est plus aign se-

ront representees les images doubles & distinctes, c'est
à dire deux visages entiers : & à mesure que l'angle
s'ouurira, plus les images doubles se reuniront, & ren-
treront l'vne en l'autre: ce qui representeroit quelquefois en vn seul visage estendu en largeur , quatre
yeux, deux nez & deux bouches : en fin l'angle s'e-
uanoüissant, & les deux superficies estans reduites en
vne, la duplicité des images s'euanoüit , & ne paroist plus qu'vne seule image. Ce qui pourra estre
facilement experimenté , comme nous auons faict ,
auec deux petits miroirs d'acier, fer, leton, ou autre
metail & fonte , en telle sorte allignez & joincts
l'vn à l'autre qu'ils puissent facilement representer
diuers angles ou inclinations. D. A. L. G.

III. On voit des miroirs qui font les hommes
pasles , rouges & colorez en diuerses manieres, à
cause de la teincture du verre ou diuerse refraction
des especes. On en voit qui rendent les objects
beaux en apparence, & qui font les hommes plus
ieunes ou plus vieux qu'ils ne sont. Et au contraire d'autres qui les estropient & enlaidissent , &
leur donnent quelquesfois des visages d'asne, des
becs de grüe, des groins de pourceau ; Parce qu'il
n'y a rien qui ne se puisse representer dans les miroirs par reflexion & refraction; iusques là mesme
que si vn miroir estoit taillé comme il faut, ou si
plusieurs pieces de miroirs estoient appliquees,
pour faire vne conuenable reflexion , on pourroit
d'vn atome faire vne montagne en apparence, d'vn
poil de cheueux vn arbre, & d'vne mouche vn
Elephant. Mais cette application est plustost vn
ouurage de subtilité Angelique que d'humaine.

Ie serois trop long si ie voulois tout dire , &

donnerois pluſtoſt de l'ennuy que de la recreation au lecteur, à vne autre impreſſion le reſte.

EXAMEN.

LA cauſe que ce compilateur donne icy de l'appa-rence és miroirs des images paſles, rouges, ou autrement colorées en diuerſes manieres, ioincte auec à ce qu'il a remarqué cy-deſſus de la multipli-cité deſdictes images, nous faict ſoupçonner qu'il n'a eu cognoiſſance d'autres miroirs plats, que de verre. Or diuers & differents miroirs de fonte & metail, comme argent, leton, ou autre matiere adiaphane & impenetrable à la lumiere, rendent ſouuent les images auſſi differemment paſles, iaunes, rouges, ou autre-ment colorées : Eſt-ce comme il dict, à cauſe de la teincture du verre, ou diuerſe refraction des eſpeces? D.A.L.G.

PROBLEME LXXXV.

De quelques Horologes bien gaillardes.

VOudriez vous choſe plus ridicule en cette ma-tiere, que l'horologe naturel deſcrit dan les Epigrammes Grecs; où quelque poëte folaſtre s'eſt amuſé à faire des vers, pour monſtrer que nous por-tons touſiours vn horologe en la face, par le moyen du nez & des dents; N'eſt-ce pas vn ioly quadrant Car il ne faut qu'ouurir la bouche. Les lignes ſeront toutes les dents, Et le nez ſeruira de touche.

Horologes auec des herbes.

II. MAis voudriez vous chofe plus belle en vn parterre & au milieu d'vn compartiment, que de voir les lignes & les nombres des heures reprefentées auec du petit buis ou thim, de l'hyffope ou autre herbe propre à eftre taillée en bordure, & au deffus de la touche vn pannonceau pour monftrer de quel cofté fouffle le vent,

Horologe fur les doigts de la main.

III. NEft-ce pas encore vne commodité bien agreable, quand on fe trouue fur les champs ou aux villages, fans autre Horologe ; de voir auec la main feule, pour le moins à peu pres, quelle heure il eft. Cela fe praticque fur la main gauche, en cefte maniere. Prenez vne paille, ou chofe femblable, de la longueur de l'Index ou fecond doigt. Tenez cette paille bien droicte, entre lo poulce & l'Index. Eftendez la main tournez le dos & le nœud de la main au Soleil, tellement que l'ombre du mufcle qui eft fous le poulce, touche la ligne de vie, qui eft au milieu entre les deux autres grandes lignes qu'on remarque en la paulme de la main. Cela faict, le bout de l'ombre monftrera quelles heures: au bout au grand doigt, 7. heures du matin & 5. heures du foir, au bout du doigt annelier. 8. heures du matin & 4. du foir, au bout du petit doigt 9. & 3. en la premiere iointure du mefme doigt ; 10. & 2. en la feconde ; 11. & 1. en la troifiéme & midy en la ligne fuiuante, qui vient fur le bout de l'Index.

Quelques vns varient cette praticque en hyuer, faifant tourner la face vers le Soleil & coucher la main de plat, mais cela me femble bien incertain.

Horologe qui eftoit autour d'vn Obelifque à Rome.

IV. N'Eftoit-ce pas vne belle éguille, pour faire vn quadrant fur le paué; que de choifir vn Obelifque ayant cent & feize pieds de haut, fans conter la bafe. Neantmoins Pline l'affeure au l. 26. c. 8. Difant que l'Empereur Augufte, ayant faict dreffer au champ de Mars, vn obelifque de cette hauteur, il fit faire vn paué à l'entour, & par l'induftrie du Mathematicien Manilius, on enchaffa des marques de cuiure, fur le paué, & mit on vne pomme dorée fur l'obelifque, pour cognoiftre les heures & le cours du Soleil, auec les croiffances & decroiffances des iours, par le moyen de l'ombre: en la mefme façon, que quelques vns par l'ombre de leur tefte, ou de quelque autre ftile, font de femblables efpreuues d'Aftronomie.

Horologes auec les miroirs.

PTolomée escrit, au rapport de Cardan, que iadis on auoit des miroirs qui seruoient d'horologes & representoient la face des regardants, autant de fois qu'il falloit pour monstrer l'heure 2. fois s'il estoit 2. heures 9. s'il estoit 9. heures &c. Peut estre que cela se faisoit par le moyen de l'eau, laquelle coulant petit à petit hors d'vn vase, descouuroit tantost vn, tantost deux, & puis 3. 4. 5. miroirs pour representer autant de faces, que d'heure s'estoient écoulées auec l'eau.

EXAMEN.

IL faut icy soupçonner tout autre chose que la nature & propriété des miroirs en particulier : car comme nous auons cy-deuant remarqué, vn miroir de metail, ou autre matiere impenetrable par la lumiere, ne representera iamais seul qu'vne seule image d'vn seul obiect : & bien que le miroir de verre ait esté remarqué, en representer quelque fois plusieurs, à cause de ses differentes superficies, qui reflechissent differemment, & par simple reflexion, & par refraction : pourtant le susdit effect n'en sera iamais produict, & cette proprieté ne luy peut non plus conuenir qu'aux autres miroirs : car il representera tousiours en mesme position vn nombre egal d'images, & en pareil ordre. Et cependant nous ne tenons pas la chose de soy, impossible : tant s'en faut, nous auons quelquefois faict des experiences qui y ont quelque rapport, & estimons la chose plus facile à imaginer & executer qu'il ne semble. D. A. L. G.

Horloge auec vn petit miroir, au lieu de style.

VI. QVe diriez vous de l'inuention des Mathe-maticiens, qui trouuent tant de belles & curieuses nouueautez? Ils ont maintenant le moyen de faire les horloges sur le lambris d'vne chambre, & en vn lieu où iamais les rayons du Soleil ne sçauroient directement frapper, mettant vn petit miroir en lieu de style, qui reflechit la lumiere à mesme condition que l'ombre de la touche seroit conduitte sur les heures? Il est facile d'experimenter cela en vn horloge commun, changeant seulement la disposition de l'horloge & attachant au bout de la touche vne piece de miroir plat. Les Allemans n'ont plus besoing par ce moyen, de mettre le nez hors de leur poiles pour voir au Soleil quelle heure il est: car ils feront venir par reflexe & par quelque petit trou ses rayons pour marquer dans la chambre quelle heure il est.

EXAMEN.

CEt article contient deux sortes d'experiences, & bien que l'vne & l'autre se face auec le miroir plat, il y a neantmoins quelque difference a remarquer entre elles que celuy qui les propose n'a pas recogneu vray semblablement. La premiere se faict auec vn fort petit miroir establi & posé en vn espace libre aux rayons du Soleil, & la seconde se faict auec vn miroir spacieux establi & exposé à vn fort petit trou, par où le Soleil puisse rayonner. En la premiere, le petit miroir represente l'extremité du stile de quelque horloge, dont l'ombre proiettee sur le plan

*de l'horloge, est conuertie en rayon de soleil, reflechy
& semblablement projecté sur vn autre plan opposé. Et en la seconde c'est le trou de la fenestre, ou autre pertuis par où passe le rayon du Soleil, qui represente l'extremité du stile, & le miroir represente le
plan de l'horloge, sur lequel le rayon estant projecté
à guise d'ombre se reflechit sur vn autre plan opposé.
Et consequemment il est besoin qu'en cette seconde
maniere, le miroir soit aucunement spacieux & capable, au moins de contenir les lineamens necessai-
res d'vn horologe, dont le petit trou representeroit
l'extremité du stile.*

*Mais s'il est licite d'vser en cette façon des
miroirs, il en faut abuser tout à faict, & tracer sur
vn miroir tous les lineamens d'vn horologe vulgaire
quelconque, sçauoir droit, inclinant ou declinant,
Meridional, Septentrional, ou vertical &c. selon
les differentes positions du miroir, ou plustost selon
les differens lieux & plans, sur lesquels on desire
faire la proiection des rayons reflechis : car si, y
ayant deubement appliqué vne banniere ou bien vn
seul stile, ou plustost vne perle representante l'extremité du stile, le miroir est mis & situé en lieu libre
ausdits rayons du Soleil, ils se reflechiront sur le lieu
proposé dans vn espace figure auec des lineamens obscurs respondans à ceux du miroir : entre lesquels
l'ombre du stile ou de son extremité, comme de ladite
perle, se recognoistra aussi distinctement que sur le
miroir. Auec cette inuention, on peut sans ouurir
aucune fenestre, & sans rien tracer dans vne chambre recognoistre l'heure, si tel miroir est deuëment posé sur la fenestre, en sorte que le tout se reflechisse
au trauers de quelque lozange de verre bien egal : où*

bien ſi tel miroir eſt appliqué proche d'vn chaſſis de
papier, en ſorte que la reflexion ſe face ſur vn eſpace qui ne ſoit point expoſé aux rayons du Soleil, ce
qui eſt aſſez ayſé à preparer.

Que ſi les miroirs ne ſont aſſez traictables pour
cet effect, où que d'ailleurs on les iuge trop ſubjects
à tout plein d'inconueniens. Laiſſons les la, & pour
obtenir le meſme effect, voire plus noble & plus propre, faictes tracer ſur vne loȝange de vos vitres,
ou pluſtoſt ſur vn quarré de voſtre chaſſis à verre,
voire meſmes ſur le papier du chaſſis faute de verre,
vn horologe auec ſes lineamens neceſſaires, & faictes
appliquer par dehors auec vn petit fil de fer, ou leton,
vne perle en deuë & conuenable poſition, en ſorte
quelle repreſente l'extremité du ſtile de l'horologe, &
vous aurez le plaiſir, le Soleil y luiſant de recognoiſtre l'heure par l'ombre de la perle ſans rien ouurir & le plus ſouuent ſans vous bouger de place.
Ainſi ces manieres ſeroient plus propres aux Allemans que celle qui leur eſt cy-deſſus dediée, laquelle en donnant paſſage aux rayons du Soleil par vn
trou, quoy que petit, donneroit auſſi peu ou prou paſſage au vent & à l'air exterieur : & c'eſt tout ce
qu'ils apprehendent, D. A. L. G.

Horologes auec l'eau.

VII. CEs horologes estoient bons pour la simplicité ancienne , aussi bien que ceux de sable, auparauant qu'on eut l'artifice des monstres ou horologes à roüe. Quelques vns emplissoiét vne cuue pleine d'eau, & ayans faict experience de ce qu'ils en sortit tout vn iour, ils marquoient dans la cuue mesme, les interualles horaires, ou bien ils mettoient vn ais dessus l'eau, auec vne petite statuë, qui monstroit à la faueur d'vne baguette, les mesmes interualles, marquez contre vne muraille, à mesure que l'eau s'aualloit. Vitruue en descrit d'vne autre sorte plus difficile. Baptiste à Porta parmy ses secrets naturels, donne cette inuention. Ayez vn vase plein d'eau en forme de chauderon, & vn autre vase de verre, semblable aux cloches auec lesquelles on couure les melons. Que ce vase de verré soit quasi aussi large que le chauderon, & qu'il n'ait qu'vn trespetit trou par le milieu, quand on le mettra sur l'eau, il s'abbaissera faict à faict que l'air sortira, & par ce moyen on pourra marquer les heures en sa surface pour s'en seruir vne autre fois. Que si du commencement on auoit attiré l'eau dans ce mesme vase de verre, en suçant par le petit trou, cette eau ne retomberoit pas, si non faict à faict que l'air succederoit, r'entrant lentement par le petit trou, & par cette autre façon , on pourroit encore distinguer les heures, selon le rabbais de l'eau.

Il me semble sauf meilleur aduis, que ce seroit vne plus facile & certaine industrie si on faisoit couler l'eau par vn siphon goutte à goutte dans vn cylindre de verre, car ayant marqué à l'exterieur les interualles des heures sur le cylindre, l'eau mes--

me qui tomberoit dedans, monſtreroit quelle heure il eſt, beaucoup mieux, que le ſable ne peut monſtrer les demiheures, & quarts d'heure, aux horologes communs : à cauſe que l'eau prend incontinent
ſon niueau, non pas le ſable.

En voicy encore vn lequel eſtant plus parfaict
requiert plus d'appareil. La figure l'explicquera
mieux qu'vne longue ſuitte de parolles, & n'y à
point d'autre myſtere ſinon, faict à faict que l'eau
flue par le ſiphon, la nacelle deſcendant, faict tourner l'arbre, auec la touche de l'horloge, qui par ce
moyen marque l'heure deſſus le rond de la monſtre.
Que ſi on vouloit adiouſter à ce rond, les heures
des diuers pais, ou bien faire ſonner les heures
auec vn tymbre, on le pourroit facilement.

PROBLEME LXXXVI.

DES CANONS.

*Les gentils-hommes, & soldats, verront volontiers
ce Probleme, qui contient 3. ou 4. questions curieuses.*

*La Premiere sera Comme l'on peut charger vn ca-
non sans pouldre.*

CEla se peut faire auec de l'air & de l'eau seule:
ayant bien bouché la lumiere du canon, on
verse quantité d'eau froide dans l'ame du canon, ou
bien on serre tant qu'on peut & on siringue à force,
l'air le plus espais qu'on peut, & ayant mis vn bois
rond bien iuste & huilé, pour mieux couler & pousser la balle quand il sera temps, on serre ce bois
auec quelque perche, de peur que l'air ou l'eau ne
s'escoule auant le temps. De plus on faict du feu à
l'entour de la culasse, pour eschauffer l'eau &
quelquesfois encor pour l'air, & puis quand on
veut tirer, on relasche la perche, ou ce qui contenoit l'air & l'eau serrée au fond du canon. Pour lors,
l'eau ou l'air cherchant vne plus grande place, &
ayant moyen de la prendre, pousse le bois & la boule auec grande roideur, ayant presque mesme effect que s'il estoit chargé de poudre. L'experience
de ce qui arriue aux Sarbataines, quand on chasse
des noyaux, des morceaux de papier maché, ou des
petites flesches auec l'air seul, monstre bien la verité
de ce Probleme.

EXAMEN.

ON nous propose icy vn bon moyen pour nous
espargner la pouldre a canon & vn bon se-

cours à son default, on dit que l'eau ou l'air renfermez dans le canon & échauffés ont presque vn mesme effect que la poudre ayant pris feu. Mais qui voudra comparer la violence de l'vn à l'autre, & en cognoistre la difference, qu'il prenne deux semblables Æolipiles dont est parlé cy-dessus & qu'il en emplisse vne d'eau, & l'autre par quelque moyen de poudre à canon, qu'il les eschauffe iusques à ce que chacune iouë son ieu, & il se fera sçauant en cette matiere. D.A.L.G.

Seconde. Combien de temps met la bale d'vn Canon, deuant que de tomber à terre.

L
A resolution de ceste question depend de la force du canon & de sa charge. On dit que Ticho Brahé & le Landgraue ont experimenté sur vn canon d'Allemagne, qu'en deux minutes d'heure, la balle faisoit vne lieuë d'Allemaigne. A ce compte vn corps qui se remueroit aussi viste que la boule d'vn canon feroit trente lieuës d'Allemagne c'est à dire 120. milles d'Italie en vne heure.

EXAMEN.

IL semble que l'experience de Tycho & du Landgraue, comme on nous la rapporte, establisse autant la portée du canon iusques à vne lieuë d'Allemagne, comme le temps quelle employeroit en cette portée: Mais comme ainsi soit qu'vne lieuë d'Allemagne est presque double d'vne des nostres Françoises: & que du moins trois d'Allemagne en égal-

lent cinq des nostres : il est aisé de iuger que cette
portée iusques à vne leuë & deux tiers de France
seroit absurde, & partant faut dire que selon telles
experiences en deux minutes la balle continuant
son mouuement feroit vne lieuë d'Allemagne.
D. A. L. G.

Troisieme. D'où vient que le canon a plus de force,
quand il est eleué en haut, que quand il est pointé contre bas, ou quand il est de niueau parallele à l'Horison.

SI nous auions egard à l'effect du Canon, quand
il faut battre vne muraille, ie dirois que la question est faulse : estant chose euidente que les coups
qui tombent perpendiculairement sur vne muraille, sont bien plus violents, que ceux qui frappent
de biais, & par glissade.

Mais considerant la force du coup seulement,
la question est tres-veritable & tres-bien experimentée, iusques là mesme, qu'on trouue certainement, qu'vn coup pointé contremont, à la hauteur d'vn angle demy droit, est trois ou quatre
fois plus violent, que celuy qu'on tire à niueau de
l'Horison. La raison est, ce me semble, parce qu'en tirant en haut, le feu suit & porte plus long-temps la
boule : L'air se remuë plus facilement contremont
que contre terre, à cause que les cercles d'air qui
se font par le mouuement, sont plustost brisez
contre terre.

CEs deux raisons sont autant puissantes pour sauuer & establir vne veritable experience, comme nous estimons le feu ou l'air puissant hors du canon pour violenter de telle force vn boulet de fer ou plomb, qu'ils puissent augmenter sa portée : mais il ne se faut estonner si celuy qui nous a cy-dessus asseuré que l'effect d'vn canon tiré auec de l'eau ou de l'air, seroit presque le mesme que tiré auec de la poudre donne encores icy vne telle puissance au feu & à l'air, qu'il puissent seruir de vehicule à vn boulet de canon, pour le porter au delà de sa iuste portée, & luy augmenter la violence du mouuement qu'il a receu dès la sortie du canon. Et supposé qu'il y eut vne grande & sensible difference au mouuement de l'air ou du feu comme l'on veut dire, le canon estant tiré du haut en bas, ou de bas en hault, ou bien encores d'égale hauteur, (ce dont nous ne faisons aucun doubte,) neantmoins en quelque façon que ce mouuement d'air soit consideré, il ne s'y trouuera iamais en proportion pour agir si sensiblement sur vn boulet de canon, & produire de si sensibles differences en son mouuement & portées. D. A. L. G.

D'auantage, quand le canon est haussé, la boule presse d'auantage la poudre, & par cette resistance faict qu'elle s'enflamme toute deuant que de chasser ; voire, faict qu'elle chasse plus fort, car on jette plus loing vn esteuf qui resiste qu'vne balle de laine.

EXAMEN.

L'On pourroit dire qu'vne mesme force pourroit ietter plus loing vne balle de laine qu'vn esteuf,

& vn esteuf plus loing qu'vne boule de pierre, &
celle cy plus loing qu'vne autre de fer ou plomb:
c'est vne experience veritable & assez ordinaire,
dont on pourroit aussi bailler vne raison toute contraire, & sans doubte plus à propos, sçauoir que ce
seroit à cause que la balle de laine faict moins de resistance à la force mouuante que l'esteuf, & l'esteuf
moins que la pierre & autres. Est-ce donc comme on
nous dit icy, à cause de la resistance que l'esteuf est
ietté plus loing qu'vne balle de laine? iugez de cette
subtilité en philosophie. *D. A. L. G.*

Quand le canon est autrement disposé, tout le
contraire arriue, car estant baissé, le feu quitte incontinent la boule, les ondes de l'air sont facilement rompuës contre terre. Et la boule roulant
par le canon resiste moins, & partant la poudre ne
s'enflamme pas toute, d'où vient que tirant vn
coup d'arquebuse au niueau de l'horison contre du
papier, de la toile, ou du bois, nous voyons vn
grand nombre de petits trous, ouuerts par les
grains de poudre, qui sortent du calibre, sans estre
enflammés.

EXAMEN.

ET nous, nous disons que si cela arriue en vne portée de niueau, le mesme arriuera en vne portée
de bas en haut en quelque inclination que ce soit,
pourueu que la charge de l'arquebuse soit égale &
semblable. & le doubte que nous y faisons, c'est que
nous n'estimons pas cette experience veritable, sinon
en trois cas: sçauoir qu'il y eut grand exceds en la
charge, eu égard à la longueur du canon : ou qu'il y

eut manque en la maniere de charger, qui est le cas
le plus frequent & ordinaire : ou qu'il y eut manque
en la poudre qui ne seroit pas bonne, ou seroit euen-
tée, ou trop humide. D. A. L. G.

A ce compte, dira quelqu'vn, le Canon pointé
droict au zenith deuroit tirer plus fort, qu'en toute autre posture. Ceux qui estiment que la bale d'vn
canon tiré de cette façon, se liquefie, se perd, & se
consume dans l'air, à cause de la violence du coup
& actiuité du feu; respondroient facilemét, qu'ouy,
& maintiendroient qu'on en a faict souuent l'experience, sans que iamais on ait peu sçauoir que la bale soit retombée en terre. Mais pour moy qui trouue de la difficulté à croire cette experience, ie me
persuade plustost que la bale retombe assez loin du
lieu auquel on a tiré, ie responds que non, parce
qu'en tel cas quoy que le feu ait vn peu plus d'actiuité, la balle a beaucoup plus de resistance.

C'est encore vne belle question, sçauoir mon si la por-
tée des canons est d'autant plus grande & forte, que
plus ils sont longs.

IV. **I**L semble d'vn costé que cela soit tres vray,
parce qu'vniuersellement parlant, tout ce
qui se meut par le conduit d'vn tuyau, est d'autant
plus violent, que le tuyau est plus long, comme i'ay
desia monstré cy deuant, pour le regard de la veuë,
l'ouye, l'eau, le feu, &c. Et en particulier, la raison
semble demonstrer le mesme aux canons, parce
qu'aux plus longs, le feu est detenu plus long-
temps dedans l'ame, & pousse le boulet par derriere, luy imprimant de plus en plus vne qualité mouuante. L'experience mesme a faict voir, que prenant des canons de mesme embouscheure & de di-

uerſe grandeur, depuis 8. iuſques à 12. pieds; le canon
de neuf pieds a plus de portée que celuy de huict: celuy de 10. plus que celuy de 9. & ainſi des autres, iuſques à celuy de 12. Or abſolument parlant, le canon commun de France deſchargé en l'air peut porter de poinct en blanc, enuiron 600. pas communs,
à 3. pieds de Roy le pas. Et ſi on le deſcharge de 200
pas, il peut percer dans la terre molle, de 15. à 17.
pieds: dans la terre ferme, 10. à 12. dans la terre inſta-
ble, comme le ſable, de 22. à 24. pieds ; & s'il eſtoit
deſchargé contre vn bataillon rangé, on dit que ſon
boulet peut percer d'outre en outre vn homme
armé, & forcer iuſques dans la poictrine de celuy
qui le ſuit.

Mais que dirons nous à vne difficulté qui ſe
preſente au contraire : car l'experience a faict voir
en Allemagne qu'ayant fait pluſieurs canons de
pareille embouchure & diuerſe grandeurs, depuis
8. iuſques à 17. pieds, il eſt bien vray que depuis 8.
iuſques à 12. la force croiſt, iaçoit que non pas du
tout auec meſme proportion que la grandeur : mais
depuis 12. iuſques à 17. la force decroiſt, de ſorte
que la portée du canon de 13. pieds, eſt moindre que
celle de celuy de 12. Du canon de 14. encore moindre, & ainſi des autres iuſques à 17. qui a la moindre portée de tous.

Pour decider cette queſtion, i'aduoüe ce que
la raiſon & l'experience monſtre en general & en
particulier, que la portée eſt d'autant plus grande
que les canons ſont plus grands. Mais l'oppoſition
du contraire me contraint d'y adioindre cette limi-
tation : pourueu que cela ſe face en vne mediocre
longueur, autrement l'exhalaiſon & inflammation

de la poudre, qui a plus d'air à chaſſer dehors tout
à coup, & plus de chemin à faire en vn long tuyau
ſemble perdre ſa force & auoir plus d'empeſchement que d'effort.

PROBLEME LXXXVII.

*Des progreſſions & de la prodigieuſe multiplication
des animaux, des plantes, des fruiſt, de l'or & de
l'argent, quand on va touſiours augmentant par
certaine proportion.*

IE vous diray icy pluſieurs choſes, non moins recreatiues qu'admirables, mais ſi aſſeurées '& ſi
faciles à demonſtrer, qu'il ne faut que ſçauoir multiplier les nombres pour en faire la preuue. Et premierement.

Des grains de mouſtarde.

1. IE dis que toute la ſemence qui naiſtroit d'vn
ſeul grain de mouſtarde 10. ans durant, ne
ſçauroit tenir dans le pourpris du monde, quand
il ſeroit cent mille fois plus grand qu'il n'eſt; & ne
contiendroit autre choſe depuis le centre iuſques
au firmament, que des petits grains de mouſtarde.
Et parce que ce n'eſt pas tout de dire, mais il faut
prouuer; Ie le monſtre en cette façon. Vne plante
de mouſtarde peut facilement porter dans toutes
ſes goſſes plus de mille grains. Mais n'en prenons
que mille & procedons 10. ans durant à multi-

plier tousiours par mille. Posé le cas qu'on seme
tous les grains qui en prouiendront , & que cha
cun grain produise vne plante capable de porter sa
milliasse de grains. Au bout de 17. ans, vous verrez
desia que le nombre des grains surpassera le nombre des arenes, qui pourroient emplir tout le firmament. Car suiuant la supputation d'Archimede
& la plus probable opinion de la grandeur du firmament que Tycho Braché nous a laissé, le nombre des grains de sable seroit suffisamment exprimé auec 49. chiffres. Là ou le nombre des grains
de moustarde, au bout de 17. ans auroit desia 52.
notes. Et comme ainsi soit que les grains de moustarde sont incomparablement plus grands que
ceux de sable, il est éuident que dés la dix-septié-
me année toute la semence qui naistroit par succes-
sion d'vn seul grain, ne pourroit estre comprise dans
l'enceincte du monde. Que seroit-ce donc si nous
continuons à multiplier par milliasses, iusqu'à la 20.
année. C'est chose claire comme le iour que le comble des grains de moustarde seroit cent mille fois
plus grand que tout ce monde.

Des Cochons.

11. N'Est-ce pas vne plaisante & admirable proposition ? de dire que le grand Turc auec
tous ces reuenus ne sçauroit nourrir vn an durant
tous les cochons qui peuuent naistre d'vne truie &
de sa race par l'espace de 12. ans. Et n'eantmóins
c'est chose tres-veritable : car posons le cas qu'vne
truie n'en porte que six d'vne ventrée, deux masles
& quatre femelles, & que chaque femelle en en-

gendre tout autant les années suiuantes l'espace de 12. ans, au bout du compte nous trouuons plus de trente trois millions de cochons & de truies. Et par ce qu'vn escu n'est pas trop pour entretenir & loger chaque beste vn an durant, car ce n'est pas plus de 2. deniers par iour, il faudroit pour le moins autant d'escus pour les entretenir vn an durant. Puis donc que le grand Seigneur n'a pas 33. millions de reuenu, il est euident &c.

Des grains de bled.

III. **T**Ous serez estonné si ie dis qu'vn grain de bled auec tout ce qui en peut venir successiuement l'espace de 12. ans, produira ce nombre de grains, 244.140. 625. 000. 000. 000. 000. Qui monte iusqu'à 244. quintillions. Posé le cas qu'on semast tout tous les ans & que chaque grain en produisit 50. (Ce qui est peu, car ils en produisent quelquefois 70. 100. & d'auantage) Or cette prodigieuse somme seroit vn monceau cubique de 244. 140. lieuës françoises, donnant à chaque pied 100. grains de long autant de large & autant de fonds , & partant quand vous prendriez 24. 414. 000. villes semblable à Paris leur donnant vne lieuë en toute quarrure & 160. pieds de hauteur elles en seroient toutes pleines du haut en bas, quoy qu'il n'y eut autre chose que du bled. Et supposé qu'vne mesure ou bichot fut égale au pied cubique , comprenant vn million de grains viendroit ce nombre de bichots 244. 140. 925. 000. 000. Nombre si grand que si on en vouloit charger des vaisseaux, mille bichots sur chacun, il faudroit

tant de nauires, que l'Ocean à peine y pourroit
suffire. Car il en faudroit bien 244. 140. 625. 000.
Et donnant le quart d'vn escu pour chaque bichot
il faudroit tout ce nombre d'escus 611. 351. 562. 500.
00. Ie ne croy pas qu'il y en ait tant au monde comprenant tous les thresors des Princes & des personnes particulieres. N'est-ce pas donc vn bon mesna-
ge de semer vn grain de bled & tout ce qui en vient
l'espace de quelques années consecutiues, pouruu
qu'on aye de la terre à suffisance, & qu'on n'en consume point ce pendant.

De l'homme qui va receuillant des pommes, des pierres, ou chose semblable, à certaine condition.

iv.   IL y a cent pommes ou cent œufs, cent pierres ou choses semblables, disposées en longueur de sorte qu'il y a tousiours vn pas entre deux:
Quelqu'vn ayant mis vn panier à vn pas prés de la
premiere pomme entreprend de les recueillir toutes les vnes apres les autres, & de les rapporter
dans son panier. Ie demande combien il fera de
chemin? Responce. Il luy faudroit bien vn demy
iour, mais il fera dix mille & cent pas surnumerai-
res.

Des Brebis.

v.   CEux qui ont de grandes bergeries seroient en peu de temps bien riches, s'ils
conseruoient leurs brebis l'espace de chaque année sans les vendre ou faire tuer. Et que chaque

brebis en produiſit vne autre par chacun an : Car
au bout de 16. ans, 100. brebis ſe multiplieroient
iuſques au nombre de 61. 689. 600. ſoixante & vn
million : Et par ce qu'elles vallent vn eſcu par teſte
ce ſeroit conſequemment 61. million. Pourueu
qu'on eut où les loger & du paſquis pour les faire
paitre. Car ie ne reſponds icy que pour mes nombres.

Des pois chiches.

VI IE veux que chaſque pois en produiſe 30,
par an ; & qu'on ſeme tout ce qui viendra
l'eſpace de 12. ans, viendra ce grand nombre 530.
44. 000. 000. 000. 000. Et donnant 50. poids de
long, autant de large, autant de haut, à vn pied
cubique, on en feroit vn monceau qui comprien-
droit tant de pieds cubiques, que ce nombre a
d'vnitez : 42.435. 280. 00000. Prenant pour chaque bichot vn pied cubique & vn quart d'eſcu ou
vn teſton par bichot. Il faudroit pour les achep-
ter, incomparablement plus d'eſcus qu'il n'y en a
dans tout le monde ; c'eſt à ſçauoir 106. 088. 810.
00000. Et neantmoins qui voudroit eſtendre ces
pois par tout le rond de la terre, n'en ſçauroit couurir toute la ſurface du globe de la terre & de l'eau,
quand il ne mettroit qu'vn ſeul pois d'eſpaiſſeur.
Si bien, celuy ne comprendroit que la terre, ſans
compter la ſurface de l'eau.

Dé l'homme qui vend ſeulement les clous de ſon che-
ual, ou les boutons de ſon pourpoint, à certaine
condition.

VII. CEt homme ne seroit ny fol ny beste qui vendroit vn cheual d'honneur, ou vn pourpoint tout chargé de brillants, à condition qu'on luy paye les 24. clous ou les 24. boutons de son pourpoint, donnant pour le premier clou vn liart de France, ou la quatriéme partie d'vn sol, deux pour le second, & 4. pour le troisiéme, 8. pour le quatriéme, & ainsi tousiours en doublant Car au bout du compte, il auroit pour tous les 24. clous ce nombre de sols 1398101. qui feroient 21926. c'est à dire plus de 21. mille 926. escus

Des Carpes, Brochets, Perches &c.

VIII. S'Il y a des animaux feconds, c'est particulierement entre les poissons, car ils font vne si grande multitude d'œufs, & produisent tant de petits, que si on n'en destruisoit vne bonne partie dans peu de téps ils rempliroient toutes les mers, les riuieres & estangs. Cela est facile à monstrer, supputant ce qui viendroit par l'espape de 10. ou 12. ans, & faisant comparaison auec la solidité des eaux qui sont destinées pour loger les poissons.

Combien vaudroient 40. villes ou villages, vendus à condition qu'on donnast vn denier pour le premier, deux pour le second, 4. pour le troisiéme, & ainsi des autres en proportion double.

II. LE nombre des deniers qu'il faudroit payer est celuy-cy 1099. 511. 627. 775. lesquels estans reduits en somme d'escus faict 1527. 099. 483.

escus, comme il appert diuisant le nombre susdit
par 720. autant de deniers que contient vn escu de
60. sols, à 12. deniers le sol. Et qui voudroit mettre
cet argent en constitution de rente prenant seulement 5. pour 100. quoy qu'on puisse prendre d'a-
uantage, receuroit tous les ans 763., 54974. c'est à
dire 76. millions enuiron autant que le Roy de la
Chine tire tous les ans de son vaste Royaume. Que
vous en semble, les villages ne seroient ils pas bien
vendus ?

Multiplication des hommes.

x.   IL y en a qui ne peuuent conceuoir comment il se puisse faire, que de 8. personnes
qui resterent apres le deluge, 4. masles & 4. femmes, soit sorti tant de monde qu'il en falloit, pour
commencer vne monarchie sous Nembrod & leuer
vne armée de 200. mille hommes deux cents ans
apres le deluge. Mais cela n'est pas grande merueille, quand nous ne prendrions que l'vn des enfans
de Noé. Car faisant que les generations se renou-
uellent au bout de 30. ans, & qu'elles augmentent
au septuple, d'vne seule famille pouuoient facilement sortir 8. cents mille ames, en ce renouueau
du monde, auquel les hommes viuoient plus long
temps & estoient plus feconds.

Il y en a aussi qui admirent ce que nous lisons des
enfans d'Israël qu'apres 210. ans n'estans venus que
70. en nombre, ils sortirent en si grande trouppe
qu'on pouuoit facilement compter six cents mille
combattans outre les femmes, les enfans, les vieillards & personnes inutiles. Mais selon ce que ie
viens

viens de dire, qui voudroit fupputer ric à ric, trouueroit que la feule famille de Ioſeph eſtoit baſtante
pour fournir tout ce nombre. A combien plus forte raiſon ſi l'on aſſembloit pluſieurs familles?

Nombre exceſſif quand on monte iuſqu'à 64.

XI. ENcore faict-il bon eſtre mathematicien
pour ne ſe laiſſer pas tromper. Vous trouuerez des hommes ſi ſimples qu'ils achepteront
ou feront quelque autre marché, à condition de
donner autant de bled qu'il en faudroit pour emplir 64. places mettant vn grain en la premiere, 2.
en la ſeconde, 4. en la troiſiéme &c. Et ne voient
pas les bonnes gens, que non ſeulement leurs gre-
niers, mais tous les magazins du monde n'y peuuent ſuffire. Car il faudroit ce nombre de grains
18446744073709551615. Qui eſt ſi grand, que
pour le porter ſur mer il faudroit des nauires 177
9199852. quand chaſque nauire porteroit plus de
2. mille 500. muids de bled. Choſe facile à ſupputer
reduiſant les grains en bichots. Que ſi on vouloit
compter autant de deniers que de grains de bled,
reduiſant la ſuſdite ſomme de deniers en eſcus, il
faudroit plus de 2. quatrilions 256. 047780 1521
ſſ. Et qui eſt-ce qui ne voit que les richeſſes de
Craſſus, de Creſus, des Turcs, des Chinois, des Eſ-
pagnols, & autres Princes du monde ne ſont pas
la diſme de ce nombre? Il y a bien plus de grains de
bled, que de deniers; neantmoins c'eſt choſe trop
euidente, qu'il n'y en a pas en tout le monde ſuffi-
ſamment pour charger toutes les nauires ſuſdi-
ctes.

Q

Or ce seroit chose bien plus absurde, si quelqu'vn entreprenoit de fournir 64. places, autant
qu'il y en a au ieu d'eschets ou de dames, procedant
en proportion triple. Car il luy faudroit, tout
ce nombre de grains ou de deniers 144456127
3450937494885949696427. Que si ces grains
estoient de froument, & qu'on en voulut charger
les vaisseaux, il en faudroit vn nombre si prodigieux
qu'il pourroit couurir non seulement tout l'Ocean,
mais plus de cent millions de globes, aussi gros que
la terre & l'eau prises ensemble. Si ces grains estoient de coriande, on en pourroit faire plus de 70.
globes aussi gros que la terre. Tout cela est aisé à
supputer, reduisant les grains en bichots, considerant la charge des nauires, & comparant vne petite
boule de coriande auec vn autre plus grosse boule, selon les proportions Geometriques.

D'vn seruiteur gagé à certaine condition.

XII.   VN seruiteur dit à son maistre, qu'il est
content de le seruir durant toute sa vie,
pourueu seulement qu'il luy donne autant de terre
qu'il en faut pour semer vn grain de bled, auec
tout ce qui en peut naistre 8. ans durant. Pensez-
vous qu'il fasse vn bon marché? Pour moy i'estime
que ce seroit, comme l'on dict, vn larron marché.
Car quand il ne faudroit que le quart d'vn poulce
de terre à chacun grain, & quand chacun grain
n'en produiroit que 40. par chacun an, viendroit
au bout de 8. ans ce nombre de grains 397360000.
0000. & pour le semer il faudroit tous ces poulces
de terre 9934000000. Et puis qu'en vn mille

quatré il y a 6. mille & 4. cens millions de poulces 6400000000. Diuifant le nombre 99. &c. par 64. &c. on trouuera qu'il faudroit plus de 153. milles, ou plus de 73. lieuës quarrées, c'eſt à dire vne bien grande Prouince pour monfieur le valet.

PROBLEME LXXXVIII.

Des fontaines, machines hydrauliques, & autres
experiences qui fe font auec l'eau, ou femblable
liqueur.

I. *Le Moyen de faire mónter vne fontaine du pied*
d'vne montagne, par le fommet d'icelle, pour la
faire defcendre à l'autre coſté.

IL faut faire fur la fontaine vn tuyau de plomb, ou d'autre femblable matiere, qui monte fur la montagne & continuë en defcendant de l'autre coſté vn peu plus bas que n'eſt la fontaine, affin que ce foit comme vn fiphon, duquel i'ay parlé cy-deuant. Puis apres on faict vn trou dans ce tuyau, tout au haut de la montagne, & ayant bouché l'orifice en l'vn & l'autre bout, on le remplit d'eau pour la premiere fois, fermant foigneufement ce trou qu'on a ouuert au haut de la montagne. Pour lors fi l'on defbouche l'vn & l'autre bout du tuyau, l'eau de cette fontaine montera perpetuellement par ce tuyau, & defcendra à l'autre coſté. Qui eſt vne affez facile & iolie inuention pour fournir des villages & des villes quand elles ont difette d'eau.

II. Le moyen de sçauoir combien il reste de vin, ou
d'eau dans quelque tonneau, sans ouurir le bon-
don, & sans faire autre trou que l'ordinaire par
lequel on tire le vin.

IL ne faut que prendre vn tuyau de verre vn
peu courbé par le bas, & par là mesme l'accommoder dans la broche, dressant le reste du
tuyau. Pour lors vous verrez que le vin montera
par ce tuyau, autant & non plus qu'il est haut dedans le tonneau mesme. Par vn semblable artifice,
on pourroit emplir le tonneau, ou luy adjouster
quelque chose, ou transuaser le vin d'vn tonneau
en vn autre, sans ouurir le bondon.

III. Est il vray ce qu'on dict, qu'vn mesme vase
peut tenir plus d'eau, de vin, ou semblable li-
queur, dans la caue qu'au grenier, & plus au pied
d'vne montagne qu'au sommet?

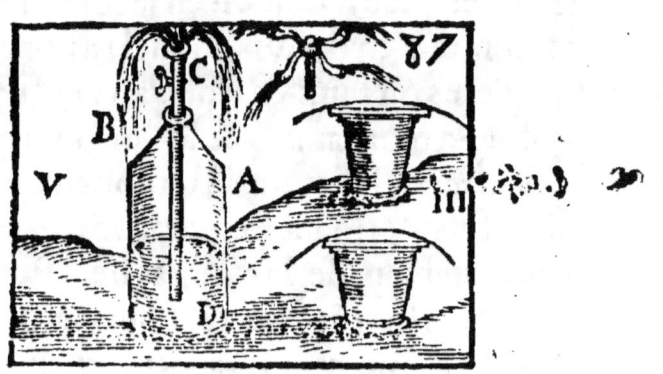

C'Est chose tres-veritable : parce que l'eau, &
toute autre liqueur se dispose tousiours en

rondeur à l'entour du centre de la terre. Et d'autant
que le vase est plus pres du centre, la surface de l'eau
faict vne plus petite sphere, & partant plus bossuë,
& plus eminente par dessus le vase : au contraire
quand le mesme vase est plus éloigné du centre, la
surface, de l'eau faict vne plus grande sphere & partant moins éleuée par dessus le vase, d'où vient
que par dessus ses bords il peut plus tenir d'eau
quand il est en la caue qu'au pied d'vne montagne,
au fonds d'vn puis, qu'au grenier, & au sommet de
la montagne, ou du puis.

I. Par le mesme principe on conclurra qu'vn
mesme vase tiendra toujiours d'autant plus, que
plus on l'approchera du centre. II. Qu'il se pourroit faire bien pres du centre vn vase, qui tiendroit
plus d'eau par dessus ses bords, que dedans son enceinte, si les bords n'estoient pas trop hauts. III.
Que proche du centre l'eau venant à s'arrondir de
tous costez, ne toucheroit quasi pas ce vase, le quit-
tant petit à petit, & tout à faict, quand on viendroit à porter ledict vase outre le centre. IIII. Qu'on
ne sçauroit porter vn seau tout plain d'eau, ny porter vn vase tout plain, de la caue iusqu'au grenier,
sans respandre quelque chose, parce qu'en montant,
le vase se rend moins capable, & partant il est necessaire qu'vne partie de l'humeur vienne à se déchar-
ger.

IV. *Moyen facile pour conduire vne fontaine du sommet d'vne montagne à vne autre.*

I L arriue qu'au haut d'vne montagne se trouue
vne belle fontaine d'eau viue, & au haut d'vne

autre montagne voifine, les habitans ont faute
d'eau, or de faire vn grand pont auec des arcades en
forme d'Aqueducs, c'eft chofe qui coute trop: quel
moyen de faire venir à peu de frais l'eau de cette
fontaine? Il ne faut que faire vn tuyau qui defcen-
de par le vallon iufques au fommet del'autre montagne. Parce qu'infailliblement l'eau coulant par
ce tuyau, monte tout autant qu'elle defcend.

*V. D'vne jolie fontaine qui faict trincer l'eau fort
haut & auec grande violence quand on ouure le
robinet.*

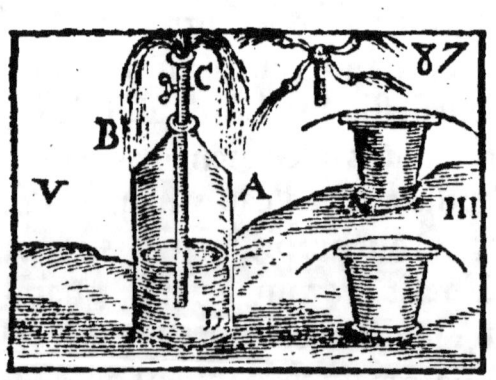

SOit vn vafe fermé de toutes parts A, B. ayant
au milieu vn tuyau C, D. troüé en D. affez pres
du fond, & bouché par en haut auec le robinet C.
On faict entrer dans ce vafe par le tuyau C. & auec
vne fyringue premierement l'air le plus preffé
qu'on peut, & enfuitte de ce autant d'eau qu'on
peut, puis on ferme vifte le robinet faict à faict
qu'on fyringue, & quand il y a beaucoup d'air &
d'eau dans le vafe, l'eau fe tient au fond du vafe, &
l'air qui eft grandement preffé, fe voulant met-

tre au large, la preſſe auec impetuoſité, de ſorte
que laſchant le robinet il la faiſt ſortir par le tuyau,
& trincer bien haut, nommément ſi l'on vient à
chauffer encore ce vaſe. Quelques-vns s'en ſeruent
au lieu d'aiguiere, pour lauer les mains, & pour cet
effect mettent vn tuyau mobile ſur C. tel que la figure repreſente, car l'eau ſortant de roideur le fait
tourneuirer auec plaiſir.

VI. De la vis d'Archimede qui faiſt monter l'eau
en deſcendant.

CE n'eſt rien autre choſe qu'vn cylindre, autour duquel on voit vn tuyau recourbé en
forme de vis, & quand on le tourne, l'eau deſcend
toûjours au regard du tuyau, car elle paſſe d'vne
partie plus haute en vne plus baſſe, & neantmoins
au bout de la machine, l'eau ſe trouue éleuée bien
plus haut que ſa ſource. Ce grand ingenieur, admirable par tout inuenta cette belle machine, pour
netoyer le monſtrueux vaiſſeau du Roy Hiero,
comme diſent quelques autheurs, ou pour arrouſer
es champs des Ægyptiens, comme Diodore teſ-

moigne : & Cardan rapporte, qu'vn Citoyen de Milan, ayant faict vne semblable machine, dont il pensoit estre le premier inuenteur, en conceut vne telle ioye, qu'il deuint fol.

Vous imaginerez facilement cette vis, disposant vne bougie autour de quelque baston rond. Et par vne autre façon vous pourrez encore experimenter comme vne chose peut monter en descendant, si vous mettez vne balle dans vn cornet de chasseur que quelqu'vn tournera perpendiculaire à l'horizon.

EXAMEN.

Nous ne voyons point comment auec vn Cors de chasseur contourné perpendiculaire à l'hori-zon, on puisse faire monter vne balle en descendant. Mais si tel cors estoit formé en spirale ayant plusieurs circulations, ou reuolutions, dont les dernieres tousiours moindres que les premieres, seroient partant tousiours plus éleuées sur le plan supposé (de quelle forme & figure rarement les cors de chasse se rencontrent): Il est bien vray qu'en ce cas mettant vne balle dedans ledit cors, & le contournant en sorte que la premiere circulation soit tousiours comme perpendiculaire ou touche tousiours le plan supposé, ladite balle descendant continuellement s'éleuera à mesure, iusques à sortir en fin & tomber par l'embouchure dudit cors terminant la derniere & plus éleuée circulation de la spirale. Or auec vn cors ordinaire de chasseur tourné perpendiculaire, ce qui s'en experimenter est que si on met vne balle dedans emisé, elle sortira en fin par l'autre:mais

ſans aucune éleuation, ſinon à la raiſon de la differente eſpoiſſeur du cors en ſes deux extremitez.

Cette particularité remarquée: Nous dirons generalement que iamais il ne ſe fera éleuation d'aucun
corps fluide ou autrement mobile (comme eaüe, balle,
de blomb, de fer, de bois ou autre matiere) ſi les helices ou reuolutions de la viz ne ſont inclinées à l'horizon, afin que ſelon cette inclination la liqueur ou
balle deſcende touſiours, encores que par vn continuel mouuement & reuolution on la face continuellement monter : & cette experience ſera plus vtilement
& naturellement faicte auec vn fil de fer ou leton
tourné & ployé en helices autour d'vn Cylindre, auec
quelque diſtinction & diſtance entre les helices : car
en ayant retiré le Cylindre, & y ayant pendu & ac-
croché quelque poids (comme vne bague, ou perle) en
ſorte qu'il puiſſe librement couler, ſi l'on releue vn
bout dudit fil, ſes helices ou reuolutions, neantmoins demeurantes inclinées à l'horizon, en le vi-
rant & contournant d'vn coſté ledit poids montera à
meſure, & le reuirant de l'autre deſcendra auſſi à
meſure : la choſe eſt facile à faire, Mais ſi comme
nous auons autresfois faict, on polit le fil, & que les
reuolutions ſoient d'vn meſme ou égal pas, & partant
tellement égales & ſemblables entre elles qu'au vire-
ment & contour leur mouuement ſe deſrobe à la veüe;
peu s'en faudra que la choſe ne tienne aux plus ſimples
lieu de miracle. D. A. L. G.

VII. D'vne autre belle fontaine.

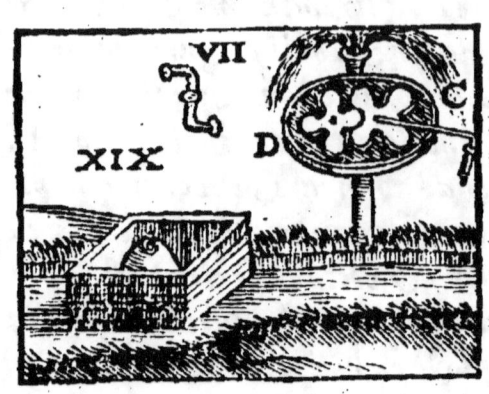

IE laisse les inuentions d'Hero, de Cresibius, & autres semblables dont plusieures ont traitté, me contentant d'en produire vne plus nouuelle, & assez plausible. C'est vne machine qui à deux rouës dentelées A. B. qu'on encoffre dans vn ouale CD. en telle sorte que les dents de l'vne entrent dans les dents de l'autre, mais si iustement, que ny air ny eau, ne sçauroit entrer dans le coffre ouale, soit par le milieu, soit par les costez. Car les rouës ioignent de si pres le coffre de costé & d'autre, qu'il n'y à rien de vuide, seulement il y a vn essieu à cha-que rouë, affin qu'on les puisse tourner par dehors auec vne maniuelle. Cette maniuelle faisant tour-ner la rouë A d'vn costé faict tourner l'autre à l'op-posite, & par ce mouuement l'air qui est en E. & consequemment l'eau est portée par les creux des rouës de costé & d'autre, tellement que continuant à tourner les rouës, l'eau est contrainéte de monter & sortir par le tuyau F. Et pour la pousser en telle part qu'on voudra, on applique sur le tuyau F. deux autres tuyaux mobiles, inferez l'vn dedans l'autre comme la figure reprefente mieux que les paroles.

EXAMEN.

L'Inuention de cette forme de pompe eſt aſſez gentille & ſubtile, mais l'effeᵭ ne reſpond pas abſolument à la ſubtilité de l'inuention : car à peine fera t'on attraᵭion d'eau, ſi ce n'eſt que l'on luy donne vn mouuement tant ſoit peu viſte & prompt par vne prompte reuolution de la maniuelle. Or ce qui en ariue eſt qu'en peu de temps les rouës frayent & frayant froiſſent ou ſont froiſſees : & par ce moyen l'air trouue voye & s'y inſinue toſt ou tart ; En ſorte qu'eſtant violenté & refermée, il eſchappe & s'en retourne pour preocuper l'eau que la peſanteur rend plus pareſſeuſe. Il eſt toutesfois bien vray, que telles pompes bien ouurées & conſeruées pour quelque beſoin, ſont ſouueraines pour lançer l'eau fort haut & loing en cas d'incédie : & ce auec vne douille ayant vn tuyau mobile qui ſe puiſſe poincter aiſément vers vn lieu propoſé : mais en ce cas il faut tourner legeremens & fort viſte la maniuelle. D. A. L. G.

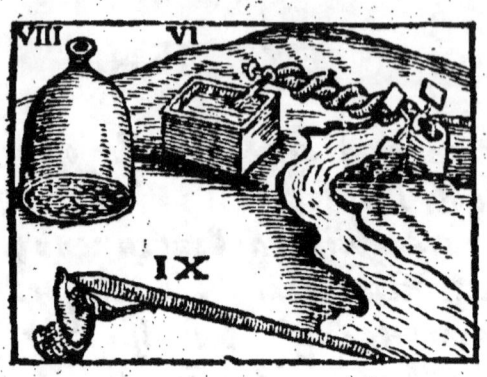

VIII. D'vn arrouſoir bien gentil.

IL eſt faict en forme de bouteille, ayant le fond
percé de mille petits trous, & deſſus le col vn
autre plus grand trou qu'on deſbouche pour emplir l'arrouſoir, & puis quand il eſt plein on le bouche auec le poulce, auec de la cire, ou en quelque
autre façon. Or tandis qu'il eſt bouché, on peut
ſeurement porter l'arrouſoir par tout où l'on veut,
ſans que l'eau s'écoule, mais ſi toſt qu'on ouure ce
trou, parce que l'air peut ſucceder ; & qu'il n'y a
plus de danger de vuide, toute l'eau s'epanche par
le fonds.

EXAMEN.

CEtte maniere d'arrouſoir ſeul ne ſera iamais
propre pour porter l'eau vn peu loing, tant
s'en faut qu'on le puiſſe ſeurement porter par tout où
l'on voudra : mais bien ſeruiroit elle auec vn ſeau :
car encores que plongé dans vn ſeau plein d'eau il

s'emplisse, & le retirant il retienne l'eau, si le trou d'enhaut est bouché, cette retenüe n'est pas si absolüe qu'il ne s'en écoule tousiours vne bonne partie, en sorte que s'il est porté tant soit peu loing, il arriuera que toute l'eau sera ecoulée auparauant que d'estre sur le lieu proposé à arrouser: & ce principalement si les trous du fonds sont tant soit peu grands & proches du bord, comme aussi plus les trous seront petits & éloignez du bord du fonds, & plus l'eau se retiendra. Telle est la difference entre vne bouteille ordinaire pleine d'eau ou autre liqueur, ou bien vne lampe comme celles qu'on dict de l'inuention de Cardan, lesquelles remplies d'huille se fournissent par bas: & quelque baril plein de liqueur qui auroit le fonds plat, & n'auroit qu'vn bien petit trou vers le milieu dudit fonds. Car il est certain que les vns & les autres estans simplement renuersés, cettuy-cy ne se vuidera qu'à peine & fort peu, & les deux autres facilement & iusques à vne entiere éuacuation. Il est bien vray qu'il y a des liqueurs plus fluides les vnes que les autres: mais particulierement sur le subiect de l'eau, il est presque impossible de construire aucun vaisseau, lequel remply d'eau, & n'ayant qu'vn bien petit trou vers le milieu du fonds, puisse sans aucune ouuerture par hault, estant renuersé reietter entierement son eau sans qu'il s'en écoule quelque partie peu ou prou considerable, & ce sans aucun succés ou insinuation d'air, qui est vne Philosophie vn peu trop haute pour nostre aucteur: mais ces experiences, quoy que differemment modifiées elles reçoiuent differentes considerations, tournent neantmoins toutes sur vn seul point de Phisique, & communiquent auec tout plein de secrets en la nature.
D. A. L. G.

IX. *Le moyen de puiser facilement du vin par le*
bondon pour gourmer sans ouurir le fond, du ton-
neau.

IL ne faut qu'auoir vn tuyau longuet, & plus
mince par les bouts que par le milieu, on le met
dans le vin par le bondon, & quand le bout d'enhaut est ouuert, le vin entre par le bas, prenant la
place de l'air, puis quand le tuyau est plein de vin,
on bouche auec vn doigt le trou d'enhaut, par ce
moyen on le tire plein de vin, & quand on veut le
descharger dans vn verre, il ne faut qu'oster le doigt
qui fermoit le bout du tuyau.

EXAMEN.

Dioustez à ce que nous venons immediatement
de remarquer cette circonstance, de rendre icy le
tuyan plus mince par les deux bouts, que par le mi-
lieu: encores que pour le bout d'enhaut il semble qu'il
n'y ayt point de necessité: si a-il bien pour le bout
d'embas. La conference des deux remarques ensemble
fera facilement imaginer le pourquoy. D. A. L. G.

X. *Comment voudriez vous trouuer la grosseur &*
pesanteur d'vne pierre brute irreguliere & mal
polie, ou de quelque autre corps semblable, par le
moyen de l'eau.

IL y en a qui plongent le corps donné dans vn
vase plein d'eau, & recueillent ce qui en sort,
disans que cela est égal à sa grosseur. Mais cette fa-

çon est peu exacte, parce que l'eau éleuée par deffus le vafe, s'epanche facilement, & en plus grande
quantité qu'il ne faudroit, & n'est pas aifé de la recueillir toute entiere. Voicy vne meilleure pratique : verfez quantité d'eau dans vn vafe, iufques à
vne certaine marque que vous ferez. Vuidez cette
eau dans quelque autre vaiffeau, & ayant mis le
corps donné dans le premier vafe, Renuerfez y de
l'eau tant qu'elle paruienne iufques à la premiere
marque. Ce qui reftera, fera precifément égal en
groffeur au corps propofé. Item à l'eau dont la place eft occupée par le mefme corps. Et au poids qu'il
perd dedans l'eau.

EXAMEN.

IL y a icy à remarquer qu'il pourroit arriuer
qu'vne pierre, par exemple, dont on voudroit
fçauoir le volume auec l'eau, feroit poreufe & ten-
dre, & partant que cette experience fera plus ou
moins exacte, & l'erreur plus ou moins fenfible, felon le plus ou moins d'eau qui s'imbibera dans la
pierre, & par ainfi ce qui reftera d'eau apres le reuer-
femẽt ne fera pas prefifement égal en groffeur au corps
de la pierre, comme dit cet Aucteur. Il faut dõc
fuppofer la pierre ou corps eftre purement folide &
fans pores, du moins imperuiables à l'eau, comme
vn caillou, vne piece de metail, fonte ou verre.
D. A. L. G.

XI. trouuer le poids de l'eau par sa grandeur, &
la grandeur par son poids.

PVis qu'vn doigt cubique d'eau pese enuiron
demy-once, il est euident par multiplication,
qu'vn pied cubique pesera 170. liures, & ainsi du
reste. Et puis qu'vne demy-once fait vn poulce
cubique il est euident qu'vne liure fera vingt quatre
doigts cubiques, &c. (*Ce poids est different selon*
les differentes mesures de differents pays. Le docte
Steuin donne 65. liure pour chacun pied cubique
d'eau. D.A.L G.)

x I I. Trouuer la charge que peuuent porter toutes
sortes de vaisseaux, comme nauires, tonneaux,
balons enflez &c. dessus l'eau, le vin ou quelque
autre corps liquide.

EN vn mot ils peuuent porter autant pesant que
pese l'eau qui leur est egale en grosseur, rab-
battant la pesanteur du vaisseau. Nous voyons
qu'vn tonneau plein de vin ou d'eau ne coule pas à
fond. Si vn nauire n'auoit point de cloux ou d'autre charge qui l'appesantit, il pourroit nauiger tout
plein d'eau, Tout de mesme donc s'il estoit chargé de plomb, autant pesant que l'eau qu'il contient.
C'est en cette façon que les gens de marine appellent les nauires de 50. mille, tonneaux, parce qu'elles peuuent contenir mille, ou deux mille tonneaux,
& par consequent porter vne charge equipollente
au poids de mille, & deux mille tonneaux de l'eau
sur laquelle on doibt nauiger.

X I I I.

XIII. D'où vient que quelques vaisseaux ayant heureusement cinglé en haute mer, coulent à fond & se perdent arriuant au port, ou à l'embouchure de quelque riuiere d'eau douce, quoy qu'il n'y ait aucune apparence de tempeste.

C'Est parce qu'vn mesme vaisseau peut porter plus ou moins de charge à mesure que l'eau, sur laquelle il nauige, est plus ou moins pesante: Or l'eau de la mer est plus grossiere, espaisse, & pesante que celle des riuieres, des puits, ou des fontaines, & partant la charge qui n'estoit pas trop grosse en haute mer, deuient excessiue au port, & en eaue douce.

Il y en a qui croyent que c'est la profondeur de l'eau qui faict que les nauires sont plus facilement supportées en haute mer. Mais c'est vn abus, car pourueu que la charge du nauire ne soit pas plus pesante que l'eau dont il occupe la place, il sera aussi bien supporté sur l'eau qui n'a que vingt brasses de profondeur, que sur celle qui en à 100. Voire mesme ie me porte fort de faire que l'eau qui ne seroit pas plus espaisse qu'vne fueille de papier en profondeur, ny plus pesante qu'vne once, supporte neantmoins vn vaisseau ou vn corps de mille liures, car si vous auiez vn vase capable de mille liures d'eau & vn peu plus, mettant dedans ce vase quelque piece de bois ou autre corps pesant mille liures ; mais plus leger en son espece que n'est l'eau ; & puis versant tant soit peu d'eau à l'entour, de sorte que ce bois ne touche pas les bords du vase, vous verriez que ce peu d'eau supporteroit tout le bois en nage.

R

XIIII. Comment voudriez vous faire nager defſus l'eau vn corps metallique vne pierre, ou choſe ſimblable.

IL faut eſtendre le metail en forme de lame bien deliée, ou bien le rendre creux en forme de vaſe, tellement que la grandeur de ce vaſe auec l'air qu'il contient, ſoit égale à la groſſeur de l'eau qui peſe autant que luy. car toute ſorte de corps ſurnage ſans couler à fonds, lors qu'il peut occuper la place d'vne eau auſſi peſante que luy : comme s'il peſe 12. liures il faut qu'il puiſſe tenir la place de 12. liures d'eau, autrement n'eſperez iamais qu'il doiue ſurnager. C'eſt ainſi que nous voyons flotter le cuiure deſſus l'eau, quand il eſt creuſé en forme de chauderons, & couler a fonds quand il eſt en billon.

Quoy donc dira quelqu'vn, faut il que les Iſles qui flottent en diuers quartiers ſur l'Occean, chaſſent a coſté autant d'eau peſant qu'elles peſent en elles meſmes ? Aſſeurement. Et pour cette cauſe, il faut dire, ou qu'elles ſont creuſes en forme de nacelles, ou que leur terre eſt fort legere, & ſpongieuſe, ou qu'il y a force cauitez ſoubſterraines, ou force bois enfoncé dans l'eau.

Mais dites moy determinément, combien faut il agrandir chaque metail pour le faire nager deſſus l'eau ? Cela depend des proportions qu'il y a entre la peſanteur de l'eau & de chaque metail ; Or nous ſçauons par tradition de bons autheurs ; que prenant de l'eau & du metail de pareille groſſeur, ſi l'eau peſe 10. liures ; l'eſtain en peſe 75. le fer qui

ſi 8¼. le cuiure 91. l'argent 104. le plomb 116. & demie, le vi f argent 150. l'or 187. & demie. D'ou l'on
infere, que pour faire nager le cuiure de 10. liures
pour exemple , il faut faire en ſorte, qu'il chaſſe enuiron 9. fois autant peſant d'eau c'eſt à dire
91.liures, puiſque le cuiure & l'eau ſont en peſan-
teurs, comme 10. a 91.

EXAMEN.

I L ſemble d'abord que pour executer cette propoſi-
tion on donne pour premier moyen ſuffiſant l'ex-
tenſion ſeule du metail en forme de lame fort deliée:
Mais nous ſouſtenons abſolument du contraire. Le
Sieur Galilei braue Mathematicien Florentin ,
ſuppoſant la choſe indifferemment poſſible & verita-
ble, s'eſt exercé à en rechercher la cauſe dans vn petit
traitté que l'on nous a rapporté auoir veu de luy de
his quæ innatant humido. Bien que nous n'ayons pas
encores veu ſes raiſons, Nous oſons dire que c'eſt cho-
ſe de ſoy impoſſible que par la ſeule extenſion de la
matiere tant ſubtile & deliée quelle puiſſe eſtre ren-
duë, le metail de ſa nature plus peſant que l'eau puiſ-
ſe eſtre rendu plus leger, & ſurnager ſur l'eau, ce ſe-
roit combattre la verité des principes qu' Archimede
en a eſtabli vniuerſellement & ſans aucune conſide-
ration de la figure dans ſon traitté ſur le meſme ſub-
iect. Deſorte , que ſi la choſe ſe faict veoir par expe-
rience (comme elle n'eſt pas abſolument impoſſible,
voire meſmes eſt aſſez frequente) il en faut encores
chercher ailleurs la raiſon, & ne l'a pas reſtraindre
dans la ſeule extenſion de la matiere qui ne ſert que
d'vne ſeule diſpoſition à l'effect. En quoy paroiſt l'im-

pertinence de l'aucteur de ce liure, de vouloir sur la fin de cet article establir vne certaine proportion d'extension pour faire surnager toute sorte de matiere sur l'eau. C'est veritablemēt surnager ce suject cy, & ne s'y point enfoncer, c'est à dire ne le pas penetrer ny approfondir que d'establir telles absurditez. Au reste les proportions icy rapportées des differens metaux auec l'eau sont differentes de celle que le sieur Guetaldus a establies dans son liure intitulé Promotus Archimedes. Lequel ie croirois & suiurois plus volontiers D. A. L. G.

XV. Le moyen de peser la legerité de l'air ou du feu dans vne balance.

1. **M**Ettez vne balance renuersée dans l'eau, de sorte que ses bassins estans de bois, nagent renuersés dessus l'eau, 2. Ayez de l'eau enfermée dans quelque corps, comme dans vne vessie ou chose semblable, supposant que telle quantité d'air, soit vne liure de legereté (car on la peut distinguer par liures, onces & trezeaux, tout de mesme que la pesanteur) 3. Mettez l'air ou corps leger dessous l'vn des bassins, & dessous l'autre autant de liures de legereté qu'il en faut pour contrebalancer & empescher que l'vn des bassins ne soit éleué hors de l'eau.   Vous verrez par là combien grande est la legereté requise.

Mais sans aucune balance, ie vous veux apprendre vn moyen nouueau pour cognoistre la pesanteur & la legereté de tout corps proposé. Ayez vn vase creux cubique ou columnaire, qui nage dessus l'eau & à mesure qu'il s'enfonce pour le poids d'vne 2. 3. 4. 5. & plus ou moins de liures qu'on met dessus, marquez à fleur d'eau combien il s'enfonce.

Car voulant puis apres examiner le poids de toute sorte de corps, vous n'aurez qu'à le mettre dans ce vase, & voir combien il s'enfonce, ou combien il s'esleue par dessus l'eau, par ce moyen vous cognoistrez qu'il pese tant ou tant de liures.

Voila vne assez bonne niaiserie & fadaize pour peser l'air : mais pour peser le feu comme, il est proposé, nous en demanderions volontiers aussi la methode. D. A. L. G.

X V I. Estant donné vn corps, marquer iustement ce qui se doit enfoncer dans l'eau.

IL faut sçauoir le poids du corps donné, & la quantité de l'eau, qui pese autant que luy. Pour certain, il s'enfoncera, iusques a ce qu'il occupe la place de cette quantité d'eau.

X V I I. Trouuer combien les metaux, les pierres, l'ebene, & autres semblables corps pesent moins dedans l'eau, que dans l'air.

PRenez vne balance, & pesez par exemple 9. liures d'or, d'argent, de plomb, ou de pierre en l'air. Puis approchant de l'eau, faictes prendre la mesme quantité d'or, d'argent, de plomb, ou de pierre auec vn filet ou poil de cheual au bout de la balance affin qu'il soit libre dedans l'eau, & vous verrez qu'il faudra vn moindre contrepoids de l'autre costé pour contre-balancer, & partant

que tout corps pefe moins dedans l'eau que dans
l'air, tant par ce que l'eau eftant plus efpaiffe & plus
difficile a diuifer, fupporte d'auantage: comme auffi parce que l'eau qui eft mife hors de fa place &
tafche de là repredre preffe, à proportion de fa pefanteur, les autres parties de l'eau qui enuironnent le corps donné. Et d'icy l'on collige vne pro-
pofition generale demonftrée par Archimede, que
tout corps pefe moins dedans l'eau, ou femblable
liqueur, au pro-rata de l'eau dont il occupe la place, fi cette eau pefe vne liure, il pefera vne liure
moins qu'il ne faifoit en l'air. Ainfi cognoiffant
les proportions de l'eau auec les metaux, nous
pouuons dire que l'or perd toufiours dedans l'eau
enuiron la 19. partie de fon poids, le cuiure la neu-
fiéme, le vif argent la 15. le plomb la 12. l'argent la
10. le fer la 8. l'eftain la 7. & vn peu plus, parce
qu'en matiere de pefanteur, l'or eft au refpect de
l'eau dont il occupe la place, comme 18. & trois
quarts à l'vnité. C'eft à dire quafi 19. fois plus pefant. Le vif argent comme 15. Le Plomb comme 11.
& 3. cinquiémes. L'argent comme 10. & 2. cinquiémes. Le cuiure comme 9. & $\frac{1}{20}$ Le fer
comme 8. & demie. L'eftain 7. & demie. Et au
contraire en matiere de grandeur, l'eau qui feroit
auffi pefante que l'or, eft quafi 19. fois plus grande &c.

X V I I I. Jl fe peut faire qu'vne balance demeu-
re en equilibre, & entre deux fers en l'air, & qu'a-
uec la mefme charge, elle perde fon equilibre de-
dans l'eau.

IL n'y a rien de plus clair, fuppofé le Probleme
precedét parce que fi l'on auoit mis 18. liures d'or

& 18. liures de cuiure dans les baſſins d'vne balance, elles ſe contrebalanceroyent en l'air. Mais non pas dedans l'eau, à cauſe que l'or ne perdoit quaſi que la 18. partie de ſon poids, qui eſt 1. liure, & le cuiure en perdoit la 9. qui faict deux liures, partant l'or peſeroit encore 17. liures ou enuiron, & le cuiure n'en peſeroit que 16. d'où s'enſuit l'inegalité euidente.

XIX. Comment voudriez vous cognoiſtre de combien vne eau ou autre liqueur, eſt plus peſante que l'autre.

Es Medecins prennent garde à cela, iugeans que l'eau qui eſt plus legere, eſt auſſi la plus ſcine. Et les nautonniers y doiuent auſſi aduiſer, pour la charge de leurs vaiſſeaux, parce que l'eau la plus peſante porte d'auantage. Or voicy comment on le cognoiſt.

Prenez vn vaſe plein d'eau & accommodez vne boule de cire auec du plomb, ou choſe ſemblable, de façon quelle n'age preciſement à fleur d'eau eſtant renduë par ce moyen auſſi peſante que l'eau du vaſe. Voulant puis apres examiner la peſanteur d'vne autre eau, il ne faudra que mettre dedans elle cette boule de cire, & ſi elle coule à fonds, cette eau eſt plus legere que la premiere: ſi elle s'enfonce moins qu'auparauant, c'eſt ſigne que l'eau eſt plus peſante. En la meſme façon, qui prendroit vn lopin de bois ou d'autre corps leger, remarquant s'il s'enfonce plus auant dans vne eau que dans l'autre, concluroit par vn argument infaillible, que celle là eſt la plus legere, dans laquelle il s'enfonce plus auant.

XX. Le moyen de faire qu'vne liure d'eau pese au-
tant que 10. 20. 30. voire que cent, mille, & dix
mille liures de plomb, mesme dans vne balance,
qui sera tres juste, ayant les bras egaux, & les
bassins aussi pesants l'vn que l'autre.

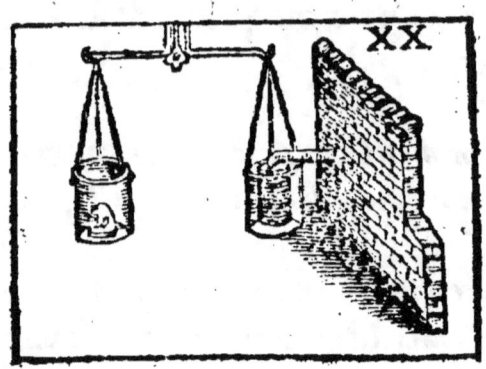

C'Est vn faict estrange, que l'eau enfermée
dans vn vase, & contrainte à se diuiser en
quelque façon que ce soit, pese tout autant, que
si dans son creuil y auoit de l'eau toute vniforme,
& continuë.

Ie pourrois apporter plusieurs experiences
en faueur de cette proposition ; mais pour la veri-
fier, ie me contenteray d'en produire deux exel-
lentes, que ie n'eusse iamais creuës, si ie ne les eusse faictes en propre personne.

La premiere est telle. Prenez vne grosse pierre qui tienne autant de place que 10. 100. 10. mille
liures d'eau, & posons le cas qu'elle soit penduë
auec vne corde ou chaisne, ou fermement attachée,
& pendante en l'air. Prenez aussi quelque vase qui
puisse enuironner cette pierre, à condition toutesfois qu'il ne la touche pas, mais seulement qu'il
laisse tout autour la place d'vne liure d'eau. C'est
merueille, que si la pierre tient autant de place que

100. liures d'eau, vne seule liure d'eau versée dans ce vase pesera plus de cent liures, tellement qu'à peine pourra on soustenir ce vase, au dessoubs de la pierre.

EXAMEN.

IL semble que l'on ne fait pas icy grande differen-ce, si le solide qui doibt occuper l'espace d'vne quantité d'eau est simplement pendu en l'air, comme auec vne chaisne ou chorde, en sorte qu'il soit libre de mouuoir, ou s'il est attaché ferme & immobile. & toutesfois quiconque suspendroit à vne chaisne ou chorde vn solide simplement capable d'occuper 99. liures d'eau, par exemple, mais qui seroit beaucoup plus leger en son espece que l'eau, comme s'il ne pesoit tout entier que 10. ou 12. liures : par la soubs-position d'vn vaisseau capable de 100. liures d'eau, & par l'infusion d'vne liure, il se cognoistra vn effect bien differend de celuy que le mesme solide attaché ferme & immobile produira auec le mesme vaisseau soubsposé, & auec l'infusion d'vne pareille quantité d'eau. Que la chose soit experimentée auec la balance, la difference en sera aisée à recognoistre. *D.A.L.G.*

La seconde est encore plus admirable : ayez vne balance toute semblable aux communes, auec cette seule difference, que l'vn des bassins, quoy qu'il ne pese pas plus que l'autre, doit neanmoins estre capable de 10. liures d'eau. Puis apres mettez dans ce bassin quelque corps qui puisse tenir la place de 9. liures, attachez ce corps au bout de quelque baston ou broche de fer fichée en la muraille de sorte qu'il ne puisse hausser descendre ou remuer en façon quelconque, & n'importe qu'il soit creux ou massif, pourueu seulement qu'il ne touche pas le bassin de la balance, & qu'il tienne la place de 9. liures d'eau, laissant aux enuirons la place d'vne liure, c'est tout assez, car ayant mis vne liure d'eau dans ce bassin, & 10. liures de plomb, dedans l'autre vous verrez que cette liure d'eau contrebalancera 10 liures de plomb, qui est la seconde partie de ce Probleme.

PROBLEME. LXXXIX.

Diuers questions d'Arithmetique & premierement, du nombre de grains de sable.

1. VOus me direz incontinent que i'entreprens vne chose impossible de vouloit nombrer les arenes de Lybie & le sablon de la mer, c'est ce que chantent les Poëtes, ce que le vulgaire croit, & que disoient iadis certains Philosophes à Gelon Roy de Sicile, estimants que les grains de sable estoient tout à faict innombrables. Mais ie responds auec Archimede que non seulement on peut nombrer ceux qui sont aux riuages de la mer, ains encore ceux qui empliroient tout le monde, quand il n'y auroit autre chose que du sable, & que ses grains seroient si petits qu'il en falut 10. pour faire vn grain de pauot. Car au bout du compte il n'en faudroit que ce nombre pour les exprimer. 30840979456. & 35. zero au bout.

Clauius & Archimede le font vn peu plus grand, parce qu'ils mettent vn firmament plus grand que

Tycho Brahé. Et s'il ne tient qu'à augmenter l'e-
stenduë de l'vniuers i'augmenteray facilement mon
nombre , & diray asseurement , combien il faudroit de grains de sable pour emplir vn autre monde, à comparaison duquel le nostre seroit comme
vn grain de sable, comme vn atome, & vn poinct.
Car il ne faut que multiplier le nombre susdit par
soy mesme , viendra vne somme exprimée par ces
nonantes chiffres 951.437.981.349.109.559.36. & sep-
tante zero au bout , qui font en tout, neuf cens
cinquante & vn vingt neuf millions. Cela semble
prodigieux , mais il est tres facile à supputer : car
posé qu'vn grain de pauot contienne 100. grains de
sable , il ne faut plus que comparer la petite boule
d'vn grain de pauot, auec vne boule d'vn doigt ou
d'vn pied , & celle cy auec la terre, puis cette autre
auec le firmament, & ainsi du reste.

II. *Qu'il est totalement necessaire que deux hommes ayent autant de cheueux ou de pistolles l'vn que l'autre*

C'Est vne chose certaine qu'il y a plus d'hommes au monde, que l'homme le plus velu, ou
le plus pecunieux n'a de poils ou de pistolles ; &
parce que nous ne sçauons pas precisement combien il y a d'hommes, ny combien de poils aura le
plus velu de tous, prenant des nombres finis pour
des autres pareillemēt finis, posons le cas qu'il y ait
100. hommes, & que le plus velu d'entr'eux n'ait
que 99. poils. Ie pouuois aussi bien prendre 2. ou 3.
cens millions d'hommes, & de cheueux; Mais pour
plus grande facilité ie choisis des plus petits nom-

bres, fans aucun intereſt de la demonſtration. Puis
donc qu'il y a plus d'hommes que de poils en vn
ſeul, conſiderons 99. hommes & diſons ou ces 99.
ſont tous inegaux au nombre de leurs cheueux ou
il y en a qui ſont egaux. Si vous dites qu'il y en a
des égaux, c'eſt ce que ma propoſition porte. Si
vous dictes qu'ils ſont inegaux, il faut donc pour
ce faire que quelqu'vn n'ait qu'vn cheueu, vn autre
deux, l'autre 3. 4. 5. & ainſi des autres iuſques au 99.
iéme. Et le 100. iéme qu'aura t'il ? il n'en peut
auoir plus de 99. ſelon l'hypotheſe; il faut donc neceſſairement qu'il en ayt quelque nombre au deſ-
ſoubs de 100. & partant il eſt neceſſaire que deux
hommes ayent autant de cheueux l'vn que l'autre.

De meſme pourroit-on conclure, qu'il eſt neceſſaire que deux oiſeaux ayent autant de plumes,
deux poiſſons autant d'eſcailles, deux arbres autant
de fueilles, de fleurs ou de fruicts, & peut eſtre
autant de fueilles, fleurs & fruicts tout enſemble,
pourueu que le nombre des arbres ſoit aſſez grand.
Ainſi pourroit-on gager en vne aſſemblée de 100.
perſonnes pourueu que pas vn n'ait plus de 99
piſtolles, qu'il faut neceſſairement que deux en
ayent autant l'vn que l'autre.

Ainſi peut-on dire qu'en vn liure, pourueu que
le nombre des pages ſoit plus grand que celuy des
mots contenus en chaque page, il faut que deux
pages ſe rencontrent auec autant de mots l'vne que
l'autre &c.

III. *Divers metaux estans meslez par ensemble dans vn mesme corps, trouver comme Archimede, combien il y a de l'vn & de l'autre metail.*

CElle-cy est l'vne des plus belles inuentions d'Archimede racontée par Vitruue en son architecture ; là où il tesmoigne que l'orfeure du Roy Hieron ayant desrobé vne partie de l'or dont il deuoit faire vne couronne , & y ayant meslé autant d'argent comme il en auoit osté d'or. Archimede descouurit le larrecin & dit combien d'argent il auoit meslé auec l'or ; Ce fut dans vn bain qu'il trouua cette demonstration: car voyant que l'eau se haussoit ou sortoit de la cuue faict à faict que son corps y entroit, & concluant que le mesme se feroit à proportion, plongeant vne boule d'or tout pur, vne boule d'argent, & vn corps meslangé ; il trouua que par voye d'Arithmetique on pourroit soudre la question proposée, & l'inuention luy pleust tant, que tout à l'heure mesme il sortit du bain tout nud, criant comme vn homme transporté, i'ay trouué.

Quelques vns disent qu'il prit deux masses, l'vne d'or, l'autre d'argent tout pur, chacune egale à la couronne en pesanteur, & partant inegales en grandeur. Et puis sçachant la diuerse qu'antité d'eau qui correspondoit à la grosseur de la couronne & des deux masses, il colligea subtilement, que si la couronne occupoit plus de place dedans l'eau que la masse d'or, ce n'estoit qu'a proportion de l'argent qu'on y auoit meslé. Donc par la reigle de proportion , supposé que toutes les trois masses

fuſſent de 18. liures, que la maſſe d'or occupa la place d'vne liure d'eau, celle d'argent vne liure & demie, & la couronne meſlée vne liure & vn quart,
il pouuoit operer en cette ſorte : La maſſe d'argent
qui peſe 18. liures, chaſſe vne demie liure d'eau
plus que l'or, & la couronne qui peſe auſſi 18. liures, chaſſe vn quart plus que l'or, ſeulement à raiſon de l'argent qu'elle contient : ſi doncques vne
demie d'excez reſpond à 18. liures d'argent, vn
quart à quoy reſpondra-il ? on trouuera 9. liures
d'argent, meſlées dans la couronne.

Baptiſta Benedictus en ſes Theoremes Arith-
metiques trouue ce meſlange d'vne autre façon
car au lieu de prendre deux maſſes de meſme poids
& de diuerſe grandeur auec la couronne, il en prend
deux de meſme grandeur, & conſequemment de
diuerſe peſanteur. Et parce que cela poſé, la couronne ne peut pas moins peſer que la maſſe d'or,
ſinon à proportion de l'argent qu'elle contient, il
collige par l'inegalité du poids, combien il y a
d'argent meſlé auec l'or en cette maniere. Si la maſſe d'or egale en grandeur a la couronne peſe 20. liures, & celle d'argent 12. liures la couronne ou
corps mixtionné peſera plus que l'argent, a raiſon
de l'or qu'elle contient, & moins que l'or à proportion de l'argent, poſons qu'elle peſe 16. liures,
c'eſt à dire 4. liures moins que l'or, là ou l'argent
peſe 8. liures moins , Nous dirons donc par la reigle de trois. Si le defaut de 8. liures prouient de
12. liures d'argent, d'où prouiendra le defaut
de 4. liures ? & en cette hypotheſe viendront 6. liures d'argent. Voila comme pour l'ordinaire on explique l'inuention d'Archimede.

qui par Algebre, qui par la reigle de faux, qui auec la simple reigle de trois, mais il faut tousiours suppoſer que la couronne est maſsiue & non creuſe, autrement nous pourrions obiecter pour l'orfeure , qu'il y a des Paralogiſmes en cette inuention.

EXAMEN.

Toutes ces inuentions vont bien à découurir le meſlange en la couronne : mais non pas iuſques a pouuoir ſpecifier la qualité du meſlange, c'eſt à dire quel metail ou combien de metaux l'Orfeure auroit allié auec l'or : ſi ce n'eſtoit que de ce temps-là on n'eut cogneu qu'vn ſeul alliage, comme celuy de l'argent auec l'or, ou celuy du cuiure auec le meſme ; Et pour ſimplement cognoiſtre le meſlange, deux choſes ſuffiſent ; Sçauoir la Couronne & vn ſolide d'or égal en poids : ou bien la Couronne & vn ſolide d'or égal en volume : mais ſuppoſé que ce fut de l'argent ou du cuiure, pourueu que la Couronne ſoit ſolide , par ces inuentions non ſeulement on decouurira le meſlange : mais auſsi on ſpecifiera la quantité d'vn chacun metail entré en la compoſition D. A. L. G.

Peut eſtre que quelques vns iugeront cette façon plus facile & certaine. Soit vne couronne meſlée d'or & de cuiure, qu'on peſera premierement en l'air, & puis dedans l'eau. Dans l'air ſon poids ſera de 18. liures par exemple, & par ce que deſſus, il eſt certain que dedans l'eau ſi elle eſtoit toute d'or, elle ne peſeroit que 17. liures, ſi toute de cuiure que 16. liures, mais parce qu'elle eſt meſlée d'or & de cuiure elle peſera moins que 17. &

plus que 16. liures, à proportion du cuiure meflé:
pofons le cas quelle pefe 16. liures trois quars. Ie
feray pour l'ors vne reigle de proportion difant,
Si la difference d'vne liure de perte qui eft entre 16.
& 17. refpond à 18. liures de cuiure, à quoy refpondra la difference d'vn quart qui eft entre 17. & 16.
trois quars ? viendront 4. liures & demie pour le
cuiure meflangé auec l'or.

IV. Trois hommes ont 21. tonneaux à partager
entr'eux: dont il y en a 7. pleins de vin, 7. vuides,
& 7. pleins à demy, l'on demande comme fe pour-
ra faire le partage, en forte que trois ayant de
tonneaux & de vin autant l'vn que l'autre.

CEla fe peut faire en deux façons fuiuant ces
nombres 2. 2. 3. ou bien 3. 3. 1. qui feruent de
direction, & fignifient par exemple, que la premiere perfonne doit auoir 3. tonneaux pleins &
autant de vuides (car chacun en doit toufiours
prendre autant de pleins que de vuides , & par
confequent la mefme perfonne n'en doit auoir
qu'vn à demy plein pour accomplir les 7. La feconde perfonne doit eftre partie tout de mefme,
Mais la troifiéme doit auoir vn tonneau plein 1.
vuide & 5. à demy pleins, par ainfi chacun aura
7. tonneaux & chacun trois & demy pleins de vin,
c'eft à dire autant de tonneaux & de vin l'vn que
l'autre.

Or pour foudre generalement toute queftion
femblable , diuifez le nombre des tonneaux par
celuy des perfonnes, & fi le quotient ne vient vn
nombre entier, la queftion eft impoffible, mais
quand

quand c'eſt vn nombre entier il en faut faire autant
de parties qu'il y a de perſonnes, pourueu que chaque partie ſoit moindre que la moitié dudict quotient, comme diuiſant 21. par 3. viennent 7. pour
le quotient, que ie couppe en ces 3. parties 2. 2. 3. ou
bien 3. 3. 1. dont chacune eſt moindre que 3. & demie qui eſt la moitié de 7.

V. Il y a vne perche ou eſchelle dreſſée contre vne
muraille haute de 10. pieds, quelqu'vn luy don-
ne pied tirant le bout d'embas ſur le paué, l'eſpace
de 6. pieds; ie demande combien elle aura deſcen-
du au haut de la muraille.

REſponſe. Elle ne ſera abbaiſſée que de 2. pieds
car puiſque la perche a 10. pieds, il faut par la
regle Pithagorique que ſon quarré ſoit égal au
quarré de 6. pieds, qui ſont au long du paué, & au
quarré de la hauteur qu'elle attaint en la muraille.
Or le quarré de 10. eſt 100. le quarré de 6. eſt 36. &
pour égaler 100. il faut adiouſter à 36. le nombre
64. duquel la racine eſt 8. il faudra donc que la perche attaigne iuſques à la hauteur de 8. pieds & conſequemment elle ne ſera abbaiſſée que de deux
pieds.

PROBLEME XC.

Procez facetieux entre Caius & Sempronius, ſur
le faict des figures, qu'on appelle Iſoperimetres
eu d'égal circuit.

S

NE vous eſtonnez pas ſi ie fais entrer les Mathematiques dans le barreau & ſi ie cite
icy Bartole, puiſque luy meſme teſmoigne en la
Tyberiade, qu'eſtant ia vieux Docteur, il ſe fit apprendre en matiere de Geometrie, pour commen-
ter certaines loix touchant la diuiſion des
champs, des iſles fluuiatiques, & autres incidents;
Ce ſera pour monſtrer en paſſant, que ces ſciences
ſont encores profitables aux iuriſconſultes, pour
expliquer pluſieurs loix, & vuider les procez.

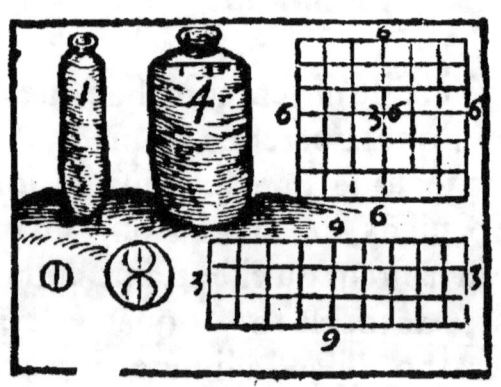

I. Incident.

CAius auoit vn champ parfaictement quarré,
contenant 24. pieds en circuit, 6. de chaque
coſté : Sempronius deſirant s'en accommoder le
pria d'en faire eſchange contre quelque autre piece de terre équiualente, & le marché côclud, il luy
donna en contr'eſchange, vne piece qui auoit tout
autant de circuit, mais n'eſtoit pas quarrée, ains
quadrangulaire, ayant 9. pieds de long & 3. de large. Caius qui n'eſtoit pas des plus fins, ny des plus
ſçauants du monde, accepta ce marché du premier

abord; mais du depuis ayant pris conseil d'vn bon
arpenteur & Mathematicien, trouua qu'on l'auoit
trompé, & que son champ contenoit 36. pied quarrez, là où l'autre n'en auoit que 27. chose facile à
cognoistre multipliant à l'ordinaire la longueur
du champ par sa largueur, ou bien resoluant l'vn
& l'autre en pieds quarrez. Sempronius conte-
stant à l'encontre, se targuoit de ses paralogismes
les figures qui ont mesme circuit sont égales entr'elles, mon champ à mesme circuit que le vostre,
donc il luy est égal. Cela est bien suffisant, pour
empescher vn iuge ignorant les Mathematiques,
mais vn bon Mathematicien eut facilement descouuert la fourbe, sçachant bien que les figures Isoperimetres, ou d'égal circuit, n'ont pas tousiours
vne mesme capacité, ains qu'auec le mesme circuit on peut faire vne infinité de figures, qui seront
tousiours de plus en plus capables, à mesure qu'elles auront plus d'angles & de costez égaux, &
qu'elles seront plus approchantes du cercle, qui est
la plus capable figure de toutes, à cause que toutes
ses parties sont éloignées les vnes des autres, & du
milieu tant que faire se peut. Ainsi voyons nous
par regle & experience infaillible, qu'vn quarré est
plus capable qu'vn triangle de mesme circuit, & vn
pantagone qu'vn quarré, & ainsi des autres, pourueu que ce soient figures regulieres qui ayent tous
les costez égaux. Car autrement il se pourroit faire qu'vn triangle regulier, ayant 24. pieds de tour,
fut plus capable qu'vn quadrangle ou bord long.
qui auroit aussi 24. pieds de tour, ayant par exemple 11. pieds de long, & 1. de large.

Il faut repeter icy la figure cy
deſſus pag. 274.

II. Jncident,

SEmpronius ayant emprunté de Caius vn ſac
de bled qui auoit 6. pieds de haut & 4. de large, quand il fut queſtion de luy rendre, prit quatre
ſacs qui auoient chacun 6. pieds de haut & 1.
pied de largeur. Qui ne croiroit, que ces ſacs eſtans
pleins de bled, valoient autant pour ſatisfaire à
Caius, qu'vn ſeul ſac de meſme hauteur, qui n'auroit auſſi que 4. pieds de large ; Il y a grande apparence de le croire, & neantmoins (l'experimente qui voudra) ces quatre ſacs ne ſont que le
quart de ce que Sempronius auoit emprunté. Car
vn cylindre ou vn ſac, ayant vn pied de large & 6.
de haut, eſt contenu ſeize fois dans vn ſac ou cylindre qui a 4. pieds de large & 6. de haut ; choſe facile à demonſtrer par les principes d'Euclide.

III. Jncident.

QVelqu'vn a vn poulce d'eau d'vne fontaine
publicque, & pour plus grande commodité
du logis, ayant permiſſion d'auoir encore vne fois
autant d'eau, il faict faire vn tuyau qui a deux poulces en diametre, vous diriez incontinent qu'il a

raifon, & que c'eft pour auoir iuftement deux fois
autant d'eau qu'il auoit. Mais fi le Magiftrat entend
quelque chofe en Geometrie, il le mettra fort bien
à l'amende, pour en auoir pris quatre fois autant;
Car vn trou circulaire qui a deux poulces en diametre, eft 4. fois plus grand & rend 4. fois plus
d'eau que celuy qui n'a qu'vn poulce.

Vne infinité de femblables cas peuuent furue-
nir, capables de bien empefcher des Iuges & des
Magiftrats, qui n'ont que peu ou point eftudié en
Mathematique. Mais ce que i'en ay dit, fuffira
pour le prefent.

PROBLEME XCI.

Contenant diuerfes queftions en matiere de Cofmo-
graphie.

I. Queftion fera, Ou eft le milieu du monde.

IE ne parle pas icy en Mathematicien, mais
comme le vulgaire qui demande ou eft le milieu
de la terre, & en ce fens abfolument parlant il n'y a
point de milieu en fa furface: car le milieu d'vn globe eft par tout. Neantmoins refpectiuement parlant l'Efcriture Sainte faict mention du milieu de
la terre, & les interpretes explicquent ces paroles
dela ville de Hierufalé située au milieu de la Palefti-
ne, & dela terre habitable. En effect qui prendroit
vne mappemonde, mettant le pied du compas fur
la ville de Hierufalem, & eftendant l'autre iambe
pour encerner tous les pays habitables en Europe,
Afie & Affrique, trouueroit que Ierufalem eft comme le centre du cercle, qui enuironneroit tous ces
pays.

I I. Queſtion, Quelle & combien grande eſt la pro-
fondeur de la terre, la hauteur des cieux, & la
rondeur du monde.

LA terre a de profondeur iuſques au centre
3436. milles ou l'icuës d'Italie, deux deſquelles font vne lieuës de France. Son tour comprend
21600. milles.

Depuis le centre iuſques à la Lune, il y à bien
56. demy diametres de la terre, c'eſt a dire enuiron
192416. milles. Iuſques au Soleil 1142. demy diametres de la terre, c'eſt à dire 3914912. milles, prenant l'vn & l'autre aſtre, au milieu de ſon ciel. Iuſqu'aux eſtoiles fixes, qui brillent dans le firmament, 14000. demy diametres de la terre, c'eſt à
dire 48104000. milles. Selon la plus vraye ſemblable opinion de Tycho Brahé.

Or de toutes ces meſures, l'on peut colliger
par ſupputation Arithmeticque, pluſieurs propo-
ſitions gaillardes en cette façon.

Si l'on auoit faict vn trou dans terre, & qu'v-
ne meule de moulin deſcendant par ce trou, fiſt à
chaque minute vn mille, encore mettroit elle plus
de 2. iours & 9. heures, auant que d'atteindre le
centre.

Quand quelqu'vn feroit tous les iours 10. lieuës,
il employeroit preſque 3. ans à faire le tour de la
terre. Et ſi vn oiſeau faiſoit ce tour en 24. heures, il
faudroit qu'il volaſt par l'eſpace de 450. lieuës
françoiſes en vne heure.

La Lune faict plus de chemin en vne heure,
que ſi durant la meſme heure, elle parcourroit deux
fois tout le rond de la terre.

Si quelqu'vn faiſoit tous les iours 10. lieuës,

en montant vers le Ciel, il luy faudroit plus de 29. ans, pour arriuer iusqu'à la Lune. *A son compte il n'en faudroit pas plus de 23. & enuiron 30. iours,* D. A. L. G.

Le Soleil faict plus de chemin en vn iour, que la Lune n'en faict en 12. parce que le tour du Soleil est 12. fois pour le moins plus grand, que celuy de la Lune.

Vne meule de moulin, qui feroit en descendant mille lieuës par chacune heure, mettroit encore plus de 90. iours à tomber depuis le Soleil iusqu'en terre.

Le Soleil faict en vne heure cinq cents treize mille & neuf cents lieuës, & en chaque minute, qui est la soixantiéme partie d'vne heure il fait bien 8565. lieuës, & n'y a boule de canon, fléche, foudre ou tourbillon de vent, qui se meuue d'vne pareille vitesse.

C'est encore toute autre chose de la vitesse des estoilles du firmament. Car vne estoile fixe située dans l'Equateur, iustement entre deux poles, faict en vne heure 2520518, milles d'Italie, autant qu'vn cheualier qui feroit tous les iours 40. milles en pourroit parcourir en 1726. ans. Autant que si quelqu'vn faisoit en moins d'vne heure, plus de mille fois le tour de la terre, & en moins d'vn Aue Maria, plus de sept fois. I'estime pour moy que si l'vne de ces estoilles voloit dedans l'air & autour de la terre auec vne si prodigieuse vistesse, elle brusleroit & calcineroit tout ce bas monde. Voila comme le temps vole auec les astres, & cependant la mort vient.

III. Si le Ciel ou les astres tomboient qu'en arriueroit-il?

VOus me direz incontienĕt, qu'il y auroit beau coup d'alloüettes prifes, & les anciés Gaulois difoiĕt qu'ils ne craignoiĕt autre chofe que cete chu te. Voire mais fi la trop grãde chaleur, ou les autres malignes influĕces n'eftoient à craindre, vn Mathe maticien pourroit biĕ icy faire le hardy : car puifque le Ciel & les aftres font de figure ronde, quãd ils tõ beroient ils ne toucheroient la terre, qui eft auffi rõ de, qu'en vn poinĉt, & hors de là il n'y auroit pas grand danger, pour ceux qui feroient éloignez de ce poinĉt. Que fi plufieurs eftoilles tomboient tou tes à la fois de diuerfes contrées, elles s'empefche roient les vnes les autres, & s'entretiendroient en l'air, deuant que de tomber iufqu'a terre.

IV. Comment fe peut-il faire, que de deux Gemeaux qui naiffent en mefme temps, & meurent puis apres enfemble, l'vn ayt vefcu plus de iours, que l'autre?

CEla eft aifé à cõceuoir, pofé le cas que l'vn d'eux s'en aille voyager vers l'Occident, & l'autre vers l'Orient. Car celuy qui va vers l'Occident, fui uant le cours du Soleil, aura les iours plus longs, l'autre qui va vers l'Orient les aura plus courts, & au bout de quelque temps en comptera plus que l'autre. Cela eft arriué en effeĉt pour le regard des nauires qui demarent de Lyfbonne, & de Seuille, pour voyager aux Indes Occidĕtales & Orientales.

ON n'auroit iamais faiĉt, fi on vouloit mettre foubs la preffe toutes les autres faceties de Mathematique qui fe prefentent à la foule pour entrer dans ce liure, il en faut laiffer plufieurs en arriere, retrancher le refte, & fe contenter pour ce coup. Peut eftre qu'vne autre impreffion vous les fera voir étenduës plus au long.

FIN.

LA SECONDE

PARTIE DES

RECREATIONS

MATHEMATIQVES.

COMPOSEE DE PLVSIEVRS
Problemes plaisans & facetieux en faict
d'Arithmetique ; Geometrie, Astrolo-
gie, Optique, Perspectiue, Mechanique
& Chymie, & autres rares secrets non
encor veus, ny mis en lumiere.

Enrichies d'obseruations , scolies , & Corolaires
seruans à l'explication des choses les
plus difficiles de cét œuure.

A PARIS,
Chez ANTHOINE ROBINOT, au quatriéme
pillier de la grand' Salle du Palais,

M. DC. XXX.

Auec Priuilege du Roy.

AV LECTEVR.

APRES auoir leu & examiné la premiere partie de ce Liure, diuersifiée de quantité de propositions plaisantes & serieuses, qui peuuent occuper les mediocres & bons esprits du temps, plus vtilement qu'vn tas de Romans infructueux, que les Autheurs modernes nous distribuent à plus grand prix, que vne Somme de S. Thomas, ou vne Philosophie d'Aristote, ou que les escrits d'Archimede ou de Steuin: I'ay creu que le temps que i'employerois à vne seconde partie, entée en approche (pour tenir assez de la nature de la premiere, & suiure à peu pres le dessein de l'Autheur) ne seroit pas entierement perdu, & ne rendroit pas vn diuertissement inutile à ceux qui voudroient s'en donner le loisir de la lire: I'ay donc choisi vn petit nombre de Problemes parmy toutes les parties de Mathematique, que les plus penetrans pourront faire multiplier iusques à vn bien plus grand : tirant par des inductions & consequences quantité de rares secrets vtiles pour toutes sortes de professions : Comme par voye Chymique, d'vne matiere inutile & inefficace on peut tirer des essences tres medecinales & salutaires : Ie ne me suis point, non plus que l'Autheur de la premiere partie, arresté aux demonstrations, tant pour ne

AV LECTEVR.

m'esloigner point de son dessein, que pour n'embar-
rasser pas l'esprit de ceux qui le pensant relascher
par ceste lecture, le retiendroient plus fort qu'auparauant, pour ne desmesler vne si penible fuzee.
En vn mot, mon dessein est de contenter le public, &
ne mescontenter pas l'Autheur.

LA
SECONDEPARTIE
DES RECREATIONS
MATHEMATIQVES.

PROBLEME. I.

Trouuer l'année Biffextile, la lettre Dominecale &
la lettre des Mois en deux manieres.

FAVT premierement diuiser 123. ou 124.
ou 125. ou 26. ou 27. felon l'année qui
court par 4. années, ou l'on rencontre
Biffexte, & ce qui vient au reste c'est
l'année Biffextile, comme s'il vient 1. c'est la pre
miere année, si 2. c'est la deuxième, &c. Et si 0.
c'est l'année de Biffexte, & le quotient de la diuision
monstre combien il s'est faict de Biffexte, en 123.
24. 25. 26, ou 27. années.

A iij

Autrement.

Faut diuiser 123. 24. 25. 26. ou 27. par 28. qui
eft le Cycle Solaire ou reuolution des lettres Do-
minicales, & ce qui vient au refte c'eft le nombre
des jointures qui faut compter par *Filius efto Dei*
cœlum bonus accipe gratis, & là où fe termine le
nombre, c'eft le doigt qui monftre l'année qui
court, & au mot du vers la lettre Dominicale.

Exemple.

Diuifez 123. par 28. en cefte année-là, & ainfi
en toutes les autres années, vient 4. & 11. qui reftent. Il faut donc compter iufques à 11. mots de *Fi-*
lius efto Dei cœlum bonus accipe gratis, fur les iointures, à commencer par la premiere jointure de
l'Index, & on aura le requis.

A préfent pour cognoiftre la lettre Dominicale de chaque mois, faut compter depuis Ianuier
iufques au mois requis inclufiuement : & s'il y a
8. ou 9. 7. ou 5. &c. faut commencer fur le boût
des doigts depuis le poulce, & compter, *Adam*
degebat, &c. autant de mots comme il y a de mois,
& lors on a la lettre qui commence le mois : Puis
pour fçauoir le quantiefme du mois propofé, faut
voir combien de fois 7. eft compris dans le nombre des iours & prendre le refte : pofé que ce foit
4. on compte fur le premier doigt dedans & dehors, par les jointures, iufques au nombre de 4.
puis finiffant au bout du doigt, on infere de là que
le iour requis eft vn Mercredy, le Dymanche fe

marquant à la premiere jointure de l'Index. Et par ainſi vous aurez l'an qui court, la lettre Domini-cale, la lettre qui commence le mois, & tous les iours du mois.

PROBLEME II.

Trouuer nouuelle & pleine Lune en chaque mois.

FAVT adiouſter l'Epacte de l'année qui court & le nombre des mois, commençant par Mars: puis ſoubſtraire le ſurplus de 30. du meſme nombre 30. & le reſte eſt le tantieſme où commence nou-uelle Lune, & y adiouſtant encor 14. vous aurez pleine Lune.

Notez.

Que l'Epacte ſe faict touſiours par 11. qui s'adiouſtent iuſques à 30. & s'ils paſſent, le ſurplus eſt l'Epacte: comme s'il ſe trouue 33. Ceſte année là on aura 3. d'Epacte, auquel nombre adiouſtant 11. vous aurez l'Epacte de l'année ſuiuante, & ainſi conſecutiuement, recommençant touſiours eſtant paruenu au nombre de 30.

PROBLEME. III.

Trouuer la latitude des Pays.

A iiij

A Ceux qui habitent au deça du Tropique de
Cancer, depuis le 20. de Mars iusques au 25.
de Septembre, qui contient le Printemps & l'Esté,
faut adiouster la Declinaison du Soleil, trouuee
dans les Tables ou dans le Globe Celeste, auec la
distance du Zenit au Soleil, trouuee à l'aide de l'A-
strolabe ou de la carte du cercle, & on aura la latitude requise.

Item depuis le 23. de Septembre iusques au 20.
de Mars, soubstrayez la Declinaison du Soleil de
la distance du Zenit au Soleil, & le reste sera la latitude.

PROBLEME IV.

Trouuer le Climat de chaque Pays.

FAut prendre la difference entre 12. heures & le
plus long iour, & doubler ceste difference, qui
fera le nombre des Climats.

Exemple.

Ceux qui ont le plus long iour de 18. heures,
6. est la difference de 12. à 18. doublez-les, & vous
aurez 12. qui est le nombre des Climats.

Notez.

Que les Climats sont paralelles à l'Equator &

aux Tropiques, & coupent le Meridien en angles droicts, & s'appellent inclinations ou pantes du Ciel, par Vitruue : Et eſt à noter que la latitude du premiere Climat eſt plus grande que celle du ſecond, & ainſi conſecutiuement & proportionnellement iuſques au dernier, qui eſt le 66. à 24. de chaque coſté de l'Equator iuſques aux Cercles Arctiques & Antarctiques qui ſont 48. (& ſont ſemy heures) & 9. à chaque eſpace des deux Cercles iuſques aux deux Poles, leſquels ſont appellez Climats 20. iours, à cauſe que le plus long iour à ceux qui ont le Cercle Arctique ou Antarctique pour Zenit, eſt 20. iours, & ainſi conſecutiuement iuſques à 6. mois de iour, & autant de nuict.

La longitude des Climats eſt la ligne tirée d'Orient en Occident paralelle à l'Equinoctiale : c'eſt pourquoy l'eſtenduë ou longueur du premier Climat, eſt plus grande que celle du ſecond, & du deuxiéme que du troiſiéme, &c. à cauſe que la ſuperficie de la Sphere ſe retreſſit touſiours venant de l'Equinoctial vers le Pole.

Deffinition des longitudes & latitudes des Pays &
des Eſtoilles.

Premiere definition.

Longitude d'vn Pays eſt l'arc de l'Equator, compris entre le Meridien des Aſſores, (à cauſe que c'eſt la partie la plus Occidentale) & le Meridien du lieu propoſé à trouuer.

Notez.

Qu'on peut prendre diuers premiers Meridiens, veu que les anciens Astronomes posoient le premier Meridien aux Colomnes d'Hercules qui est le destroit de Gilbatar; d'autant qu'ils ne cognoissoient pas de pays plus Occidental, & se trouue par le moyen du Globe terrestre.

Seconde definition.

La latitude d'vn Pays ou d'vne Ville, est l'espace entre l'Equator & le Zenit du lieu proposé, tellement qu'elle peut estre, ou Meridionale ou Septentrionale, si le lieu proposé est au delà ou au deçà de l'Equator: Latitude donc est át l'espace entre le Zenit & l'Equator, ayant l'esleuation Polere on la peut trouuer facilement, d'autant qu'elle est égale à ladite esleuation.

Troisieme definition.

Longitude d'vne Estoille est l'Arc de l'Ecliptique, compris entre la section vernale & le Meridien de ladite Estoille & sa latitude, l'espace de l'Ecliptique à icelle Septentrionale ou Meridionale.

Belle Remarque.

Sous la Ligne Equinoctiale aupres de la Guynée, il y a deux sortes de Vents qu'on nomme Or-

dinaires : lefquels foufflent chacun fix mois, & c'eft
ce qui faict que le Soleil eftant Nord , le flux de la
Mer eft Nord : & eftant Sud, il eft Sud. Ceux qui
nauigent vers les Indes Orientales , partant trop
tarp d'icy, & rencontrant vn de ces vents vis à vis
de la Guynée , ne peuuent paffer outre s'il leur eft
contraire , & faut qu'ils s'en reuiennent ou qu'ils
attendent 2.3. ou 4. mois, iufques à ce que l'autre
vent aye repris fon arro. Ils font Collateraux.

PROBLEME V.

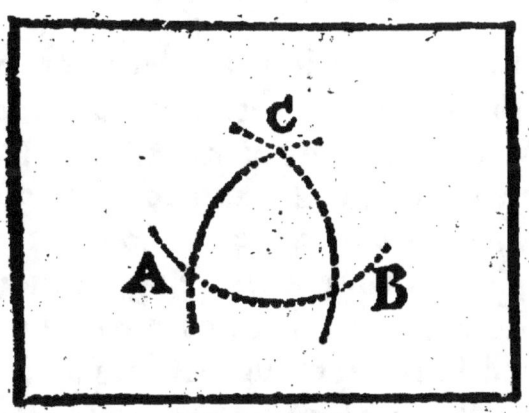

Faire vn triangle dont les trois angles feront ef-
gaux à trois droicts, contre l'Axiome general,
qui dit que tout triangle les trois angles font ef-
gaux à deux droicts.

FAut ouurir voftre compas à volonté, & fur le
poinct A. defcrire le fegment du Cercle BC. derechef , & de la mefme ouuerture du côpas deffus
le poinct B. defcrire AC. puis finalement fur C.

deſcrire BA. & vous aurez le triangle ſpheriquē
equilateral, dont les 3. angles ſeront droicts eſtans
de 90. decrez chacun, & qui ne ſe peut iamais rencontrer aux triangles plans, ſoit qu'il ſoient Equi-
lateraux, Iſocelles, Scalences, Rectangles ou Oxi-
gones.

PROBLEME VI.

Diuiſer vne ligne en autant de parties eſgales qu'on
voudra, ſans compas & ſans y voir.

CEſte propoſition eſt fallacieuſe, & ne ſe peut
pratiquer que ſur le Monocordon, car la ligne Mathematique qui procede du flux du poinct,
ne ſe peut diuiſer de la ſorte : Faut donc auoir vn
inſtrument qu'on appelle Monocordon, à cauſe
qu'il n'y a qu'vne corde, c'eſt pourquoy ſi vous de-
ſirez diuiſer voſtre corde en la tierce partie coulez
voſtre doigt ſur les touches, iuſques à ce que vous
rencontriez vne tierce de Muſique ; ſi à la quatrieſ-
me partie, vne quarte ou vne quinte, &c. vous aurez le requis.

PROBLEME. VII.

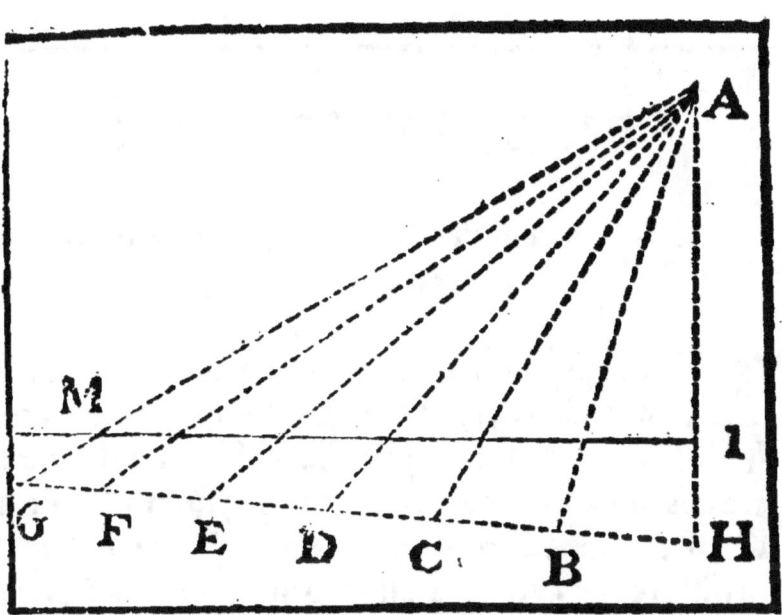

*Mener vne ligne laquelle aura inclination à vne
autre ligne, & ne concurrera iamais contre l'A-
xiome des paralelles.*

C'Eſt par le moyen d'vne ligne qu'on appelle
Conchoïde, laquelle prolongee à l'infiny en
vn meſme plan aupres d'vne ligne droicte ne la
rencontre iamais, elle a eſté en grande eſtime chez
les Anciens : Elle ſe fait en ceſte ſorte.

Menez vne ligne droicte infiniement, & ſur
ſon terme ſiny eſleuez vne perpendiculaire, & la
prolongez au deſſous de l'eſpace que vous voudrez
donner a vos deux lignes, puis du poinct A. menez

des lignes à l'aduanture , comme AB. AC. AE.
AF. AG. &c. puis fermez toutes ces lignes par vne
autre de l'espace HI. & vous aurez la ligne requise,
qui est HG.

PROBLEME. VIII.

Trouuer combien la Terre est plus grande que l'Eau.

LA solidité de la terre & de l'eau ensemble, se
trouue de 2141547143;. La solidité de la Terre
seule se trouue 21323063917. La difference donc entre ces deux nombres, c'est 92907516. qui est pour
l'Eau: diuisant donc la solidité de la Terre seule par
la difference , viendra au quotient 230. qui est ce
que la terre est plus grande que l'Eau, le requis.

PROBLEME. IX.

Obseruer la variation du Boussolle en cha-
que Pays.

FAut descrire vn grand Cercle sur quelque plan
ou terrain, n'importe où, pourueu que le Soleil
donne dessus au Midy, & au milieu poser vn gno-
mon ou style, de la longueur qu'on iugera à propos : vne heure donc auant Midy faut obseruer
l'ombre du Soleil par le moyen de ce style & mar-

quer ʃe lieu où elle donnera ; puis derechef à vne
heure apres Midy faire vne ʃeconde obʃeruation
de ʃon lieu, puis diuiʃer ceʃte eʃpace en deux eʃga-
lement, & mener vne ligne droicte qui ʃera la ligne Meridionale : alors faudra ʃur le demy Cercle
vers lequel declinera l'aiguille Aymantée, en prendre la moitié & la diuiʃer en 90. degrez, puis po-
ʃer ʃur ladite ligne Meridionale le Bouʃʃole, alors
on pourra remarquer combien de degrez elle de-
cline du Nord, qui eʃt vne curioʃité qui ne'ʃt pas
commune.

PROBLEME. X.

Trouuer en tout temps auec certitude tous les rung
de Vent ʃelon les trente-deux diuiʃions des
Nautonniers.

Faut au premier plancher d'vne Tour, comme
C. qui ʃoit bien poly & plaʃtré, faire vn Cer-

cle diuifé en trente-deux parties efgales, & auoir
vn Bouffole auprès de vous pour faire vos lignes
de diuifion felon les vrayes parties du Monde, &
efcrire leurs noms tout autour, & faire que la verge de la giroüette aye vn bien libre mouuement,
& foit la plus legere que faire fe pourra & la plus
courte auffi, c'eft pourquoy faut faire la charpen-
te de la Tour affés baffe : mais neantmoins la maf-
fonnerie fort haute & expofée à tous vents fans a-
bry, au bout d'icelle verge on attachera vne aiguille qui vous monftrera ce que vous demandez.

PROBLEME XI.

Mefurer vne diftance inacceffible, comme vne riuiere fans la paffer, auec le chap-peau.

FAut qu'vn homme eftant fur le bord de la ii-
uiere, aye fon chappeau fur fa tefte, en forte
que le bord d'iceluy borne fa veuë & l'empefche
de voir au dela du bord de la riuiere, fe rencontrant
directement dans la ligne vifuelle : Alors qu'il fe
fouftienne le menton d'vn petit bafton, qu'il ap-
puyera fur le tantiefme bouton de fon pourpoinct
à fin de tenir fa tefte en eftat, pour la fçauoir re-
placer apres en mefme lieu, qu'il prenne garde de
remuer fon chappeau, mais n'importe pour la tefte. Eftant donc dans vne plaine, qu'il fe mette en
la mefme pofture, & remarque où fe termine fa
veuë : puis qu'il mefure de ce poinct là iufques à
luy :

luy ; La diſtance qui s'y trouuera ſera égale à la largeur de la riuiere.

PROBLEME. XII.

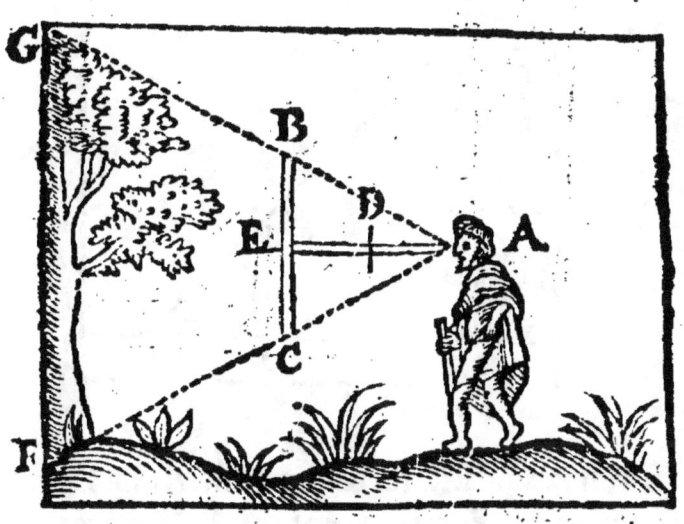

Meſurer la hauteur d'vne Tour ou d'vn Ar-
bre, par le moyen de deux petit baſtons
ou de deux paille, ſans autre
formalité.

FAVT auoir deux baſtons tellement proportionnez, que EB, ſoit égal de DE. & DE. de
DA. alors poſant le poinct A. proche de l'angle de
l'œil & fermant l'autre, faut ſe reculer ou s'auancer
iuſques à ce que les rayons viſuels deſcouurent le
poinct de hauteur G. & de profondeur ou de racine ſi c'eſt vn arbre F. Alors meſurez la diſtance

qu'il y a de voſtre pied aupres de l'arbre, & vous aurez la hauteur d'iceluy : ce qui eſt requis.

Autrement & mieux.

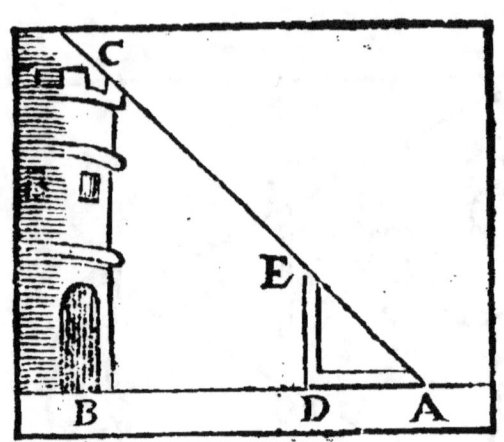

Prenez vne Eſquerre, comme A. D. E. qui aye les deux coſtez égaux, & poſant A. à l'œil faut s'aduancer ou reculer, iuſques à ce que les rayons viſuels s'accordent en B. & C. paſſant par D. & E. alors la diſtance AB. ſera égale à la hauteur B C. ce qui eſt le requis.

PROBLEME. XIII.

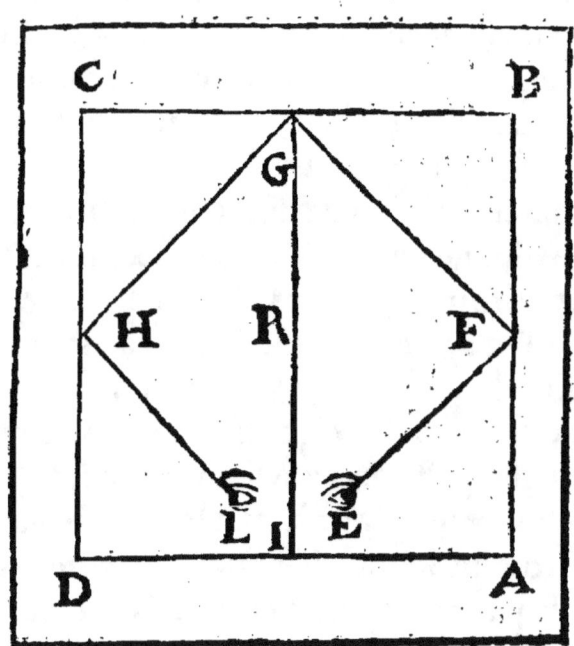

Trouuer le moyen de faire voir à vn Ialoux de
dans vne chambre, ce que fait sa femme dans vne
autre, nonobstant l'interposition de la muraille.

FAUT appliquer trois miroirs dedans les deux
chambres, dont l'vn sera attaché au plancher,
& sera commun, estant posé au haut de l'ouuerture
qu'il faut donner à la muraille, à fin qu'ils se puissent communiquer les especes l'vn à l'autre par
leurs reflexions : Les deux autres seront appliquez
contre les deux murailles opposites en angles
droicts, comme le demonstre la precedente figure
aux poincts B. & C.

Alors le visible E. par la ligne d'Incidence FF.
tombant sous le miroir B A. se reflechira en la su-

perficie du miroir BC. au poinct G. tellement que
si vn œil estoit en G, il verroit E. soubs la cachete
d'Incidence, que ie n'explique point pour ne cho-
quer l'intention de l'Autheur qui n'a voulu proceder aux demonstrations.

Maintenant l'image deuient visible, tellement
que ce mesme visible, E. se reflechira sur le troisiesme miroir au poinct H. & l'œil qui seroit en A.
verroit l'image E. au poinct de cachete, comme
i'ay dit, lequel image deuenant visible, l'œil du
Ialoux qui est en L. & qui est dans les impatiences
de voir les postures de sa femme, void l'image de
F. au poinct que i'ay dit, par le moyen du troisiesme miroir sur lequel s'est faict la seconde reflexion:
Et voila par ce moyen la curiosité du cœur satisfai-
te abondamment, quoy que la multiplicité des reflexions diminuë les images, & faict paroistre
l'object plus esloigné qu'il n'est.

Corolaire. I.

Par ceste inuention de reflexions, les assie-
gez d'vne Ville peuuent voir de dessus le rempart,
nonobstant le parapel, ce que les assiegeans font
dans le creux du fossé, appliquans vn miroir sur le
haut de la muraille, en sorte que la ligne d'incidence partant du fond du fossé, face vn angle égal à la
ligne de reflexion, laquélle partant du poinct d'Incidence fera voir l'image des assiegeans à celuy
qui est sur le rempart.

Corolaire. II.

De là, on infere que les mesmes reflexions se

peuuent garder dans vn Polygone regulier, de tant de coftez qu'il puiffe eftre, pofant autant de miroirs plans comme il y a de coftez, deux. Car alors le vifible eftant pofé en l'vn, & l'œil en l'autre, l'on verra l'image comme il eft requis.

Corolaire III,

De là s'enfuit, que nonobftant l'interpofition de plufieurs murailles & plufieurs chambres ou cabinets, on peut voir ce qui fe paffe dans le plus reculé, appliquant autant de miroirs qu'il y a d'ouuerture aux murailles, & leur faifant receuoir les lignes d'Incidence en angles égaux : c'eft à dire faifant en forte ou par voye Mechanique, ou par voye Geometrique, comme auec vn Geometre, que les pointes d'Incidence fe rencontrent au milieu des glaces : Tout ce qu'il y a de defaut, c'eft que l'image paffant par trop de reflexions fe diminuë à mefure qu'il s'efloigne du poinct d'où il a party comme i'ay dit,

PROBLEME XIV.

B iij

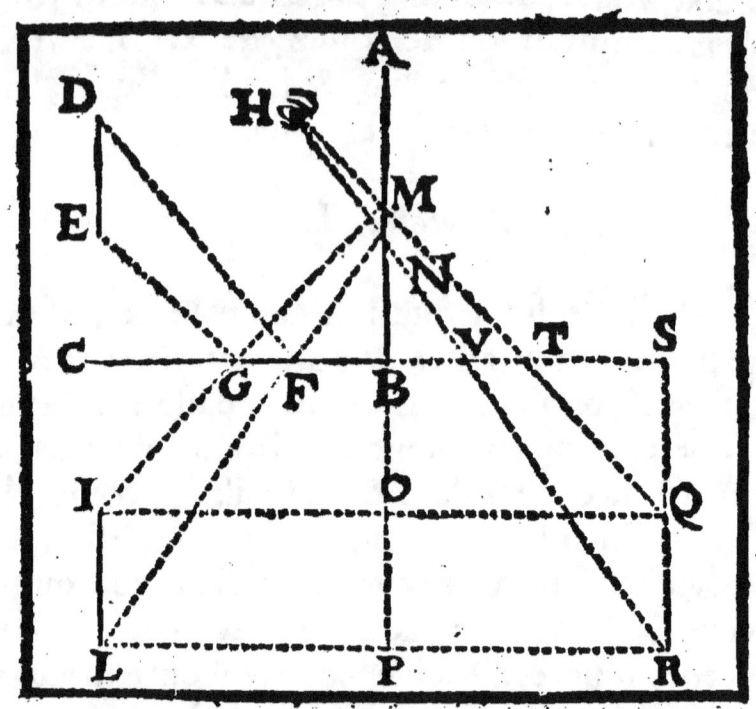

Par le moyen de deux miroirs plans, faire voir vn Image volant en l'air, ayant la teste en bas.

LEs deux miroirs plans ſoient AB. & BC. faiſant enſemble vn angle droiȼt ABC. G. vn des miroirs comme BC. ſoit ſelon le plan de l'ho-riſon, que le viſible de l'œil ſoit en quelque lieu comme en H. la nature fera d'elle-meſme que le poinȼt D. ſe reflechira en N. par F. & de là en H. de meſme le poinȼt E. ſe reflechira en M. & de là en H. par G. & le viſible E D. ſera veu par vne dou-ble reflexion en QR.

Le poinȼt ſublime D. en R. & le poinȼt E. en Q. renuerſé par ce moyen comme il a eſté propoſé,

prenant D. pour la teſte d'vn homme & E. pour
le pied, ce ſera donc vn homme renuerſé, qui
paroiſtra voler en l'air comme Icare, s'il à le moindre mouuement & ſi on luy veut attacher des aiſles
au dos : & ſi le miroir eſt aſſez grand pour pouuoir
receuoir pluſieurs reflexions, à fin de tromper d'a-
uantage la veuë, en l'admiration de l'image & au
changement de ſa couleur.

PROBLEME XV.

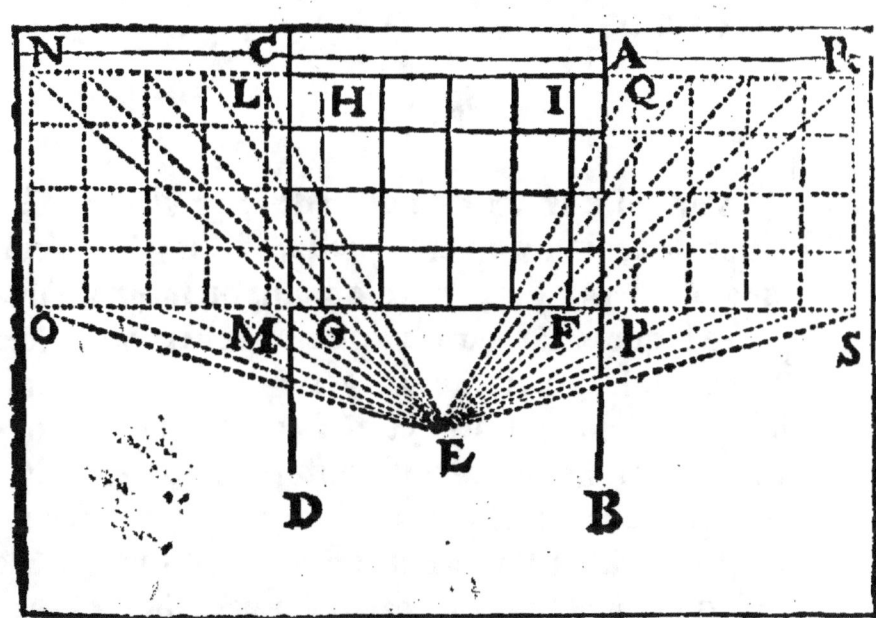

Diſpoſer deux miroirs plans, en ſorte qu'vne ſeule
compagnie de Soldats paroiſſent vn Regiment,
c'eſt à dire, que vne petite quantité ſe multiplie
iuſques à vn grand nombre.

L Es deux miroirs plans propoſez ſoient AB.
CD. leſquels doiuent eſtre fort grands, pour

reprefenter des hommes au naturel, & moindres
pour des petites figures racourcies, de bois ou de
plomb ; voilà comme il faut trauailler :

Faut arranger fur vne table vn petit bataillon
qui eft icy en carré EGHI. Il n'importe s'il eft carré d'hommes ou de terrain : Que chaque miroir
foit placé perpendiculairement fur la table, fupofée
fort plane & égale, & que les affiettes foient paralelles, il faut que les miroirs foient la moitié plus
proches des dernieres files, que l'efpace entre les
files : Ie dy que le bataillon fe multipliera & paroi-
ftra beaucoup plus grand en apparence qu'il ne le
fera en effect.

Corolaire. I.

Par cefte inuention on peut faire vn petit Cabinet de trois ou quatre pieds de long, & deux
pieds & demy de largeur, ou plus ou moins n'importe, lequel eftât remply, foit de rochers ou autres
telles chofes, comme d'argent ou de pierreries,
les parois dudit Cabinet eftans reueftuës de miroirs plans, ces vifibles paroifteront contenir d'v-
ne grandeur exceffiue, par la multiplicité des reflexions : Et à l'ouuerture dudit Cabinet (ayant
mis quelque chofe qui cache lefdits vifibles) ceux
qui regarderont dedans fe tromperont facilement,
y croyant plus de figures, de pierreries, & d'argent
qu'il n'y en a.

PROBLEME. XVI.

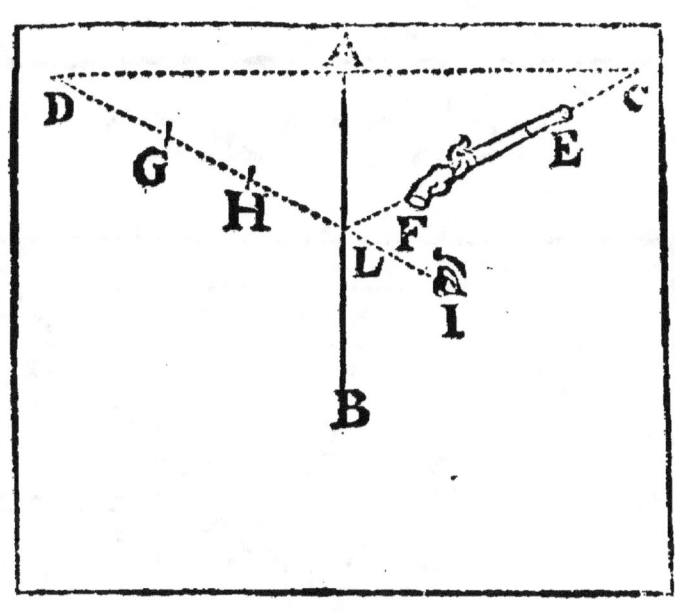

Par le moyen d'vn miroir plan , ayant le Mousquet
sur l'espaule, tirer aussi iustement en vn blanc,
comme si on le couchoit en joüe.

LE Miroir donné soit AB. l'arquebuse EF. le
but où l'on veut tirer C. & l'œil de celuy qui
tire. Il faut en arriere donner iustement au but C.

Le but C. se monstre en D. en la ligne de reflexion I L D. & au cachete d'Incidence C A D. faut
en remuant le mousquet EF. faire que son image
GH. s'accorde directement auec la ligne de reflexion ILHGD. comme il est facile c'est à dire que
l'image du mousquet estant pointée droict vis à vis

de l'image du visible du but : Ie dis alors que
l'image GH. s'accordera auec la ligne d'Incidence LC. & par conſequent laſchant le coup de mouſquet ainſi diſpoſé, ſans doute qu'on frappera directement le but propoſé C. ce qu'il falloit faire.

COROLAIRE I.

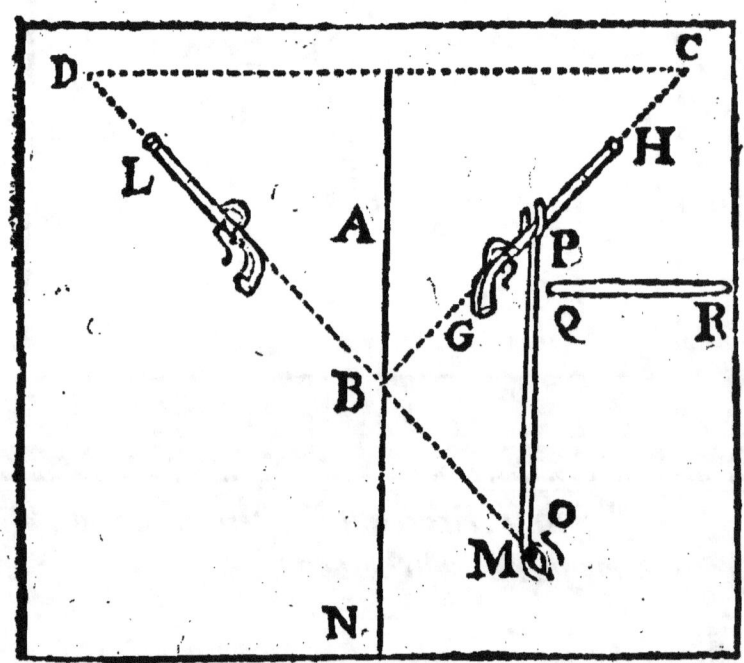

*D'icy nous colligeons, qu'on peut iuſtement tirer
d'vne harquebuſe en vn lieu qui ne ſera point
veu, pour quelque obſtacle ou interpoſition qu'il
y aye.*

SOit propoſé le miroir ABN. le but que l'on
veut frapper, ſoit C. l'œil M. la muraille inter-
poſée entre l'œil & le but RQ. & neantmoins on

deſire le frapper auec vne harquebuſe côme GH.
qu'elle ſoit plantée ſur vn baſton ou fourchette
comme OP. l'Image de GH. ſera IL. lequel il faudra, comme nous auons dit, accorder auec la ligne
de reflexion MBD. il faudra alors par neceſſité,
que le viſible G H. ſoit d'acord auec ſa ligne d'Incidence CB. & par conſequent GH. ſera oppoſé
directement au poinct C. que l'on frappera ſans le
voir laſchant pour lors le coup d'harquebuſe.

PROBLEME XVII.

Auec vne Chandelle & vn Miroir caue ſpheri-
que, porter vne lumiere ſi loing dans la plus obſ-
cure nuict, qu'on puiſſe voir vn homme à demy
quart de lieuë de là.

IL faut oppoſer directement à vn miroir ſpherique, vne chandelle ou flambeau, à proportion
de ſa grandeur, les rayons d'iceluy flambeau ſe
trouuans dans la concauité de ce miroir ſe reflc-
chiront vers l'object propoſé à voir, & ſe reſpan-
dant en l'air s'eſtendront en ſorte qu'ils porteront
la lumiere incroyablement loing.

Notez.

Qu'à cauſe qu'en ce miroir ſpherique les rayons
de la chandelle ne ſont pas reflechis en ligne paralelles, & ne s'eſtendant point à l'infiny, ne peuuent
pas auoir tant d'effect pour trauailler: Plus exactement les Mathematiciens ont inuenté la Section

du Cone rectangle ; qui eſt la Parabole, à fin que
ſelon ceſte ſection on fiſt la concauité du miroir,
ce qui ſe monſtre à faire dans la Fabrichronologie.

Corolaire.

Par ceſte inuention de miroir caue Parabolique,
on peut lire vne eſcriture de fort loing , ſoit ou de
iour ou de nuict , & plus de nuict que de iour.
Mais comme ceſte propoſition contient deux parties , il faut trauailler en deux ſortes : l'vne pour le
iour, & l'autre pour la nuict.

Celles du iour ſe faict ainſi.

ON eſcrit vne lettre de la main gauche , puis
on la preſente au miroir caue , entre la ſuperficie & l'angle de concurrence, & lors on void vne
lettre fort groſſe : Mais pour la lire aiſément faut
mouuoir doucement ladite lettre, à fin qu'vn mot
eſtant leu , il paſſe d'autant que les lettres ſemblent
ſi groſſes , que difficilement ils peuuent paroiſtre
bien formees.

Pour la Nuict.

IL faut trauailler de deux ſortes : Premierement, au miroir : ſecondement au loing du Miroir. Quand à la premiere : il faut auoir vn grand
Carton , & eſcrire de groſſes lettres Capitalles &

les coupper, puis les appliquer sur iceluy & y ap-
poser vne chandelle, tellement qu'ils paroistront
de feu.

La seconde est comme la precedente, appliquant vne chandelle qui portera sa lumiere fort
loing.

Notez.

Que si le miroir est de fonte & grand, il portera
sa lumiere merueilleusement plus loing que s'il
estoit de crystal ou de verre.

Obseruation.

Pour conclure ce discours, ie vous aduise de
remarquer en l'vsage des miroirs dont vous voulez porter la lumiere, ou exciter vne ignition que
les spheriques ont moins d'effect que les autres:
parce que l'amas des rayons se faict vn peu en longueur, & rend la chaleur ou la lumiere moins forte. C'est pourquoy il vaut mieux se seruir des seg-
mens du Parabole qui approchent plus de l'vnité
de congregation des rayons, & prendre tousiours
les moindres qu'on pourra, à fin que le lieu de congregation estant plus esloigné, l'ignition s'en face
par consequent plus loing : faut aussi que ces miroirs soient les plus grands qu'on pourra, parce
que receuant plus de rayons, la congregation forte
plus & l'ignition plus prompte.

Corolaire.

D'où s'ensuit, qu'vne bouteille de verre qui

aura ceste forme & pleine d'eau, rendra vne grande lumiere à l'aide d'vne chandelle, y en ayant plusieurs arrengées d'ordre à l'entour d'vne chandelle sur vne table, ils rempliront la salle d'vne tres-
grande clairté.

PROBLEME XVIII.

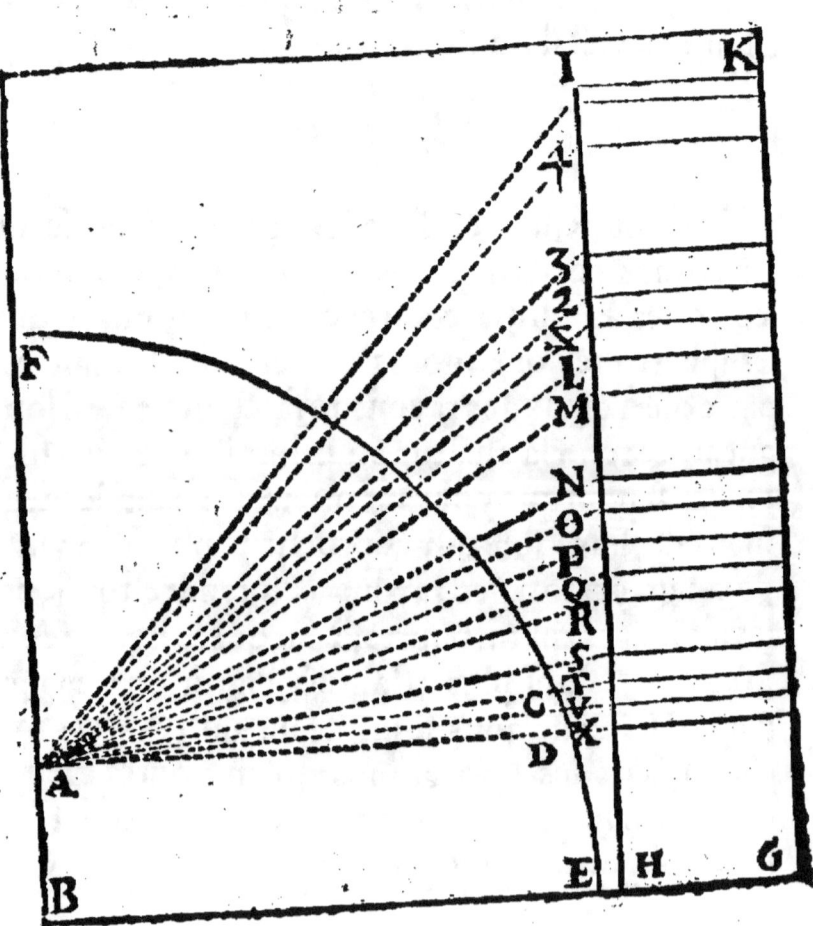

*Escrire des lettres contre vne muraille, qui seront
inesgales, & neantmoins paroisteront esgales.*

SOIT la muraille donnée GHIK. contre laquelle on veut escrire, soit le poinct de profondeur
B. celuy de hauteur A. (qui est proprement l'œil
du regardant) sur le poinct B. de l'espace BE. à
discretion descriuez le quart de cercle EF. escriuez
apres contre la muraille dans la ligne Horizonta-
le, c'est à dire à la hauteur de l'œil le mot que vous
voudrez, en sorte que vous le puissiez facilement
lire vous reculant de la muraille : puis menez les
rayons AX. & AV. qui est la largueur de vostre
escriture, & ils coupperont le quart de cercle en
D. & C. qui est la distance qu'il faut rapporter sur
ledit cercle autant que vous voudrez escrire de
lignes : puis mener des rayons du poinct A. qui
couppent lesdits pointes, & les prolonger iusques
contre la muraille en ILMN. &c. & vous aurez
la hauteur de vos lettres inesgales ; mais à cause
que elles sont toutes veuës sous angles esgaux,
elles paroissent esgales.

Notez.

Qu'à cause qu'on ne peut pas descrire vn demy cercle en l'air, & mener des rayons contre
ceste muraille veu qu'ils ne sont qu'abstraits, on
fait l'operation, premierement sur le papier, par
des mesures discretes que l'on y rapporte, prenant
la hauteur de la muraille, la distance du lieu d'où
on la doit regarder, & la hauteur de la premiere
ligne qu'on a escrite à volonté, & de telle grosseur
qu'elle se puisse lire,

Corolaire.

C'eſt par ceſte inuention qu'vn Architecte, ou vn bon Sculpteur, deſirant placer ſur vn Pinacle ou ſur quelque haut frontiſpice vne figure de ronde boſſe ou autre choſe, iugeant bien que la diſtance & l'eſloignement ont cela de propre, de rendre les corps difformes, & de faire paroiſtre vn quarré tout rond : Il proportionne ſa figure à la hauteur du lieu, & plus la diſtance eſt grande (comme vn autre Appelle) il polit moins ſon ouurage, & ne recherche pas tant tous les muſcles du corps ou plis de la draperie, comme ſi elle ſe voyoit de plus pres.

PROBLEME XIX.

Deſguiſer en ſorte vne figure, comme vne teſte, vn bras, ou vn corps tout entier, qu'ils n'auront aucune proportion ; les oreilles paroiſtront longues comme celles de Midas, le neẑ comme celuy d'vn Singe, & la bouche comme vne porte cochere : Et cependant veue d'vn certain poinſt, reuiendra en proportion fort juſte.

IE ne m'arreſteray point à vous faire vne figure de cecy Geometriquement, pour eſtre trop penible à comprendre : mais ie taſcheray de vous faire voir nettement par diſcours comme cela ſe
fait

fait Mechaniquement, auec vne chandelle ou au
soleil.

Faut premierement faire vne figure sur du papier telle que vous voudrez, auec ses iustes proportions, & la pigner comme pour faire vn Ponsif, (& les Peintres ignorans & mal-hardis m'en
tendent bien) faut apres mettre la chandelle sur la
table, & interposer ceste figure obliquement entre
ladite chandelle & le liure, ou le papier, ou tableau où vous voulez faire vostre desguisement,
en sorte que la lumiere passant au trauers de ces
trous du Ponsif, porte toute la forme de ladite figure contre vostre tableau, mais auec difformité:
suiuez apres le traict que marque ceste lumiere,
auec du charbon, de la craye : ou de l'encre, &
vous aurez le requis.

Pour trouuer à present le poinct d'où il la faut
voir reuenir en son naturel, on a accoustumé suiuant les loix de Perspectiue, de mettre ce poinct
dans la ligne, tirée en hauteur égale à la largeur, du
costé le plus estroit du quarré difforme, car c'est
par ceste voye-là qu'on y trauaille.

PROBLEME XX.

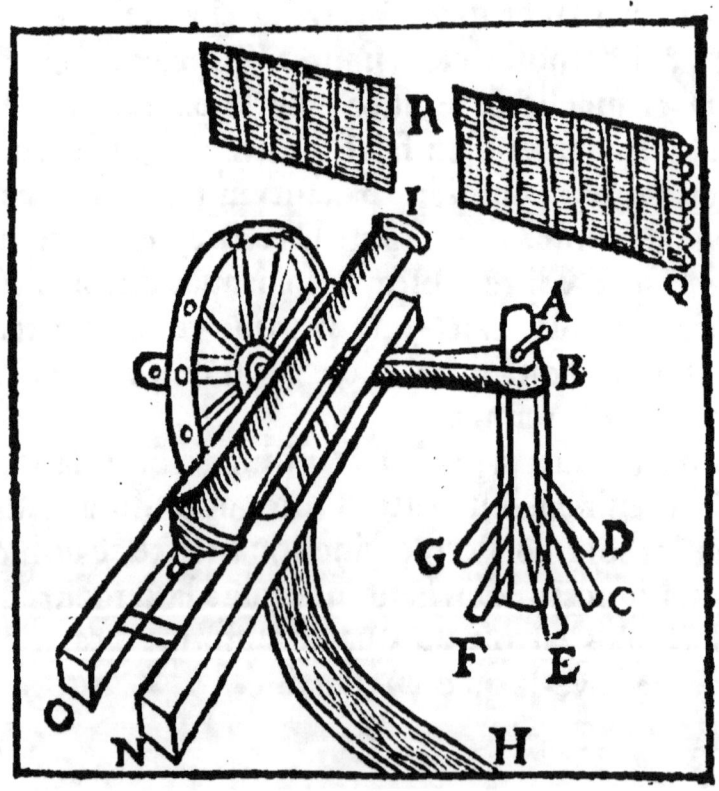

Faire qu'vn Canon apres avoir tiré, se couvre des batteries de l'ennemy.

SOit l'Embraseure ou Cazemate I. le Canon M.
sur son flasque N O. la roüe L. l'essieu P B. sur
lequel le Canon est posé , le pilier AE. appuyé
par des contreforts D C E F G. autour duquel
tournoyera ledit essieu , le Canon venant à tirer

reculera en H. ne pouuant reculer directement à
cause de son essieu qui le force a faire vn segment
de cercle: Et ainsi se cachant derriere la muraille
Q R. il se guarantira de la combatterie des assiegeans. Et par ce moyen on euitera beaucoup d'inconueniens, qui peuuent arriuer, & de plus vn
homme se pourra facilement remettre en sa place,
par le moyen des mouffles attachées à la muraille,
ou autre instrument, qui multipliera ses forces:
ce qu'il falloit faire.

PROBLEME XXI.

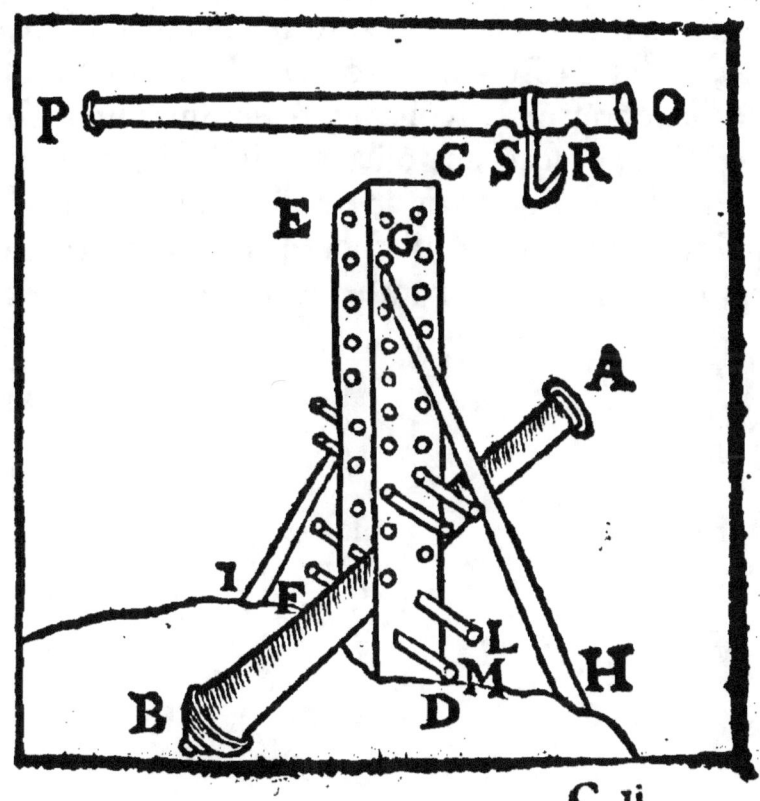

Le moyen de faire vn leuier sans fin, dont la force
sera tres-grande, si qu'vn homme seul pourra re-
mettre vn Canon sur son flasque, ou leuer tel autre
poids qu'il voudra.

FAut planter deux forts ais debout, en la sorte
que vous voyez en ceste figure, & troüez de
mesme. Soit donc C D, &c. & E F. les deux ais, &
L M. les deux barres ou cheuilles de fer qui passent au trauers des trous, G H. & K I. les deux con-
treboutans, A B. le Canon O P. le leuier, R S. les
deux oches. Q. le crochet ou chorde ou s'at-
tache le fardeau ou Canon: Le reste de l'operation
estant si facile, que les plus jeunes escoliers n'y
broncheroient pas. Ie croirois enseigner Minerue, & faire tort à ces excellens Mathematiciens
du siecle; qui de la seule figure comprennent l'o-
peration, & sçachant joüer aux Eschets, & monstrer la science du Larigot ou du Violon, ne ont
point de difficulté d'afficher des plus doctes &
epineuses parties de Mathemtique.

PROBLEME XXII.

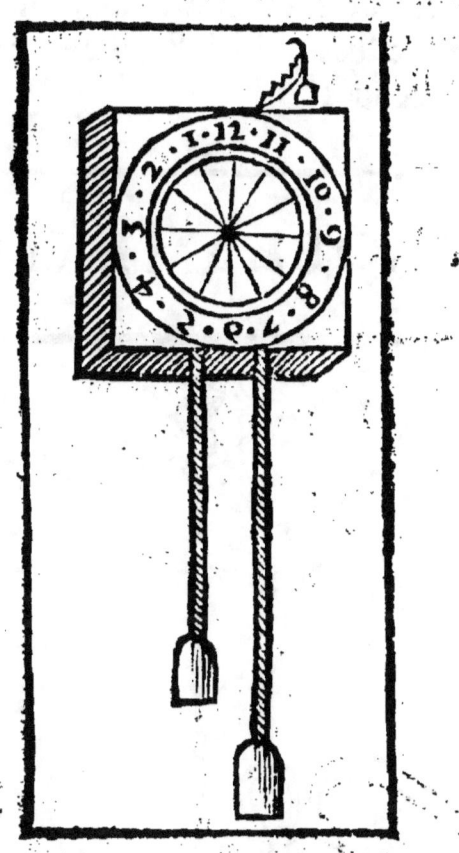

Faire vne Horloge auec vne seule rouë.

FAITES le corps de l'Horloge à l'ordinaire y marquez les heures dans vn cercle diuisé en douze
parties : Faites vne grande Rouë au haut autour de
l'Axe, de laquelle vous mettrez la corde de vos
contre-poids, qui passera par plusieurs mouslles,
selon le temps que vous voulez que vos contrepoids mettent à descendre, pour qu'en douze heures de temps vostre aiguille face vne reuolution,

(ce que vous cognoiſtrez par le moyen d'vne
Monſtre que vous aurez aupres de vous) & y
mettez vn balancier qui arreſte le cours de la Rouë,
& luy puiſſe donner vn mouuement reglé, & vous
verrez vn effect auſſi iuſte qu'en vn Horloge de
pluſieurs Rouës.

PROBLEME XXIII.

*Par le moyen de deux Rouës faire qu'vn enfant
tirera tout ſeul pres d'vn muid d'eau à la fois, &
que le ſeau ſe renuerſera de luy-meſme, pour jetter
ſon eau dans vn auge ou autre lieu qu'on voudra.*

SOIT R. le puits donné pour y tirer de l'eau,
P. le crochet pour renuerfer l'eau quand le
feau montera, (notez qu'il faut que ledit crochet
foit mobile,) foit AB. l'Axe des Rouës ST. qui feront garnies de petites fourchettes de fer, faites
comme G. également attachées fur lefdites Rouës,
foit I. vne corde qu'on tirera par K. pour faire tourner la Rouë S. qui aura vne proportion à la Rouë
T. comme de 8. à 2. N. fera vne chaine de fer, où
feront attachez les feaux O. & l'autre qui eft dans
le puits: E F. eft vne piece de bois mortoifée en 1. &
2. par où paffera la fufdite corde attachée à la muraille, comme KH. & Z. & à l'autre piece de bois
de la petite Rouë comme M. mortoifée de mefme
pour paffer la chaifne: Tirez la chorde I. par K. la
Rouë S. fe tournera, & par conféquent la Rouë
T. qui fera leuer le feau O. lequel s'eftant vuidé,
faut derechef tirer la fufdite corde, par le poinct
Y. & l'autre feau qui eft dans le puits fortira par la
mefme raifon. C'eft vne inuention qui efpargne
beaucoup de peine : mais auffi faut-il que le puits
foit fort large, à fin de pouuoir contenir ces deux
grands feaux qui feront bien futez, comme la figure le demonftre. Les Capucins de Dijon le pra-
ctiquent excellemment, & s'en trouuent fort fou-
lagez.

PROBLEME. XXIV.

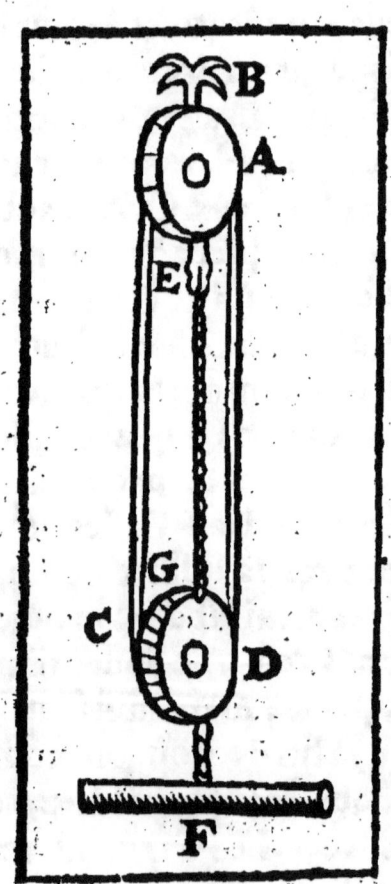

Faire vne Eschelle de corde, qui se porte dans la pochette, fort secrettement.

SOit donné deux mouffles ou poulies, comme A & D. soit attaché en celle de A. vne main de fer comme B. & en D. vn baston long de pied &

demy, en forme de baſton d'eſcarpolette comme
F. vous aurez vn cordon de ſoye bien fait, gros
comme vn demy doigt, lequel ſera attaché en F. à
vn petit anneau qui ſera à la poulie A. Faut premierement taſcher d'accrocher voſtre poulie A. par
le moyen de la main de fer B. en quelque grille ou
ſur le parapel de quelque muraille que vous voudrez eſcalader : puis attacher le baſton F. à la poulie D. ſur lequel vous vous affourcherez comme
pour faire jouër vne eſcarpolette, & tenant le cordon en C, vous vous guinderez vous meſme au
lieu deſiré, multipliant vos forces par la multiplicité des mouffles. Ce ſecret eſt excellent en guerre &
en amour, & ne ſe peut pas facilement ſoubçon-
ner pour eſtre fort portatif.

PROBLEME. XXV.

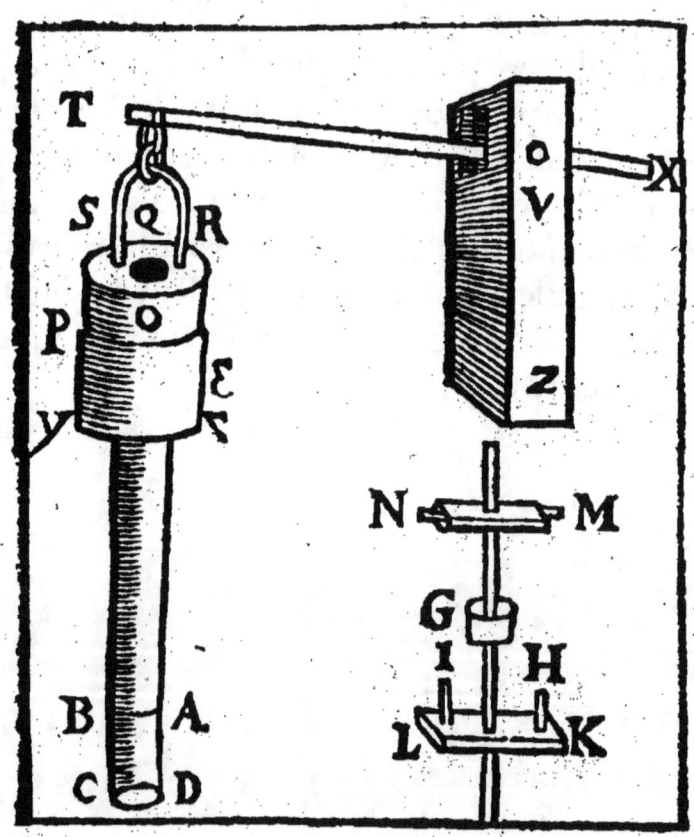

Faire vne Pompe dont la force sera merueilleuse,
pour le grand poids d'eau que vn homme seul
pourra leuer.

SOit ᾱʙγƌ, le haut du calibre, viron de deux ou
trois pieds de haut , & plus large à discretion
que le reste du calibre O. la soupape qui est appli-

quée iustement dans le tuyau α β γ δ, laquelle se
baissant fait leuer le couuercle P, par où sort l'eau,
& se haussant le renferme.

RS. c'est l'anse de la souspape, attachée à la maniuelle XT. laquelle iouë dedans le posteau VZ. la
souspape doit estre, ou de bois, ou de cuiure, comme on voudra : bien iuste pourtant, & espaisse de
4. doigts & demy pied, pour se hausser & baisser
dans le haut du calibre α β γ δ, auquel il doit auoir
vn trou en ε, par où s'escoulera l'eau.

Soit ABCD. vne piece d'airain, G. la piece qui
s'enclaue dans le trou F. sans qu'il y puisse entrer
d'air ; HIKL. la piece attachée au bout du calibre
dedans laquelle iouë la verge ou axe de G. ainsi que
dedans l'autre piece MN, qui est attachée dans le
bout du tuyau de cuiure.

Notez.

Qu'il faut que le bas du calibre soit supporté sur
vn gril ou cage de fer, qui sera attachée dans le puits
ou cisterne ; & par ce moyen haussant ou baissant
la maniuelle, vous tirerez plus d'eau que dix ne
pourroient pas faire.

PROBLEME XXV.

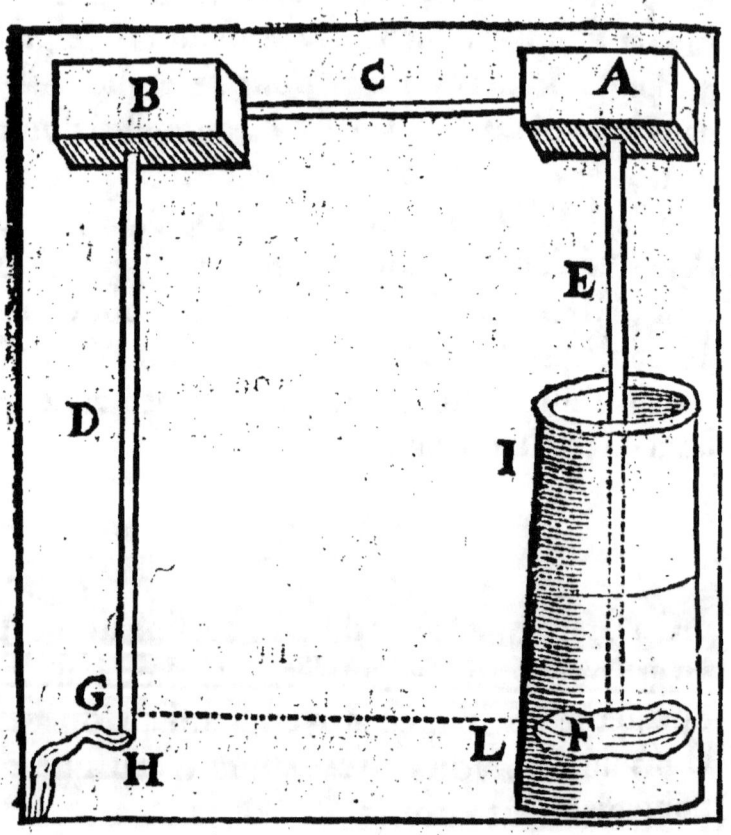

Par le moyen d'vne Cisterne, faire sortir continuellement l'eau d'vn puits, sans force & sans le ministere d'aucune pompe.

SOit le puits donné IL. d'oû l'on veut faire sortir continuellement de l'eau, en quelque office de la maison esloignée : soit fait vn Recipient comme A. bien bouché de plomb, ou d'autre matiere

n'importe pourueu qu'il ne prenne point d'air:
faut y attacher le Syphon E. fait de plomb bien
foudé, qui luy donnera ouuerture derechef: foit
fait vne Cifterne comme B. qui aura communi-
cation auec le Recipient A. par le moyen d'vn autre
Syphon G. & que du deffous d'icelle, forte vn troifiefme Syphon comme D. qui defcendra iufques
en H. qui eft au deffous du niueau de l'eau du puits,
de la diftance GH. au bout duquel fera foudé fort
iuftement vn Robinet qui iettera l'eau par K.

A prefent pour trauailler à la fin requife, faut
que B. foit plein d'eau, mais tellement boufché,
que l'air n'y entre en aucune façon: Quand vous
voudrez faire iouer voftre artifice, refte à ouurir
le Robinet, alors l'eau de B. s'efcoulant par K. &
laiffant du vuide dans fon vaiffeau, la nature qui
l'abhorre fournira de l'eau du puits à la place: Et
ainfi continuellement vous verrez en apres couler
l'eau: & à fin que cela n'affeiche pas incontinent
ce puits, faut faire des Syphons eftroits, à proportion de la groffeur de la fource qui luy fournit l'eau:
& vous aurez le requis.

PROBLEME. XXVII.

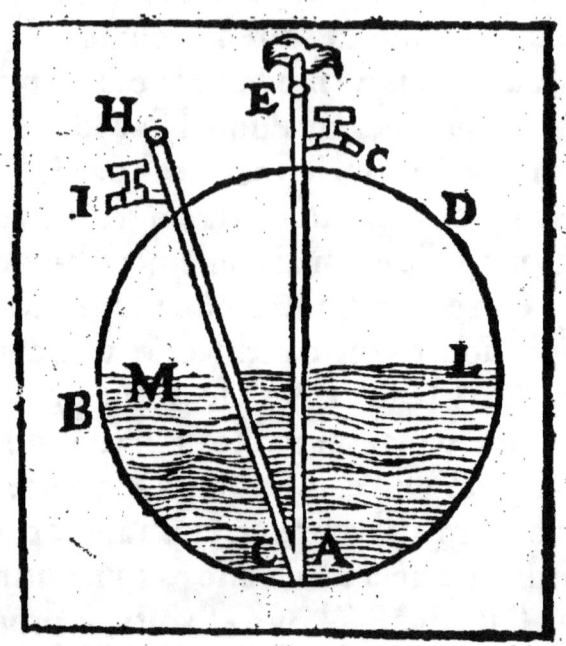

*Faire une fontaine boüillante, qui jettera
son eau fort haut.*

Ceste proposition (que l'Autheur a voulu
traicter en son 88. Probleme de la premiere
partie) m'ayant semblé trop obscure & mal figu-
rée pour estre si gentile : l'ay creu deuoir à la curiosité des bons esprits, moins vsitez aux demonstrations Mathematiques, ceste explication qui
n'est pas si difficile.

   Soit donc proposé la Fontaine boüillante BD.
de forme ronde, puis que c'est la plus capable & la

plus parfaite : Apliquez dans icelle auec vne bonne soudure le tuyau E A. de plomb ou d'autre matiere, ayant vn Robinet en C. & vn autre HG. touchant quasi au fonds, & ayant au poinct G. vne
souspape comme vn baton & vn Robinet en I. le
Robinet C. estant fermé, faut ouurir celuy de I.
& chasser par le trou H. auec vne forte Syringue
autant d'eau dans ledit vase rond, qu'il en peut
contenir ; puis fermant le Robinet A. & tirant la
Syringue, & ouurant le Robinet C. l'air auparauant rare, qui aura esté compressé par la force de
l'eau, & cherchant à estendre ses dimensions, forcera l'eau auec vne telle violence, qu'elle surmon-
tera la hauteur d'vne ou de deux piques, selon la
grandeur de la Machine : Ceste violence dure
peu, si lesdits tuyaux ont trop d'ouuerture, car à
mesure que l'air approche de sa naturelle assiet-
te, il relasche ses forces.

PROBLEME XXVIII.

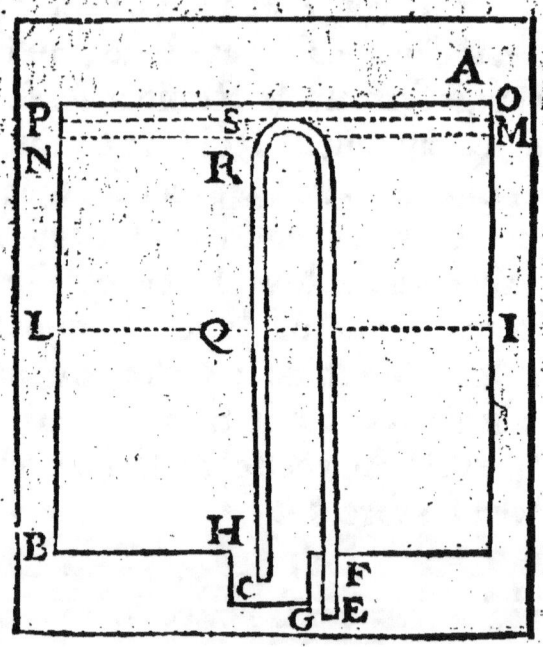

Vuider toute l'eau d'vne Cifterne, par le moyen
d'vn Syphon qui aura mouuement de
luy mefme.

SOit donné AB. le vaiffeau, CDE. le Syphon,
HG. vn petit vafe au fond du grand, dans lequel fe rencontre le bout du Syphon C. que l'autre
bout du Syphon E. perce le vafe au poinct F. foit
remply le vafe ou Cifterne d'eau, lors que elle fera
montée iufques en IL. le Syphon fera plein iufques en Q. & furmontant d'auantage iufques à M
N. il

lefera iufques en R. puis remplissant d'auantage
iufques en OP. l'eau du Syphon touchera le haut
D. & rencontrant la pente D E. commencera son
mouuement d'elle mesme, & continuera ainsi tant
que le vase luy en fournira : ce qu'il falloit faire.

PROBLEME XXIX.

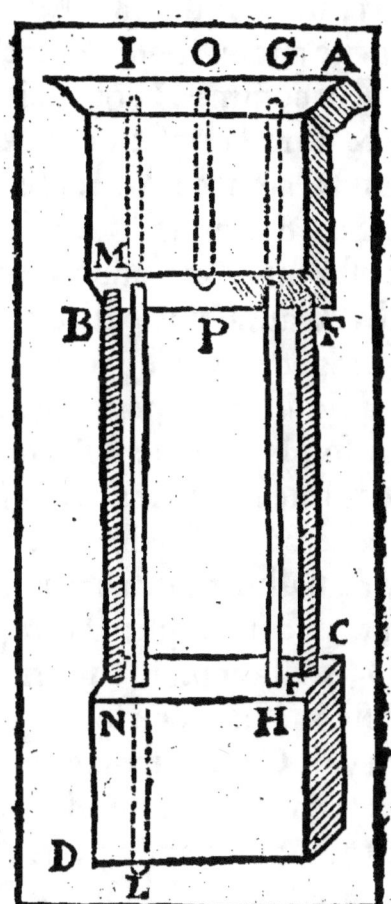

*Trouuer l'inuention de Syringuer vn petit filet
d'eau fort haut, par vn mouuement Authoma-
tique, en sorte qu'vn pot d'eau durera plus d'vne
beure.*

D

FAut conſtruire deux vaſes equimaſſe formés
d'airain, de plomb, ou autre matiere, comme
ſont les deux AB. & CD. & les joindre enſemble
par les deux liaiſons EF. & MN. faut ſouder les
deux tuyaux eſgaux comme HG. qui paſſera au
trauers du couuercle du vaſe CD. & paſſant au trauers le deſſous AB. ira iuſques en G. faiſant vne
petite boſſe au couuercle du vaſe AB en ſorte que
le tuyau ne touche pas au fonds : derecheffaut ſouder vn autre tuyau comme IL. qui partira du fonds
du vaſe BC. & aura ſa boſſe comme l'autre, ſans
toucher au fonds. comme il ſe repreſente en L. &
paſſant au trauers du fonds de AB. ſe continuëra
iuſques en I. c'eſt à dire, fera ouuerture au couuercle du vaſe AB. & aura vne petite embouſcheure
comme vne trompette, à fin de reçeuoir l'eau : Faudra encore y adiouſter vn petit tuyau fort menu,
qui partira du fonds du vaſe AB. comme OP. &
aura ſa boſſe comme les autres en P. ſans toucher
au fonds, & faire au deſſus de ce dernier vaſe, vn
bord en forme de baſſin pour reçeuoir l'eau : Cela
eſtant ainſi fait, il faut emplir d'eau par le tuyau
IL. le vaſe CD. & eſtant plein, tournera toute la
Machine le deſſus deſſous, en ſorte que par le tuyau HG. l'eau du vaſe CD. s'eſcoule dans le vaſe AB.
& le rempliſſez, remettant alors la Machine en ſa
premiere aſſiette, & coulant vn verre d'eau par le
tuyau IL. elle preſſera l'air dans CD. ſera plein,
& par ce moyen forcera l'eau du vaſe AB. de ſortir
par le tuyau PO. ce qu'il falloit faire.

Ceſte inuention eſt plaiſante en vn feſtin, rem-
pliſſant ledit vaſe de vin, qui ſortira comme vne

fontaine bouillante , par vn petit filet fort agreable.

PROBLEME. XXX.

Pratiquer excellemmēt la regeneration des simples,
lors que les plantes ne s'en peuuent transporter,
pour estre transplantées , à cause de la distance
des lieux.

OPERATION.

PRenez tel simple qu'il vous plaira , le bruslez
& prenez la cendre, & la calcinez l'espace de
deux heures hermetiquement , auec deux creusets
l'vn sur l'autre bien lutez, faut en tirer le sel, c'est à
dire mettre l'eau dedans, la mouuoir puis la laisser rasseoir , & faire cela deux fois, la faire euaporer, c'est à dire boüillir ceste eau dans quelque
vaisseau, iusques à ce qu'elle soit toute consommée:
Il reste vn sel au fonds que vous semerez par apres
en bonne terre bien preparée, comme l'enseigne le
Theatre d'Agriculture.

PROBLEME. XXXI.

Faire vn mouuement perpetuel infaillible combien
qu'on ne l'aye iamais peutrouuer, ny Hydrauli-
quement ny par Anthemates.

AMALGAMEZ cinq ou six once de ☿. auec
ſon poids eſgal de ♃. broyez le tout auec dix
ou douze onces de ſublimé diſſouds à la caue ſur
le marbre l'eſpace de 4. iours, il deuiendra comme
huile d'oliue que diſtillerez, & ſur la fin donnez
feu de chaſſe, & il ſe ſublimera en ſubſtance ſeiche:
remettrez de l'eau ſur les terres (en forme de leſci-
ue) qui ſont au fonds de la Cornuë & diſſoudez ce
que pourrez: Philtrez puis diſtilez, & viendra des
atomes fort ſubtils que vous mettrez dans vne bouteille bien bouſchée & la garderez ſeichement,
& vous aurez le requis, auec vn eſtonnement de
tout le monde, meſme de ceux qui ont tant tra-
uaillé ſans fruict.

PROBLEME XXXII.

Inuention admirable pour faire l'Arbre Vegeta-
tif des Philoſophes, où l'on remarquera la croiſ-
ſance à veuë d'œil.

PRenez deux onces d'eau forte, & diſſoudez
dedans demy once d'argent fin de Coupelle:
puis prenez vne once d'eau forte & deux drachmes
de vif argent dedans, & meſlez les deux diſſolu-
tions enſemble: Puis les jettez dans vn Flacon où
il y aura demie liure d'eau, & qui ſera bien bouſ-
ché, tous les iours on le verra croiſtre en tronc &
en branchage.

Corolaire.

On se sert de ce Secret pour noircir les cheueux rouges ou blancs, sans qu'ils desteignent iufques à ce que le poil soit tombé.

Notez.

Qu'il se faut bien prendre garde en teignant le
poil de toucher la peau ; car ceste composition est
si corrosiue, qu'aussi tost elle s'esleueroit en em
poulles & vessies fort douloureuses.

PROBLEME. XXXIII.

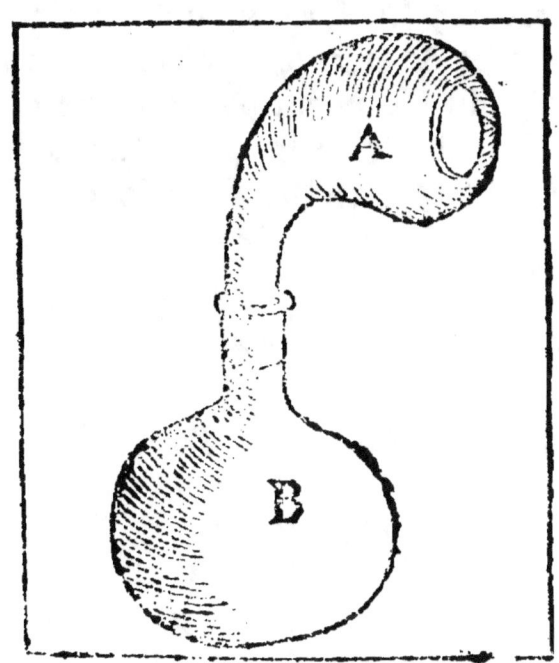

Faire la representation du grand Monde.

TIREZ sel nitre de terre graſſe qui ſe trouüe le
long des ruiſſeaux au pied des montagnes,
où il y ayt quelques Minieres d'or ou d'argent:
Meſlez iceluy nitre bien net auec du ♃, calcinés
les hermetiquement, puis les mettez dans vne
Cornuë, que le Recipient ſoit de verre bien luté
& oualiſque, où vous aurez mis des fueilles d'or
au fonds, donnés le feu ſous voſtre Cornuë iuſques à ce qu'il s'eſleue des vapeurs qui s'attache-
ront à l'or ; augmentez voſtre feu iuſqu'à tant qu'il
ne remonte plus ; Alors oſtez voſtre Recipient &
le bouſchez hermetiquement, & faites feu de lampe deſſous, iuſques à tant qu'il ſe puiſſe remarquer
dedans tout ce que la Nature nous repreſente ;
fleurs, arbres, fruicts, fontaines, Soleil, Lune,
eſtoilles fixes & errantes : Voyez la forme de la
Cornuë & du Recipient par la figure qui eſt au
commencement de la page precedant celle-cy. A,
la Cornuë ou Retorte, B, le Recipient.

PROBLEME. XXXIV.

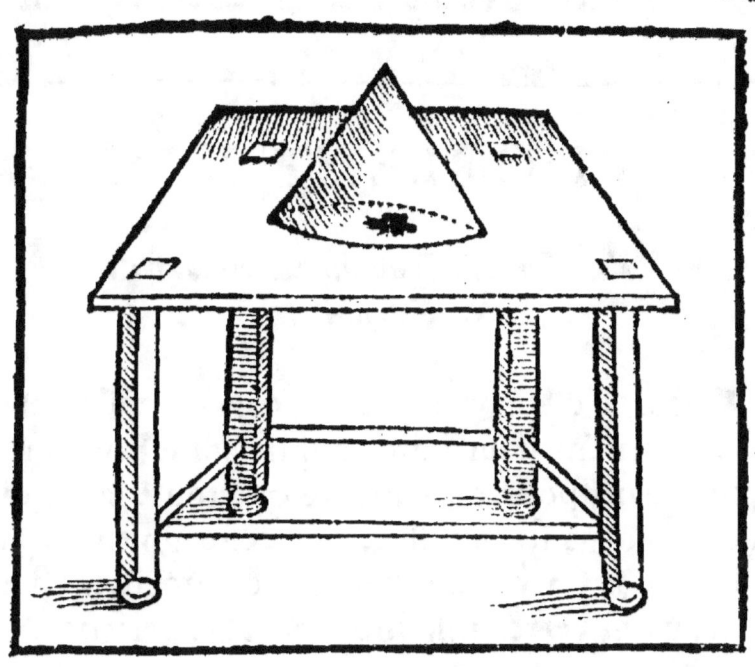

Faire marcher vn Cone, ou autre corps Pyramidal,
auec quelque forme superficielle qu'on luy peut
donner sur vne table, sans ressorts ny autres mou-
uemens artificiels , en sorte qu'il tournoyera
tout autour de la table sans tomber & sans qu'on
le destourne.

L'Operation de ce Probleme n'est pas si espi-
neuse & si subtile comme elle paroist d'abord:
Car mettant dessous le Cone vn escarbot ou autre
tel animal , à condition qu'il soit fait de carte ou
autre matiere fort legere, vous en verrez le plaisir

D iiij

auec eſtonnement & admiration des ignorans ou
moins experts : car cét animal taſchera touſiours
de s'affranchir de la captiuité où il eſt reduict dans
la priſon du Cone, venant proche du bord de la table retournera d'vn autre coſté de peur de tomber.

PROBLEME XXXV.

Fauſſer vne Enclume d'vn coup de Carabine.

CEcy n'eſt propre qu'à vne gageure : Et pour y
paruenir faut faire rougir ladite Enclume le
plus qu'on pourra, en ſorte que toute la ſolidité
de ce corps ſoit mollifié par ceſte ignition : puis
charger ſa Carrabine d'vne baſle d'argent maſſiue,
& vous en verrez infailliblement l'experience.

PROBLEME XXXVI.

*Rotir vn Chapon, porté dans vne boügette à l'arçon
de la ſelle, dedans l'eſpace de deux ou trois lieües
ou enuiron.*

FAVT apres l'auoir appreſté & lardé, le farcir
d'vn peu de beurre, & le mettre dans quelque
boëte de fer, ou meſme de bois : Puis auant que
partir bien chauffer (ſans rougir pourtant) vn
morceau d'acier qui aye forme ronde, & qui ſoit

de la longueur du Chapon, & gros affez pour luy
remplir le ventre & le couler dedans auec du beurre : puis renfermer & enuelopper bien la boëtte
dans la bougette, & vous verrez le plaifir. Le
Comte Mansfeld ne fe feruoit point d'autres vian-
des que de celles qui eftoient cuites de la forte, parce qu'elle ne perd point fa fuftance & eft cuite fort
efgalement.

PROBLEME. XXXVII.

Faire tenir vne chandelle allumee dans l'eau, qui
durera trois fois plus qu'elle ne feroit.

FAvt coller au bout d'vne Chandelle, plus que
d'emy bruflée & fort ronde & droite, vne piece de trois blancs, ou vne maille, puis la laiffer couler tout doucement dans l'eau, iufques à ce qu'elle

se souftienne d'elle-mesme, & la laisser flotter en cefte forte, la mettant dans vne fontaine ou plusieurs
ensemble, ou dans vn estang ou riuiere qui coule
lentement, cela cause vne frayeur extréme à ceux
qui en approchent de nuict.

PROBLEME XXXVIII.

Faire en sorte que le Vin le plus fumeux & mal-fai-
sant, ne pourra enyurer, & ne nuyra pas mesme
à vn malade.

FAVT auoir deux Phioles en ceste sorte ; qui
soient de mesme grandeur de ventre & de col,
& emplir vne d'eau & l'autre de vin, & remuer
subtilement celle d'eau sur celle de vin, le vin comme plus leger montera en haut en la place de l'eau.

& l'eau plus pefante defcendra en bas au lieu du vin : Et en cefte penetration le vin perdra fes va-peurs & fes fumees.

PROBLEME XXXIX.

Faire deux petits Marmonȝets, dont l'vn allume-ra la chandelle, & l'autre l'efteindra.

SOit donné deux petites figures, reprefentans ou deux hommes ou deux animaux : dans leur bouche ou gueulle, vous y mettrez deux tuyaux fi dextrement qu'ils ne paroiffoient point : dans l'vn d'iceux mettez-y du falpetre bien fin, fec & puluerifé, & au bout vne petite mefche de papier: à l'autre mettez-y du foulphre pilé, tenant alors en main vne chandelle allumee, on dira à l'vn, en forme de commandement, efteins moy cela ; le papier s'allumant auec la chandelle le falpetre s'en-flammera, & de fon fouffle violent l'efteindra : Faut aller apres à l'autre tout fur le temps, auant que la mefche foit efteinte, & luy dire allume moy cela, approchant la chandelle de la mefche de fon tuyau enfoufré, elle prendra feu tout auffi toft, & cauferez vne admiration à ceux qui verront cefte action, pourueu qu'elle foit faite auec vne promp-te & fecrette d'exterité, ce qu'il falloit faire.

PROBLEME XL.

Tenir du vin frais comme s'il estoit enfermé dans
vne caue, au plus chaud de l'Esté, sans glace ou
neige, & le portant mesme exposé au Soleil à l'ar-
çon de la selle.

EAut mettre dans vn bon Flaccon de verre,
que l'on enfermera par apres dans quelque autre vaisseau, soit ou de cuir ou de bois, & fait en
sorte qu'on le puisse tout remplir de salpetre, c'est
à dire qu'il faut que le Flaccon soit plus petit, &
vous aurez du vin grandement frais en tout temps:
Ce qui n'est pas peu commode à ceux qui pour
auoir des maisons basties en des lieux eminents
& exposez au Soleil, ne peuuent auoir des eaux
fraisches.

PROBLEME XLI.

Faire vn Ciment dur comme marbre, qui resistera
à l'air & à l'eau sans iamais se dissoudre.

PRENEZ vn boisseau de bon Ciment bien bat-
tu, meslez auec demy boisseau de chaux estein-
te nouuellement, & sur cela iettez vn pot d'huyle
d'Oliue ou de lin, qui est seccatiue, ou de noix: Et
il deuiendra dur comme marbre l'ayant appliqué
en temps.

PROBLEME XLII.

Faire fondre tout metal promptement, soit qu'il soit auec d'autre, ou qu'ils soient separément, mesme dans vne Coquille, & la mettre sur le feu.

FAictes lict sur lict de metal, auec poudre faite de soulphre, de salpetre, & sciure de bois de buys ou d'autre par parties esgales : Puis mettez le feu à ladite poudre auec vn charbon allumé, & vous verrez que le metail se dissoudra incontinent, & se mettra en masse. Ce secret est excellent, & a esté practiqué par le Reuerend Pere Mercenne de l'Ordre des Minimes.

PROBLEME. XLIII.

Tremper le Fer ou l'Acier, & luy donner vne incroyable dureté.

TREMPEZ vostre trenchant ou autre instrument dans du sang de pourceau masle, & graisse d'Oye par sept fois, & chaque fois seichez-le au feu auant que le retremper, & vous le rendrez dur à merueilles & non cassant, ce qui n'est pas ordinaire aux autres trempes : C'est vn secret esprouué, & qui ne peut pas couster beaucoup à en faire experience, & est d'vne grande vtilité pour les rues.

PROBLEME XLIV.

Faire prendre couleur d'Ebene à toute sorte de bois
pourueu qu'il soit bien poly, en sorte qu'on s'y pour-
ra tromper.

FR o t t e z voſtre bois d'vne couche d'eau forte d'eſteinte, puis eſtant ſeiche faites trois ou
quatre couches de bonne encre qui ne ſoit point
gommée : faut frotter ledit bois auec vne chiffe, ou
linge, ou broſſe faite auec jonc d'Eſpagne, puis le
refrottez legerement de cire, & apres l'eſſuyer d'vn
morceau de drap net, & ſera comme Ebene.

Notez.

Que le Poyrier y eſt plus propre qu'autre
bois.

PROBLEME XLV.

Conſeruer le feu ſi long temps qu'on voudra, imi-
tant le feu inextinguible des Veſtales.

A Pres auoir tiré l'eſprit ardant du ſel de ♃ par
les degrez du feu, comme il eſt requis ſelon
l'art des Chimiſtes, le feu eſtant eſteint de luy meſ-

me, faudra caſſer la Cornuë, & les fers qui ſe trouueront an fonds s'enflammeront , & paroiſtront
comme charbons ardens ſi toſt que ils auront ſen-
ty l'air: leſquels ſi vous enfermez promptement
dans vne Phiole de verre , & que vous la bouchiez
exactement auec quelque bon lut , ou pour le
mieux & plus aſſeuré, que vous la ſcelliez du ſeau
d'Hermes, de peur que l'air n'y entre : Il ſe gardera
ſans s'eſteindre plus de mille ans, à maniere de parler , au fonds de la mer meſme : & l'ouurant
au bout du temps , on y trouuera du feu ſi toſt
qu'ils ſortiront à l'air, dequoy vous pourrez allumer vne allumette : Ce Secret là, ce me ſemble,
merite bien qu'on trauaille à ſa practique, parce
qu'il n'eſt pas commun : & eſt plein d'eſtonnement
veu que tout feu ne dure qu'autant que ſa matiere
dure, & qu'il ne ſe trouue point de matiere de ſi
longue durée.

TROISIESME PARTIE,

DES

RECREATIONS
MATHEMATIQVES,

Composée d'vn Recueil de plusieurs plai-
santes & recreatiues inuentions
de feux d'artifice.

PLVS

La maniere de faire toutes sortes de fuzees, tant simples que doubles, auec
leur composition, le tout representé par figures.

Au Lecteur.

VIS qu'il est vray que soubs les
diuers Problemes de ce liure qui
ne sont qu'en leur premiere vertu,
il y a plusieurs mysteres d'esprit cachez soubs
leur obscure clarté : J'ay creu que tu ne
trouuerois pas mal à propos le dessein que
i'ay fait d'adjouster encore aux deux premieres parties precedentes ceste troisiesme,
puis que le Trois est le plus mystique &
le plus parfaict de tous les nombres, & me
suis promis de ta curiosité vne lecture pleine
d'attention dans cette Pyrotechnie, iugeant
bien que ton esprit, qui suit le mouuement
du feu, quittera celuy de tous les autres Elemens pour s'essorer dans vne plus haute con-
templation, comme est celle du Ciel, qui
doit faire leuer les yeux aux hommes pour les

tirer de la comparaison des bestes , qui
n'ont pour object que la surface de la terre.

Ces ſeux ſont intituleʒ Plaiſants , par
la raiſon de leur nature , autant que la me-
lancholie abaiſſe ceux qui ne conſiderent
que les choſes terreſtres : Ie ne les addreſſe
point aux graues Senateurs du temps qui ad-
jouſtent au tiltre de plaiſans , & pueriles:
mais à toy digne Scrutateur des belles choſes,
dont la Nature nous fournit la matiere , &
que ton bel eſprit digere , & applique , &
met excellemment par ordre. Prens en gré ce
petit ouurage & ne le meſpriſe point.

TROISIESME PARTIE
DES
RECREATIONS
MATHEMATIQVES.

La maniere de faire poudre à Canon.

CHAPITRE I.

E Salpetre doit estre tres-blanc, bien escumé, lors que petit à petit l'on y iette de l'Alun broyé, estant fondu en eau boüillante, si l'on desire auoir de la bonne poudre. Et si l'on fond tel Salpetre, & que l'on y iette quelques morceaux de soulfre iaune, il bruslera, & consumera toute la graisse : Mais il y en faut peu, autrement il se graisseroit d'auátage. L'on le met en farine, & le boüillant auec eau, (ou vin blác qui vaut mieux) si en le dessseichant sur vn feu de

E iij

charbon, vous le remuez continuellement auec
vn gros boston, & poursuyuez ceste agitation tant
& si longuement qu'il se desseiche du tout, & qu'il
vienne à prendre la forme de farine. Cela empeschera de ne le battre pour le mettre en poudre, &
ne le faudra que passer au trauers du tamis. Le
soulfre se prepare diuersement ; Neantmoins ceux
qui font la poudre commune. (& de laquelle nous
descriuons, comme de chose trop frequente) se
contentent d'en choisir du iaune, qui crie en le tenant pres de l'oreille, & qui est fortaërien & vn-
ctueux : Mais pour faire de la poudre fine pour
des pistolets, carrabines, & autre chose semblables,
nous le parons. Le soulfre sublimé est tresbon, sans
excremens, & reuient en poudre impalpable : & si
nous voulons rendre ce soulfre encore plus spiri-
tuel, nous le fondons, & adioustons vn quart de
son poids de Mercure, (ou vif argent) & le mou-
uons tres-bien. tant que tout soit reuny en vn corps
solide. Le charbon plus leger est le meilleur. Partant celuy qui est fait du bois de chanure est à pre-
ferer à tous les autres : Mais il faut noter, que ce
charbon estant leger, comme il est, qu'il tient grande place en petite quantité, & en faut mettre moins
en la poudre que si c'estoit charbon de saulx noir,
de bois puant, de noyer, & autre bois. Le charbon
se fait, en allumant ce bois dans vn grand pot, ou
vn mortier, & estant bien allumé, l'on couure ledit
pot, & le faut ainsi laisser sans air, iusques à ce qu'il
soit froid. La composition de poudre fine est faicte
de Salpetre tres-fin, affiné comme dessus, vne liure
& demie, charbon de saulx six onces, fleurs de
Soulfre trois onces.

Autrement.

Prenez six liures de Salpetre, Soulfre & charbon, de chacun vne liure.

Autrement, & tres fine,

Salpetre sept liures, Soulfre preparé auec le Mercure, ou en fleurs, vne liure, charbon de bois de Chanure vne demie liure.

Autrement.

Si vous meslez autant de chaux viue dedans l'vne ou l'autre de ces trois compositions, qu'il y entre de Soulfre, vous ferez vne poudre, que l'eau n'empeschera pas d'allumer.

Il est à noter, que c'est fort peu de cas d'auoir vne bonne composition de poudre, si l'on ne sçait le moyen de la bien faire. Il faut donc premiere-ment tres-bien battre au mortier de bronze, auec le pilon de mesme estoffe, toute la composition sans perdre courage à la battre, six, sept ou huict heures durant sans discontinuation, & à plein bras, en l'ar-rousant & humectant auec du tres fort vinaire, ou de l'eau de vie. Et si vous desirez de faire vostre poudre encor plus subtile, legere, & quasi volante, il la faudra humecter auec de l'eau distillée de la su-perficie, ou escorce d'Orange. Ceste humectation se doit faire moderément ; car il ne faut rendre nullement liquide ladite composition, ains il su-fit qu'en la pressant auec la main, l'on void qu'elle demeure à demy compacte, & non du tout compacte. Il faut encor obseruer de faire dissoudre vn peu de colle de poisson dedans vostre humectation, afin que vostre charbon de chanure ne s'enuole en la battant. Et si vous desirez que les grains de vostre poudre soient tres-durs, apres leur dessication, il faudra sur la fin arrouser vostre composition auec de l'eau claire, qui aura auparauant esteint de la chaux viue. La composition estant ainsi arrousée, & battuë plus que moins, il la faudra mettre dedans vn crible ayant des trous percez en rond, de la grosseur que desirez vostre poudre, mettant deux morceaux de bois applanis d'vn costé dedans ledit crible (ce qu'on appelle ordinairement les valets) l'agitant sur vn baston arresté au dessus d'vn vaisseau, ou linge, pour receuoir toute la poudre laquelle doit passer toute par ce crible, sans qu'il y en demeure. La poudre estant ainsi passée, l'on prendra vn tamis ayant ses voyes petites, & y faudra mettre toute ceste poudre passée & criblée : agitant ledict tamis, tant que la poussiere & composition non grainée soit du tout separée de celle qui est grainée. Laquelle il faudra mettre seicher au Soleil, ou en lieu chaud, & la poussiere doit estre remise dedans le mortier, l'arrouser, côme dessus s'il est besoing, la battre ainsi qu'auparauant, puis la cribler, tamiser, & reïteter ceste operation, tant que tout soit bien grainé. La poudre estant bien seichée, il la faudra tamiser derechef, afin de la priuer de sa poussiere, & qu'il n'y demeure rien sinon le grain, qu'on gardera pour le besoing. Le Camphre trouue quelquesfois place dans la poudre fine : Mais à raison que

la poudre en deuient moite, si elle n'est tousiours
conseruée en lieu chaud & sec, nous n'en mettons
point dedans nos compositions suscriptes : lesquelles nous auons choisies comme les meilleures &
tres-excellentes : laissans la poudre à canon, & la
poudre grosse, pour ceux qui font profession d'en
faire ordinairement. Lesquels la font de mesme
que la nostre, excepté que leurs ingrediens ne sont
si purs que les nostres, & n'y obseruent pas tant de
choses.

Diuision de cet œuure.
CHAP. II.

LEs feux que nous enseignons en ce liure sont
proprement appellez feux de ïoye : D'autant
qu'ils sont propres au temps d'aillegresse, de recreation, & lors qu'on a obtenu quelque victoire re-
cente contre son ennemy. Ils sont quelquesfois
representez dedans vne place assiegée, au temps
que ceux qui l'occupent sont au desespoir, & veulent neantmoins tesmoigner à l'ennemy qu'ils
n'ont pas faute de munitions, encores qu'ils en
soient fort deffectueux, & taschent par c'est ruse
mettre les ennemis eux mesmes aux desespoir. Ces
feux sont doubles. Il y en a qui font leurs actions
en l'air, & les autres en l'eau. Ceux qui font leurs
operations en l'air, sont grands ou petits, simples
ou composez. Les grands sont mobils, comme
les fuzées, que les Latins & Italiens appellent ro-
chetes, ou sont immobils, comme les trompes à

feu, des chandelles diuerfes. Et ceux-cy font fimples. Les compofez auffi font ou mobils, comme
les rouës, les coutelas, gourdines, les efcus, & tout
ce qui fert aux combats nocturnes, les Dragons
volants, les balles & leur femblable. Ou bien ils
font immobils, comme les tours, arcades pyramides, & autres petits qui font peu de durée.

Les feux qui font leur actions en l'eau, où ils
y font iettez, & y bruflent : ou bien ils y font allumez par l'eau mefme. Et nagent deffus l'eau comme les fuzées mifes fur vn blanc, des balles nagean-
tes, des ferpenteaux, & d'autres tels artifices. Ou
bien ils bruflent au fond de l'eau, comme plufieurs
balles pefantes, de diuerfes compofitions & ftru-
ctures. Nous voulons enfeigner à faire tous ces
feux par ordre, pour euiter confufion, & parle-
rons premierement des feux aëriens, ou qui font
leurs effects en l'air, & commencerons par les
fuzées.

Des fuzées & de leurs structure.

CHAP. III.

POur faire des fuzées plusieurs choses sont necessaire. Il faut les models, les bastons, à charger, du papier double bien collé, des ficelles, des
baguettes, des poinçons, mortiers, tamis, maillets,
& les diuerses compositions dequoy elles sont faites. Les models doiuent estre faits de bois tres-
fort & solide : Comme buis, fresne, sorbier, ou

d'ifs. Ils font percez fur le tour, en cylindre, ayant six Diamettres de longueur, femblables à celuy du creu dudict model, fi c'eft pour des fuzées au deffous d'vne liure. Et fi c'eft au deffus d'vne liure, il fuffira d'eftre de quatre, quatre & demie, ou de cinq Diamettres. Nous reprefentons vne figure qui monftre ces proportions, auec la culaffe qui s'é-boëtte dedans le model. Auec les baftons à charger, lefquels font de trois fortes pour chacun model.

Les baftons à charger feront grands, moyens & petits. Les plus gros feront proportionnez au creu de chacun model. D'autant que nous diuifons le Diametre dudict creu en huict parties efgales, & en prenons cinq pour le Diametre du bafton. Le refte eft pour la cartoche de papier à contenir la compofition laquelle fera roulée fur cedict bafton, tant qu'elle puiffe iuftement emplir ledit creu. Puis il faut vn peu retirer en deftour-nant ce bafton, & entortiller d'vn tour & demy le bout de cefte cartoche, à vn, deux, ou trois poul-ces pres dudict bout, contre le bafton, auec vne for-te ficelle, ou cordelette, ou corde : le tout felon la grandeur ou petiteffe des fuzées. Cefte ficelle ou corde fera attachée d'vn bout contre vn barreau ou quelque folide & ferme crochet, & de l'autre bout contre vne fangle qui feruira de ceinture à l'ouurier : ou bien cefte ficelle ou cordelette fera attachée à vn gros bafton, pour le faire paffer en-tre les iambes dudit ouurier, & en tirant & tour-nant peu à peu, il engorgera & eftreffira la fuzée, au moyen d'vne fauffe culaffe, ainfi que la figure le reprefente : Et le trou eftant deuenu petit affez il le faudra lier d'vne ficelle pour le tenir en cét eftat. Le bafton moyen eft vn peu plus petit que le premier, & eft percé en long au bout, pour contenir en fon creu la pointe de la culaffe pour faire vn trou dans le fonds de la compofition : Et cefte poincte doit eftre longue d'vn tiers, ou vn peu plus de ladite fuzée. Cefte culaffe à poincte fera mife dedans la bafe du model : & le bafton percé mis dedans le model auec ladicte fuzée, l'on donnera cinq ou fix coups de maillet fur ce bafton, pour donner belle forme au col de la fuzée : Et alors voftre cartoche fera prefte à charger. La compofition l'eftant auffi, vous en mettrez petit à petit dedans la cartoche mife au model, auec la culaffe & la bafe. Et quand il y en aura vn peu, de la iettée il faut fort frapper fur ce bafton percé au bout, en continuant cecy tant que le bafton ne faffe plus paroiftre que la poincte de la culaffe y entre, & que la compofition ait emply la hauteur de ladite poincte. Le tiers bafton fera lors en vfage, lequel doit eftre plus petit, mais de peu, & fera plus court que les autres. L'on les fait ainfi petits par degrez, afin qu'ils ne faffent nuls replis dans l'interieur de la fuzée, d'autant que cela la feroit caffer. Le papier duquel on vfera fera le plus fort qu'on pourra auoir & qu'il foit doublement collé comme dit eft. Autrement la fufée ne voudroit rien du tout. Et pour eftre plus affeuré du papier, il le faut faire faire expreffément, ou en coller deux fueilles en vne, auec la colle faicte de fine farine, & eau claire, car cela importe beaucoup, & eft neceffaire. Et bien que la fuzée foit faicte auec du bon papier, fi elle n'eft bien percée, elle ne montera pas. C'eft pourquoy ces pointes font mifes dans les culaffes ; ou bien l'on peut percer les fuzées estans faictes, auec vn long poinçon, iusques au tiers d'icelle. Le plus grand secret des fuzées, c'est cela.

Des compositions des fuzees.

CHAP. IV.

SElon la grandeur ou petitesse des fuzées, il faut sauoir des compositions. D'autant que celle qui est propre aux petites, est trop violente pour les grosses : à cause que le feu estant allumé dedans vn large tuyau, allume vne composition en grande abondance, & brusle grande quantité de matiere. Les fuzées qui pourront contenir vne once ou deux de matiere, autour pour leur composition ce que s'ensuit.

Prenez poudre d'Arquebuse vne liure charbon doux, deux onces. Ou bien. Prenez poudre d'Arquebuze, & grosse poudre à Canon, de chacune vne liure. Ou bien, poudre d'Arquebuze neuf onces, charbon deux onces.

Autrement.

Poudre vne liure, salpetre & charbon de chacun vne once & demie.

Pour fuzees de deux a trois onces.

Prenez poudre quatre onces & demie, salpetre vne once.

Autrement.

Prenez poudre quatre onces, charbon vne
once.

Pour fuzee de quatre onces.

Les serpenteaux sont faits de là composition
suiuante, & est tres-bonne pour les fuzées de quatre onces.

Prenez poudre quatre liures, salpetre vne liure, & charbon quatre onces. L'on y adiouste
quelquesfois vne demie once de soulfre.

Autrement.

L'on prend poudre vne liure & deux onces
& demie, salpetre quatre onces, & deux onces de
charbon.

Autrement.

Poudre vne liure, salpetre quatre onces, & vne
once de charbon : Elles sont fort experimentées.

Autrement.

Prenez poudre dix-sept onces, salpetre & charbon de chacun quatre onces.

Autrement.

Prenez salpetre dix onces, poudre trois onces

& demie, auec autant de charbon. Les fuzées en
font vn peu lentes : Mais les fuyuantes monteront
plus viste, si vous prenez salpetre trois onces &
demie, poudre dix onces, charbon trois onces.

Pour fuzee de cinq ou six onces.

Les fuzées de six onces se font de ceste composition : Prenez deux liures cinq onces de poudre, salpetre vne demie liure, charbon six onces,
soulfre & limaille de fer de chacun deux onces ; Si
l'on y adiouste vne once de limaille de fer, &
vne once de charbon, la composition seruira pour
huict, neuf, dix & douze onces.

Pour autre fuzee de 7 ou 8. onces.

Prenez poudre dixsept onces, salpetre quatre
onces, & soulfre trois onces.

Pour fuzee de dix & douze onces.

La composition precedente seruira si vous y
adioustez vne once de charbon, & vne demie once de soulfre.

Pour 14. & 15. onces.

Prenez poudre deux liures & vn quart, salpetre neuf onces, charbon cinq onces, soulfre &
limaille, de chacun trois onces.

Pour

Pour fuzee d'vne liure.

Prenez poudre vne liure, trois onces de charbon, & vne once de souffre.

Pour fuzee de deux liures.

Prenez salpetre douze onces, poudre vingt onces, charbon doux trois onces, limailles de fer deux onces, & souffre vne once.

Pour fuzee de trois liures.

Prenez salpetre trente onces, charbon vnze onces, souffre sept onces & demie.

Pour fuzees de 4. 5. 6. ou 7. liures.

Salpetre trente vne liure, charbon dix liures souffre quatre liures & demye.

Composition pour les fuzees de 8. 9. & 10. liures.

Prenez salpetre huict liures, charbon deux liures & douze onces, soulfre vne liure & quatre onces.

L'on ne met point de poudre aux grosses fuzees, pour les raisons que nous auons specifiées: à cause aussi que la poudre estant longuement battuë elle se fortifie & se rend trop violente. Les plus grosses fuzees sont tousiours faictes de mixtion plus lente. Il faut soigneusement piller les

E

drogues cy-deuant narrées, & les paſſer par le tamis chacune à part puis les peſer & meſler enſemble.

Apres que la fuzée aura eſté emplie iuſques à
deux doigts pres du bord. Il faudra reployer cinq
ou ſix doubles de papier ſur la mixtion, donnant
du baſton & maillet deſſus fermement afin de com-
primer leſdits replis : dedans leſquels il faut faire
paſſer vn poinçon en trois ou quatre endroits, iuſques à la mixtion de la fuzée. Alors elle ſera preparée pour y mettre vn petard d'vne boëtte de fer
ſoudée, comme vous la voyez repreſentée en la figure qui eſt au commencement du Chapitre 5. auec
le contrepoids d'vne baguette attachée à chacune
fuzée, pour les faire monter droittement. Si donc
vous voulez y adapter ledit petard, (lequel doit
eſtre plein de fine poudre) vous ietterez ſur leſ-
dicts replis percez, vn peu de compoſition de voſtre fuzée, Puis vous poſerez ledit petard ſur ceſte
compoſition, par le bout que vous l'auez emply de
poudre, & r'abbattrez le reſte du papier de la fuzée
ſur luy. L'on fait vn autre petard plus facilement,
en enfermant ſimplement de la poudre entre les
ſuſdits replis : mais ils ne ſe font ſi bien ouyr en
l'air que le precedent. L'on met auſſi des eſtoilles
& autre choſe deuant l'auant-creu de ce petard:
deſquelles nous traitterons au chapitre ſuiuant. La
fuzée ainſi diſpoſée, il la faudra lier auec vne baguette de bois leger, comme eſt le ſapin, laquelle
ſera groſſe, & platte au bout qu'elle ſera attachée,
en eſtreſſiſſant vers l'autre bout, ayant de longueur
6. 7. ou huiet fois plus que ladite fuzée. Et pour
voir ſi elle eſt diſpoſée d'aller droiet en l'air, il fau-

dra poſer la baguette à trois doigts pres de ladicte
fuzée ſur le doigt de la main, ou ſur quelque autre
choſe: Si alors le contrepoids eſt égal à la fuzée, &
bien liée auec ſa baguette. Autrement il faut changer de baguette, ou en diminuer ſi elle eſt plus peſante que la fuzée. Ces baguettes doiuent eſtre
droictes, & celles de ſaulx longuettes & droictes,
& peuuent ſeruir pour les petites. Si les fuzees ſont
trop fortes, il les faut corriger en y mettant du
charbon d'auantage. Et ſi elles ſont foibles, pareſ-
ſeuſes, & qu'elles faſſent l'arc en montant, dimi-
nuez le charbon.

Des Eſtoilles, & autres choſes que l'on met
aux teſtes des fuzees.

CHAP. V.

NOus n'auons voulu celer à la posterité, la composition des estoilles, comettes, & autres choses que l'on met assez souuent aux fuzées pour se faire paroistre apres que lesdictes fuzées ont fait leurs operations. La donnant gratuitement encor que nous ne l'auons obtenu à si bon prix. Voicy le moyen de la faire.

Prenez vne demie once de gomme adragant, (que les Apoticaires appellent tragagant) & la faites griller & fort rostir dedans vne cueiller de fer sur le feu, tant que ceste gomme puisse estre redigée en poudre, & tamisée. Destrempez ceste gomme dans vn plat sur le feu auec vne demie chopine d'eau de vie : & comme l'eau sera fort visqueuse, il la faudra passer par vn linge net, & en tordant le fort presser. Prenez camphre quatre onces, & le dissoudez aussi en eau de vie. Meslez ces deux dissolutions ensemble, puis y iettez peu à peu (en bien remuant) les poudres suyuantes.

Prenez salpetre vne liure, soulfre vne demie liure, poudre trois liures, sublimé deux liures, anthimoine vne liure, charbon doux vne demie liure, limaille de fer ou d'acier, & ambre blanc, de chacun vne liure. Le tout soit desseiché lentement sur vn petit feu de charbon (car ceste matiere est fort susceptible du feu,) vous en formerez des morceaux de telle grosseur qu'il vous plaira. L'on peut mesler les poudres sans la gomme, auec huile petrolle, pour les incorporer, & les desseicher lentement sur vn petit feu de charbon.

Autre description d'Estoiles.

Prenez gomme adragant deux trezeaux dissouds comme dessus en eau de vie, camphre trois trezeaux dissouds comme dit est. Puis meslez en poudre ce qui s'ensuit.

Poudre fine vne once, soulfre demie once, limaille de fer, cristal grossierement pilé, ambre blanc, anthimoine, sublimé, & orpiment, de chacun vn trezeau, mastix, oliban, & salpetre, de chacun vn trezeau & demy. Soit fait comme dessus.

Autre description d'Estoiles.

Prenez soulfre deux onces & demie, salpetre six onces, poudre tres-fine cinq onces & demie, oliban, mastix, cristal & sublimé, de chacun demie once, ambre blanc vne once, camphre vne once, anthimoine & orpiment de chacun six trezeaux, gomme adragant & eau de vie pour la dissoudre, auec ledict camphre, & pour en imbiber vos poudres, tant qu'il suffira, en y adioustant vn peu de poudre de charbon. Soit fait selon l'art.

Autre description de belles Estoiles.

Toutes les compositions d'Estoiles precedentes sont noires, & les presentes sont iaunes. Prenez gomme adragant, ou gomme arabique broyée & passée par le tamis quatre onces, camphre dissouds dedans vne demie chopine d'eau de vie, deux onces, salpetre vne liure & demie, soulfre vne demie

liure, verre groſſierement pilé quatre onces, auec
vne once & demie d'ambre blanc, & deux onces
d'orpiment. Cela fait vn beau feu. Il durera d'auantage, ſi vous diſſoudez la gomme : mais le feu n'en
eſt ſi beau.

Les ſeuls morceaux de camphre eſtans allumez
font vn feu extrémement clair. Toutes ces Eſtoilles
ſe mettent en morceaux bien deſſeichez dedans
les teſtes deſdictes fuzées : mais il les faut enuelopper de chanure, & la broüiller dedans la poudre battuë auant que de les y mettre. Si vous enfermez des petits petards de fer dedans ces Eſtoilles,
elles leur feront donner vne ſcopeterie en l'air.
Comme vous ferez repreſenter vne comette, ſi
vous enfermez dedans vne groſſe eſtoille vn canal,
ayant ſon orifice eſtroit d'vn coſté, comme vne petite fuzée, & l'empliſſez de ſa compoſition lente
le bout plus eſtroit de ce petit canal, eſtant au dehors de l'eſtoille, & poſé du coſté des replis inter-
nes de ladite fuzée.

Les teſtes des groſſes fuzees ſont quelques-fois
remplies de pluſieurs petits ſerpenteaux, (ce ſont
tres petites fuzees, emplies de la compoſition des
fuzées, de quatre onces, & n'ont point de baguettes) & les fait beau voir viruolter en l'air. L'on
enferme auſſi ſouuent des eſtoilles petites, ou des
petits morceaux de camphre dedans les teſtes de
ces ſerpenteaux, ou des petits petards, & cela re-
créé fort les aſſiſtans. Si vous mettez dedans les teſtes des groſſes fuzées du parchemin couppé en
petit filet long, ou des cordes de luth, ou des petits fils de fer faits en forme de chiffre, & que cela
ſoit trempé dedans force camphre diſſouds en peu

d'eau de vie. Ils n'auront moins de contentement.

Des fuzées qui sont portées par des cordes.

CHAP. VI.

IL y a diuerses façons de fuzées qu'on fait voler
sur des cordes, & ornées de plusieurs figures : Il
y en a aussi de simples & de composées. Les simples
sont emplies de leur composition, iusques au milieu. Puis l'on met vne petite rotule, ou vne separation sur la composition, & l'on fait vn trou au
dessous de ceste separation, qui correspond à vn

fort petit canal plein de composition, qui se va terminer à l'autre bout de ladite fuzee, laquelle est aussi emplie, tellement que le feu estant finy au milieu du chemin, il allume l'autre bout de la fuzée, & la fait retrograder. Comme il se void par la figure. Laquelle represente aussi vne double fuzee, ayant la teste de l'vne attachée contre le col de l'autre, couuerte d'vne chappe de toile cirée, ou autre chose pour empescher le feu : & font le mesme effect que la precedente. Ces fuzees sont attachées à vn petit Canal de roseau, qui reçoit la corde. De ces fusees se font les dragons, serpents & autres figures d'animaux. Il faut à ceux-cy deux ou trois fuzees, comme soubs les aisles & sur le dos. Et sont portees par cordes diuerses & annelets. A ces corps l'on donne diuerses couleurs; & si l'on peut mettre des chandelles de cire dedans leurs creux, car ils ne sont couuerts que de papier huilé depuis qu'ils sont faits. Cela recrée fort. Les testes de toutes sortes de fuzees peuuent estre remplies de compositions diuerses, outre celles que nous auons specifiées : Comme de pluye d'or, de plusieurs morceaux de roche à feu, des longs cheueux trempez dedans icelle lors qu'elle est fonduë, des noisettes vuides, & emplies de composition de fuzee; & si les fuzees sont grosses, des balles sautantes que nous descrirons cy apres, & d'vne infinité d'autres choses recreatiues. Specialement aux fuzées que l'on iette en l'air. Nous delaissons les fuzees qui ont des branches d'épines couuertes de roche à feu, au lieu de baguette. D'autant que cela sert plustost à mettre le feu en quelque lieu qu'autrement. Encore que cela puisse recreer sans faire dommage.

Des combats nocturnes.

CHAP. VII.

LEs rondaches, les cimeterres, les masses à feu,
les gourdines, & choses semblables sont les
armes dequoy se font les combats de nuict. Les
gourdines sont comme masses à feu, (entre lesquelles aussi nous les representons) & sont con-
struites auec vne sorte de panier, plein de petites
fuzées, collées & accommodées en ligne spirale,
afin que le feu s'y puisse prendre l'vne apres l'autre
& les enuoyer par l'air en roulant & s'esclattant

Les masses à feu sont diuerses, & en faisons de trois
sortes, l'vne en coquille spirale, l'autre oblongue,
& l'autre en masse. Toutes ces masses sont creu-
ses, pour mettre de la composition, & sont percées
en diuers lieux, qui reçoiuent des fuzée qui sont
collées, & sont allumées en diuers temps par la
composition interne. Les cimeterres sont de bois,
faits en coutelas courbez, ayant le dos large &
creux pour receuoir plusieurs fuzées, la teste d'vne
pres le col de l'autre, bien collées & arrestées : A-
fin que le feu ayant consumé la matiere d'vne, l'autre en soit allumée. Les rondaches sont planches
de bois rondes, ou en escussons, lesquelles sont canelées en lignes spirales, pour y mettre de l'amorce à porter le feu d'vne fuzée à l'autre. Ceste planche est couuerte d'vne subtile, couuerture de bois,
ou de carton, percée aussi en ligne spirale, pour coller les fuzées à l'endroict de la ligne canelee. Deux
hommes, ayant chacun vn de ces coutelas en main,
auec la rondache, & quelques autres hommes armez de masses, si l'on veut emplir l'air d'auantage
de flammes volantes auront de la roche à feu allumée dans vn creuset en vne grande place, l'vn desquels allumera son coutelas en la roche : & allumera du bout de son coutelas, le bout du coutelas
de l'autre. Cela estant allumé il ne faudra que
s'escouër les bras de bas en haut. Et ils feront vn
beau spectacle : car l'air semblera estre plein de
flammesches & de langues de feu. Le Soleil à feu
est aussi en vsage en ces combats, lequel est fait
en forme de rouë, telle qu'il se void representé en
la figure suiuante chap 8.

Des rouës à feu.

CHAP. VIII.

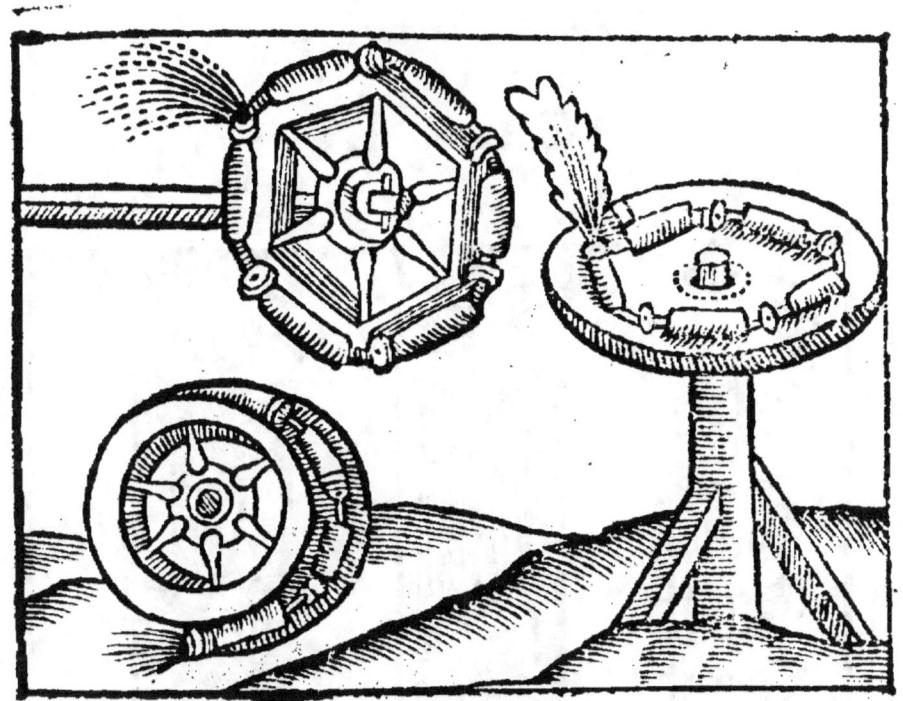

Nous reprefentons trois fortes de roües mobiles, entre les feux mobiles, fçauoir vne
ronde, vne à plufieurs pans, & ces deux font propres pour monter ou defcendre par vne corde, à
fin d'allumer quelque artifice, & la troifiefme eft
platte, pour fe mouuoir fur vn pal. Toutes ces roües
font armées de fuzées, la fin d'vne defquelles allume le commencement de l'autre. Le feu fait tourner en rond ces roües. Et la ronde, eft celle que cy
deuant nous auons appellé foleil de feu. Si cefte

rouë est posée sur vn pal, ayant vne largeur au dessous de la rouë, pour empescher qu'elle n'approche pres de celuy qui la porte, elle tournera & representera vn soleil, aux combats de nuict.

De diuerses lances à feu.

CHAP. IX.

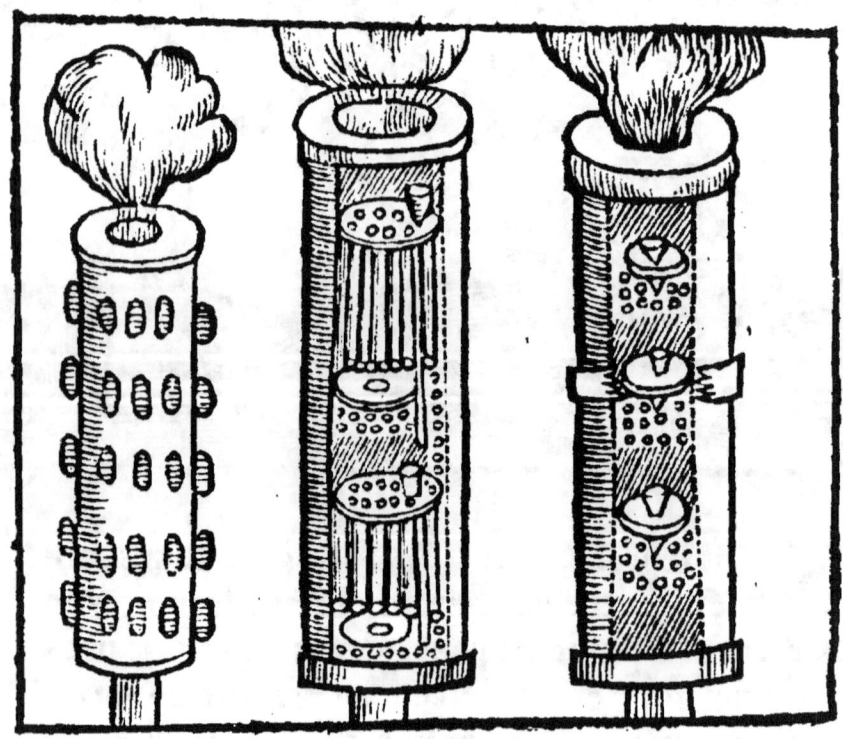

LEs lances à feu, seruent souuent aux combats
nocturnes, tant pour ejaculer des fuzées, que
pour faire vne scopeterie. Ces lances sont des tuyaux ou canons de bois creux, & percez en diuers
endroits, pour contenir les fuzées ou les petards

qu'on y applique, selon que la figure vous represente de diuerses sortes, & sur le model desquelles,
il est facile d'en inuenter & adiouster d'autres. Ces
bois creux sont emmanchez auec de bons bastons
bien retenus, pour n'eschapper par les mouuemens
violents des agissans.

Le Canon 2. contient en diuers trous des fuzees
qui sautent en l'air à mesure que la composition
qui est au creu les allume. Le canon 1. est plein de
composition en son creu, & percé en plusieurs
lieux en ligne spirale, en chacun trou, le bois est
diminué auec vne couge demie ronde, pour faire
vne capacité pour y loger des tuyaux de carton
pleins de poudre fine, couuerts de tous costez de
poix noire, excepté vn petit trou d'amorce. Tous
ces petards seront donc attachez en ces creux, auec
de la poix noire comme dessus. Et quand, le feu
mis en la composition abordera en l'endroict d'i-
ceux, ils seront allumez, & donneront leurs coups
tandis que le feu du canal s'espuisera. L'autre Canon 3. est vn canal simplement creu: Mais il est
emply lict sur lict, de poudre grainee, & de composition lente. Entre lesquels il y a vne rouëlle de
carton percée du diametre dudit creu, auec vne de
drap surpassant le bord, & vn canal de fer blanc,
de la grosseur d'vn fer d'esguillette. Ainsi que la figure le monstre. Ces rouëlles se colleront sur la
composition contre les parois dudit creu. Quand
le feu vient de ladicte composition au canal (lequel
en est plein) il est porté à la poudre, laquelle donne son coup, en allumant la seconde composition,
continuant ainsi tant que ledit canal est vuidé.

Mais si vous voulez que l'vne de ces lances

iette en vn inftant diuerfes fuzees. Difpofez fon
fonds , qu'il foit plein de compofition , auec vn canal de carton plein d'icelle, pofé au long du bois
en l'interieur : empliffez tout le refte du creux des
fuzees; puis les couurez bien (moyennant que
voftre canal paroiffe) mettez de la compofition
deffus . & chargez le refte de telle façon que vous
iugerez eftre commode, & à choifir. Le feu ayant
rencontré le canal, penetrera iufques au fonds,&
fera efleuer toutes ces fuzées. La lance iettera encor vne balle à feu , auec tout cecy, fi ledit canal
paffe plus bas, ayant vn trou pour brufler l'amorce
de la compofition des fuzees, & que ledit canal
pourfuiue iufques à vn autre lict de compofition.
Entre quoy fera ladite balle. Ces feux font du
nombre des compofez & mobils.

Des balles à feu.

CHAP. X.

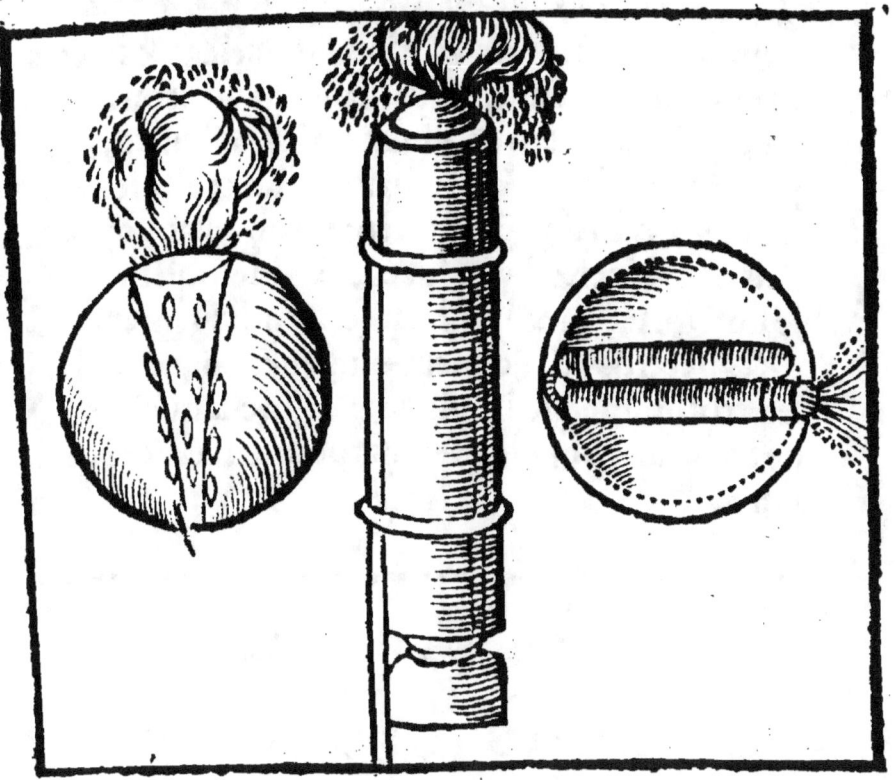

ENtre toutes les balles mobiles, nous auons
choisi les trois suiuantes, pour seruir deschan-
tillon à ceux qui en desireront faire d'autres. La
premiere est faicte de plusieurs petites fuzée, attachées la teste d'vne contre le col de l'autre : puis
le globe estant fait, & couuert de deux demis globes de papier bien aglutinez de poix noire (excepté le trou pour mettre le feu en la premiere fuzée)
soit allumé. Ceste balle roulera par terre entre les
iambes des assistans. La seconde semblera couurir
çà & là en l'air, si vous prenez vn canal de fer du
Diametre de vostre balle, percé en plusieurs lieux
en ses enuirons, comme en ligne spirale ; contre
lequel il faudra conioindre autant de petits petards
de carton (comme la figure le monstre) qu'il y en

pourra auoir. Faictes vn globe de cela, & le couurez comme deſſus, ne l'aiſſant qu'vn trou au canal, qui ſera plein de poudre pillée, ſoulfre, & vn
peu de charbon. Ceſte balle allumée ſoit iettée
dans vn mortier promptement, ou l'enuoyez en
l'air dans la teſte d'vne fuzée, & il ſemblera qu'elle ſoit portée çà & là, (à cauſe du mouuement deſ-
dicts petards) & donnera pluſieurs coups en l'air.
La troiſieſme eſt la pluye d'or, de laquelle nous
ne traictons pour le preſent, pour eſtre aſſez commune.

Des feux immobils.

CHAP. XI.

LÉs feux de ioye immobils, ſont de diuerſes
ſortes : Mais nous nous contenterons d'en eſcrire de pluſieurs vn peu. Entre les feux immobils
& de recreation, nous comptons les colloſſes, arcades, pyramides, cartoſſes à feu, chars de triom-
phes & leurs ſemblables. Leſquels ſont couuerts
de roche à feu, ornez de diuers feux artificiels.
Comme pots à feu, qui produiſent en l'air pluſieurs
impreſſions & figures, des fuzées ſimples & doubles, des eſtoilles, chiffres, & autres choſes. Les
bancs armez de diuerſes fuzées, les flambeaux de
ſenteur, les oiſeaux de cypres, les feux à lanterne,
les chandelles de diuers vſages. Et faudroit eſtre
trop prolixe pour ſpecifier par le menu les compoſitions de tout ce qui appartient aux feux immobils

bils. Encor moins reprefenter les figures de ces
chofes. Parce que elles font faites felon l'imagination & la volonté de ceux qui les conftruifent.
Ce qui fera caufe que nous n'appliquerons icy au-
cunes de ces figures. Parce que amplement nous
auons parlé des feux : Nous donnerons feulement
en ce lieu, la defcription des feux de fenteur, pour
former tel corps qu'on voudra.

Des feux de fenteur.

Prenez ftyrax, benjoin & fandarac, de chacun
deux onces, encens, oliban & maftix, de chacun
vne once ; tamach vne once & demie de charbon
doux, trois, cloux de girefle, vne once & deux trezeaux. Le tout en poudre fubtile foit meflé auec
gomme adragant, diffoude en eau de rofe, pour en
former des paftilles de telle groffeur qu'on defire.

Si c'eft pour mettre dedans quelque lanterne
de fer, pour allumer dedans vne ruë, lors qu'vn
grand Seigneur y veut paffer la nuict, il faudra mef-
ler ces poudres, auec de la therebentine ; deux liures de poix raifine : mais fi c'eft pour faire des
flambeaux, il faudra ioindre lefdictes poudres,
auec la cire, la poix refine, & vn peu de poix blan-
che.

Des feux qui operent dedans & deffus les eaux.

CHAP. XII.

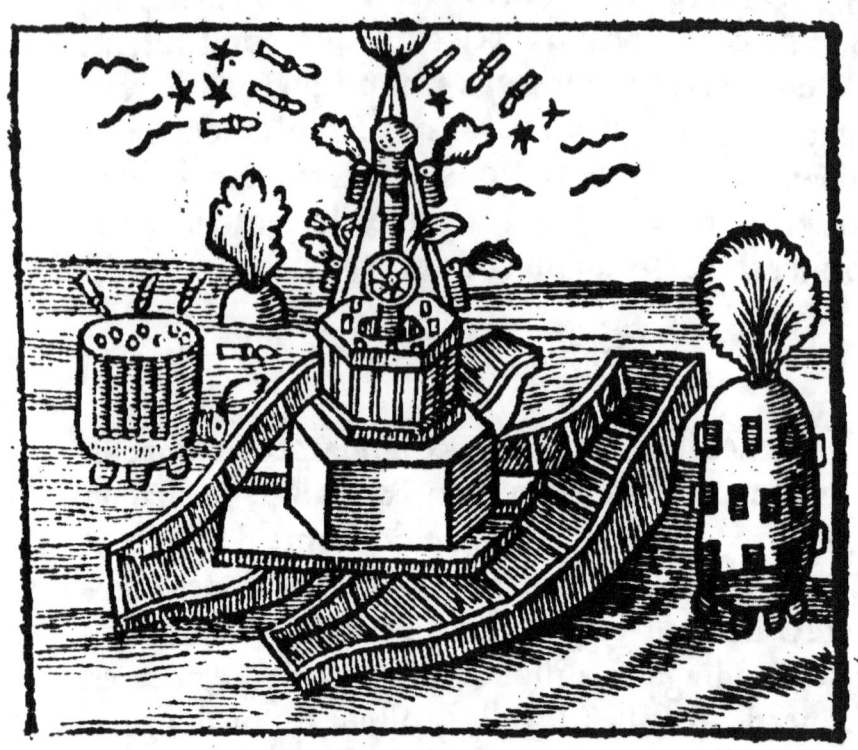

Nous auons traicté par cy-deuant des compositions de plusieurs feux qui operent dedans
les eaux, & sur icelles : auquel lieu, l'on pourra
auoir recours pour les compositions des feux que
nous desirons de faire voir en ce lieu. Nous faisons
donc voir icy vne figure pour toutes, d'vne pira-
mide armée de diuerses fuzées, & en diuers esta-
ges, auec vne boule au comble d'icelle, peine
d'autres petites fuzees chargees les vnes d'estoilles, les autres de ce qu'on voudra. Ceste pyramide
est de bois, assise sur vn ou deux batteaux pour la
supporter de part & d'autre d'icelle, nous representons aussi des balles pour brusler dans l'eau, de diuerses sortes. Entre lesquelles est vne balle armée
plusieurs petards de carton. Ces petards sont cou-

fus, ou collez, & couuerts de poix, quand ils sont
emplis de fine poudre. Puis l'on fait vn pertuis dans
iceux iusques a la poudre, pour les adapter contre
vne balle de bois creuse & longuette, pleine de
composition propre pour brusler dans les eaux,
comme est la suiuante. Prenez mastix, vne part, encens blanc, vernix en larme, soulfre camphre, &
poudre d'arquebuse, de chacun trois parts, colo-
phone deux parts, & neuf de salpetre. Le camphre
sera mis en poudre auec le soulphre (ou auec du
sel) tout le reste soit pillé & tamissé, puis meslé
auec huile petrolle, pour vn peu estre humecté.
Contre ceste boule seront plusieurs pertuis, comme pour passer vn tuyau de plume : A l'endroit
desquels le bois de la boule sera caué, iusques aupres dudict creux, ces petards y seront collez, puis
couuerts de poix noire par tout. Au lieu d'iceux
l'on y pourra mettre des petites balles à feu, faites
de toille, emplie de la susdite composition, & couuertes de poix, en y faisant vn trou d'amorce, &
adaptées comme les petards suscripts. Nous representons encor vne balle longue de trois quarts de
pied, & creuse pour y loger la composition precedente : Sur ceste composition l'on faict plusieurs
fuzees ou serpenteaux, pour en emplir toute la ca-
uité : ces fuzees sont couuertes de toille cirée &
collée contre les parois externes de ladicte balle.
Au fonds de ceste balle, est vn canal oblique, emply
de la mesme composition, lequel, peut venir au niueau de l'eau, le contrepoids (pour la tenir droicte) y
estant obserué. Le feu y estant mis, & la balle iettee
en l'eau, elle brusle la composition qui est au dessous des fuzées : & quand le feu arriue à icelles, il

les enuoye en l'air, & tombent fur la furface de l'eau, auec admiration des affiftans.

Nous reprefentons auffi vn balle fimple, faite en poire, auec vn manche creux. A cefte balle creufe l'on met quelques morceaax de fer, plomb, ou autres corps pefants, pour luy donner du contrepoids. Le refte du creux eft plein de la fufdite compofition, puis le manche creux en eft emply, enfemble de la poudre pilée. Puis le tout eft couuert de poix noire. Le feu y eftant mis l'on la tiendra iufques à ce qu'elle fifflera fort, puis la ietterez en l'eau.

Mais fi vous defirez qu'vne balle brufle au fonds de l'eau. Empliffez vn fachet de toille auec ce qui fenfuit.

Prenez foulfre vne demie liure, poudre non grainée neuf onces, falpetre bien affiné vne liure & demie, camphre deux onces, vif argent mis en poudre auec le foulfre, vne once. Le tout en poudre tamiffée foit meflé auec la main, & vn peu humecté d'huile petrolle, ou de lin. La balle en eftant bien emplie & ferrée, le trou foit coufu, la balle arrondie, & couuerte de poix de tous coftez. Faites vn trou dans icelle, qu'emplirez de poudre battuë, & liez auec fil de fer, du plomb, ou vne pierre. Allumez l'amorce quand vous voudrez, Et alors qu'elle fifflera iettez-là dedans l'eau.

Toutes ces compofitions font affeurees, & n'en donnerons à prefent point d'autres, Lefquelles pourront feruir à toutes fortes de feux que l'on voudra faire brufler fur l'eau. Les figures que nous auons icy appofées font en petit nombre, d'autant que chacun en peut baftir à fa fantaifie, & ce qui plaiſt à vn, deſplaiſt à l'autre. Cecy donc ſuffira, puis que leſdites compoſitions ne manqueront iamais de produire l'effect dont nous auons aſſez amplement traicté.

De quelques choſes recreatiues touchant les feux

CHAP. XIII,

Vigenere, ſur les Commentaires de Philoſtrate, affirme que le vin enfermé dans vn buffet, auquel l'air ne puiſſe ſortir, s'il eſt mis dans vn plat, ſur vn rechaud plein de gros charbons allumez, pour en faire exhaler l'eſprit & le laiſſer ainſi ſans l'ouurir pluſieurs années, voire iuſques à trente ans. Il ſe fera que celuy qui l'ouurira, s'il a vne bougie allumée, & qu'il la mette dedans ce buffet, qu'elle ſera paroître en iceluy pluſieurs figures d'eſtoilles fort claires. Mais ſi vous faictes euaporer de l'eau de vie auec du camphre diſſoud en icelle dans vne chambre bien fermée, & où il n'y aye d'autre feu que de charbon, le premier qui y entrera auec vne chandelle allumée, ſera eſtonné extrémément. Car toute la chambre paroiſtra en feu fort ſubtil : mais de peu de durée.

Les chandelles trompeuſes ſont faites à demy de poudre grainée, amaſſée auec fort peu de ſuif pour la lier ſeulement, puis ceſte moitié inferieure formée en chandelle ; là deſſus ſera faict auec ſuif ou cire, le lumignon ordinaire. Le feu ayant conſummé la matiere iuſques à la poudre, elle ſera al-

Des autres feux recreatifs.

CHAP. XIV.

LES lieux situez pres des riuieres, ou de quelques grands estangs, sont propres à faire sur iceux plusieurs feux de recreation : Et s'il est necessaire d'y faire quelque chose de beau, cela se faict sur deux bateaux, sur lesquels sont erigez des maisonnetes de bois, ou quelques petits chasteaux pour receuoir en leur exterieur diuerses sortes de

fuzées. Ainfi que la figure le reprefente. Et dedans
leur interieur , l'on y peut faire iouër diuers feux
diuers petards, ietter plufieurs grenades fimples,
des balles à feu pour brufler dans l'eau, des ferpenteaux & autres chofes. Et fouuent l'vn de ces Cha-
fteaux eft attacqué par ceux qui gardent l'autre,
auec Lances à feu, Coutelas, Rondaches, Maffes,
& autres feux artificiels, feruans aux combats nocturnes. Ce qui donne beaucoup de contentement
aux yeux des fpectateurs , & fouuent fe bruflét l'vn
l'autre, par des fuzées iettées dextremét d'vn ba-
teau fur vn autre. Or d'autant que cefte dexterité
eft propre à la guerre, tant pour brufler des Nauj-
res, maifons, ou pour autre chofe, nous auons fait
vn petit chapitre à part, du moyen de tirer droite-
ment vne fuzée, d'vn lieu en vn autre.

G iiij

*Comme l'on peut tirer droittement vne fuzee
Orizontalement. ou autrement.*

CHAP. XV.

Ecy est propre à vne gageure: Il faut auoir vne
composition de fuzée bien asseurée, selon le
poids & grosseur que vous luy voulez donner, à
fin de ne faillir en vostre entreprise. Disposez vostre dite fuzée, montée auec sa baguette bien proprement, sur vne planche polie, & qui puisse aller en
basculant & tournant à vostre volonté. Ainsi que

vous pourrez voir par la figure que nous vous representons. Ceste planche soit montée sur vn tre-
pied, ayant vne courte chenillette pour iouër &
entrer facilement dedans vn trou faict en ladite
planche. Puis visez & mirez où il vous plaira, &
asseurez la planche sans qu'elle se puisse mouuoir.
Amorcez & mettez le feu, elle ira droict au lieu
desiré, pourueu que la composition soit bonne : Et
que la distance ne soit si grande que le feu (à faute
de matiere) ne la puisse porter.

Des feux mouuans sur les eaux.

CHAP. XVI.

PAr ceste presente figure nous vous donnons vne balle farcie : Laquelle composée d'autres petites balles semees tout autour, & pleines de composition, lesquelles rendent vn merueilleux & admirable effect. Il faut auoir des petits canaux de fer blanc, comme des tres-petits entonnoirs, le plus gros desquels ne doit estre plus espois qu'vne petite chasteigne. Ces canaux sont percez en plusieurs lieux, aux trous desquels sont adaptees des petites balles pleines de composition de feu pour eau, ainsi que deuant nous auons traicté. Toutes ces petites balles seront percees fort profondement, & assez largement, bien couuertes de poix, excepté ce trou, dans lequel au commencement sera mis vn peu de poudre non battuë. Ces canaux seront emplis de composition lente, mais propre à brusler en l'eau, ramassez ensemble pour en faire vn globe, & les trous des canaux correspondront aux trous des petites balles. Couurez le tout de poix noire & de suif de mouton, percez ceste balle à l'endroict du plus grand canal, (auquel tous les autres doiuent correspondre) iusques à ladite composition, & la iettez en l'eau quand elle commencera à siffler. Le feu venant à l'endroict des pertuis allumera la poudre grainée, laquelle fera separer & voler çà & là tantost vne petite balle ou deux, ou trois, ou quatre, ou plus, selon sa composition, & ladite poudre grainee en allumera encor d'autres. Lesquelles brusleront toutes dedans l'eau, auec estonnement & au grand contentement de ceux qui s'y trouueront.

Admirable inuention de faire vne fuzee qui s'al-
lumera dans l'eau, y bruslera iusques à la moitié
de sa duree, & de là prendra le haut de l'air d'v-
ne vistesse incroyable : & toutes-fois n'y entrera
que d'vne seule & mesme composition.

CHAP. XVII.

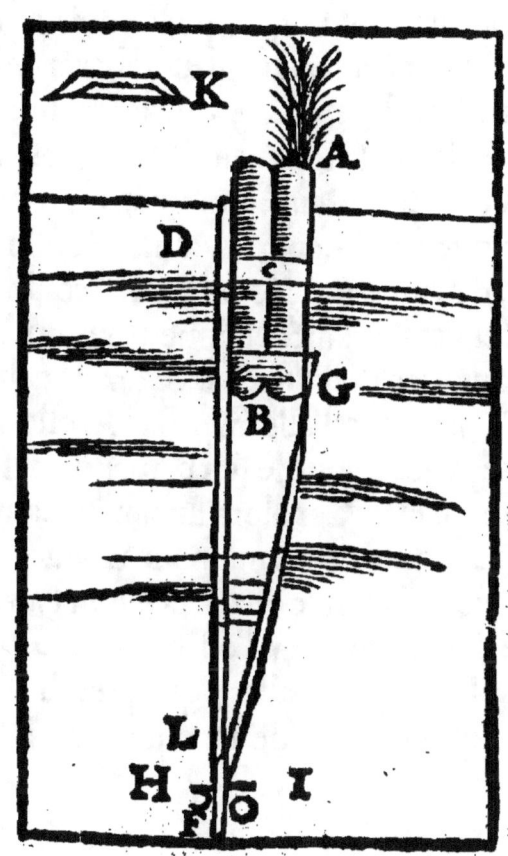

POur paruenir à vne exacte operation de ceste
proposition : Il faut premierement faire deux

Cartoches esgales, par la voye qui a esté enseignée
dans le traicté des fuzées chap. 3. les remplir de la
meilleure composition qu'on pourra choisir parmy la
la grande diuersité qui en a esté cy-deuant enseignée:
Puis les joindre l'vn à l'autre auec de la colle, seulement par le milieu C. en sorte que le feu puisse aller
librement de l'vne en l'autre, estant premierement
allumé en A. & paruenu en B. se communiquent de
l'vn à l'autre, par le moyen d'vne petite canulle ou
conduict, soit de plume ou de roseau : mais couuert
de papier, & appliqué si dextrement, que l'eau ne
puisse estaindre le feu, (laquelle doit estre faite de
ceste façon,) cela fait, vous attacherez vos deux fuzées à vne houssine en D. qui les puisse mettre en
equilibre, estant de longueur & de grosseur proportionnée à leur pesanteur: Puïs vous aurez vne ficelle
qui sera nouée en G. aura vn anneau en H. où pendra
vne balle d'arquebuse, & sera arrestee d'vne aiguille
ou fil de fer, trauersant la baguette comme I. L. à present, si vous mettez vostre fuzée dans l'eau, la queuë
en bas, & que vous l'allumiez par A. elle n'en sortira
point, iusques à ce que le feu paruenu en B. se coule
dans l'autre par B. Car alors suiuant sa naturelle inclination, de monter en haut pour trouuer son centre
il partira ceste seconde fuzée droit en l'air, qui laissera l'autre dans l'eau, par l'effort qu'elle fera en partant, à l'aide de ceste balle, qui prendra à la ficelle
susdite) l'empeschera de la suiure par sa pesanteur.

FIN.

RECVEIL DES PRINCIPALES
Recreations de Mathematique, contenuës
en la seconde partie de ce liure, selon
le nombre des Problemes.

En fait de Geometrie, Seconde partie.

En matiere d'Optique.
Seconde partie.

Tᴿᴏᴠᴠᴇʀ le moyen de faire voir à vn ialoux dadans vne chambre, ce que fait sa femme dans vne autre : nonobſtant l'interpoſition de la muraille. Probleme. 13.

Moyen aux aſſiegez dans quelque place, de voir ce que font les aſſiegeans dedans le creux du foſſé. Probleme 18.

Par le moyen de deux miroirs plans, faire voir vne image volante en l'air ayant la teſte en bas Probleme. 14.

Diſposer deux miroirs plans, de ſorte qu'vne ſeule compagnie de ſoldats paroiſſent vn regiment. Probleme. 15.

Tirer vn Mouſquet deſſus l'eſpaule auſſi iuſtement dans vn blanc comme ſi on le couchoit en jouë. Probleme 16.

Donner droict d'vne Harquebuze dadans le lieu ropoſé ſans le voir, pour quelque empeſchement u'il y aye. Probleme 26.

uec vne Chandelle & vn miroir caue ſpherique, orter vne lumiere ſi loing dans la plus obſcure, uict, qu'on puiſſe voir vn homme à demy quart e lieuë de là. Probleme 17.

Moyen de lire de fort loing quelque lettre ou utre choſe pour petite que ſoit la lettre, ſoit de ur ou de nuict. page 28.

En faict de perspectiue, Seconde part.

En matiere de Chimye, Secon. part.

Faire

Faire la reprefentation du grand monde. Probleme 33.

Faire fondre tout metal promptement, foit qu'il
foit auec d'autre ou qu'il foit feparément, mefme
dans vne coquille, & la mettre fur le feu. Probleme 24.

Touchant les Mechaniques. Seconde partie.

FAire qu'vn Canon apres auoir tiré fe couure des
batteries de l'ennemy. Probleme 20.

Le moyen de faire vn leuier fans fin, dont la
force fera tres grande, par le moyen duquel on
pourra leuer fans beaucoup de peine quelque Canon ou fardeau pour pefant qu'il foit. Probleme 21.

Faire vn Horologe auec vne feule rouë. Probleme 22.

Par le moyen de deux rouës faire qu'vn enfant
tirera tout feul pres d'vn muid d'eau à la fois, &
que le feau fe renuerfera de luy mefme, pour ietter
fon eau dans vne auge, ou autre lieu qu'on voudra,
Probleme 23.

Gentille inuention d'Efchelle, qui fe peut faire
facilement, & fecrettement porter dans la pochette. Probleme 24.

Faire vne Pompe dont la force fera merueilleu-
fe, pour le grand poids d'eau qu'vn homme feul
pourra leuer. Probleme 25.

Faire fortir continuellement l'eau d'vn puits,
fans force, & fans le miniftere d'aucune pompe.
Probleme 26.

H

Fin de la table de la seconde partie des Recreations Mathematiques.

TABLE DES CHAPITRES,

contenus en la troisiesme partie des Recreations Mathematiques, des Feux d'Artifice.

PREMIEREMENT.

Table des Chapitres.

Fin de la Table de la troifiefme partie.

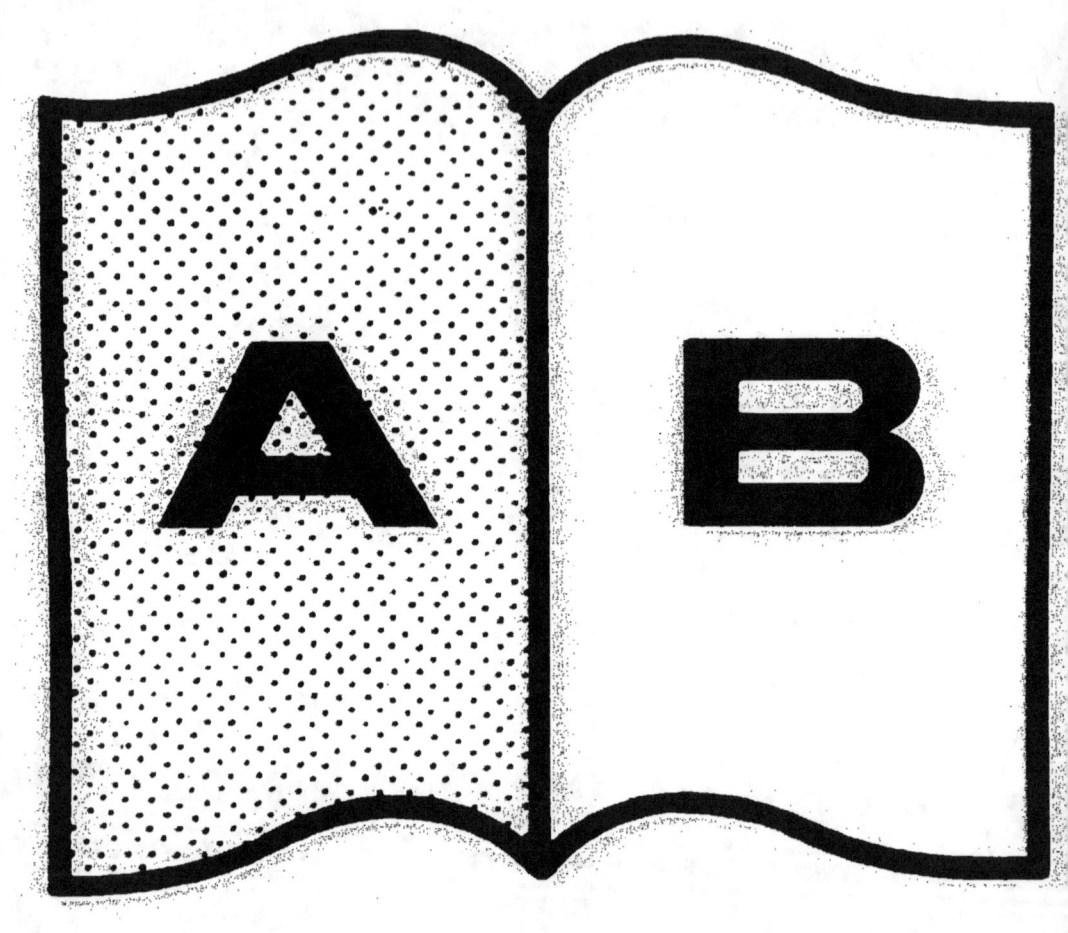

Contraste insuffisant

NF Z 43-120-14